NCL 程序设计入门

蔡宏珂　陈权亮　范广洲　衡志炜　花家嘉　编著

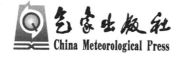

气象出版社
China Meteorological Press

内容简介

本书介绍了大气科学领域当前流行的高级程序设计语言 NCAR Command Language(NCL)。本书内容详实,包括语法基础、常用函数和过程简介、图形属性简介、应用技巧专题等部分,以较大篇幅全面介绍了 NCL 具有鲜明特色的常用函数、过程和图形属性,并着重讲述了安装和运行、Linux 系统操作技巧、官方网站目录结构、代码的一般结构、读写文件、日期时间的处理等区别于其他程序设计语言的 NCL 应用技巧。

本书语言简练、结构清晰,面向 NCL 程序设计的初、中级用户,适用于学习气象数据分析与可视化的本科生、研究生,也适用于从事科学研究和业务应用的技术人员,既可作为 NCL 程序设计入门教材,也可作为 NCL 程序设计备查手册。

图书在版编目(CIP)数据

NCL 程序设计入门 / 蔡宏珂等编著. — 北京 : 气象
出版社,2017.11(2019.2 重印)

ISBN 978-7-5029-6684-3

Ⅰ. ①N… Ⅱ. ①蔡… Ⅲ. ①气象观测-应用程序-程序设计 Ⅳ. ①P41-39

中国版本图书馆 CIP 数据核字(2017)第 284387 号

NCL 程序设计入门

出版发行:气象出版社

地　　址:北京市海淀区中关村南大街 46 号　　　　**邮政编码**:100081

电　　话:010-68407112(总编室)　010-68408042(发行部)

网　　址:http://www.qxcbs.com　　　　**E-mail**:qxcbs@cma.gov.cn

责任编辑:萠学东　　　　　　　　　　　　**终　　审**:张　斌

责任校对:王丽梅　　　　　　　　　　　　**责任技编**:赵相宁

封面设计:八　度

印　　刷:三河市百盛印装有限公司

开　　本:787 mm×1092 mm　1/16　　　　**印　　张**:21

字　　数:506 千字　　　　　　　　　　　**彩　　插**:3

版　　次:2017 年 11 月第 1 版　　　　　　**印　　次**:2019 年 2 月第 3 次印刷

定　　价:68.00 元

前　　言

　　NCL 是目前大气科学领域常用的程序设计语言,具有语法简练、功能丰富的特点,尤其适于本领域的文件读写、数据分析和图形绘制。本书紧跟 NCL 发展动态,介绍了 NCL 语法基础,搜集整理了 NCL 的逾千条函数和全部图形属性,以功能用途分类介绍,并针对应用专题介绍了使用技巧。

　　一般的高级语言具有相似的语法特征,往往可以一通百通,而 NCL 的特色功能主要通过函数或过程、图形属性实现,这两方面是 NCL 应用的重点和难点。本书的重心就放在函数和过程以及图形属性的介绍上,全面列举了常用函数过程和图形属性。在介绍函数时,详细列举了函数的功能、参数、描述,部分函数给出了应用示例。在介绍图形属性时,详细列举了图形属性的功能、默认值和备用值。本书力求简化 NCL 应用,希望能够像做填空题一样使用函数过程、像做选择题一样设置图形属性。

　　NCL 初学者一个很大的症结就是不熟悉 NCL 的函数和图形属性。他们不知道有这个函数可以实现这个功能、有那个属性可以修改那个图形,不知道 NCL 有这么多现成的实用语句可以使用。他们一动手写程序,下意识地回到以往 C 语言或者 Fortran 语言课堂,习惯性地用“加减乘除与或非”来实现算法。鉴于此,笔者有心做出一个有相当容量的目录,分门别类地罗列了函数的用途和图形属性的对象,便于读者检索。希望这是一条从“hello world”通往数据分析和可视化的终南捷径,能够帮助读者少走弯路。笔者真诚建议本书读者熟悉本书目录。

　　本书可以帮助读者全面掌握 NCL 语法,并快速熟悉函数和图形属性的使用方法,在进行 NCL 程序设计时能方便快捷地使用内置功能实现数据分析和可视化。因此,本书虽名为入门,其实也可以作为语法手册而常备书案。然而,本书基于笔者笔记,最早的内容可以追溯到十年前,屡经补充更新,仍不脱本人使用习惯。本书并非有意识地编撰,想到哪儿就写到哪儿,没有计划、没有提纲、没有针对性,存在先天不足。实际上,在付梓之前的这一刻,我仍希望能有精力和时间将其完善,尤其是增补应用专题技巧这一部分,但这需要在教学中积累更多实用经验和调试案例。因此，本书必须名为入门，在 NCL 程序设计的较高应用层面上尚存很大待挖掘的潜力。

　　这本书是笔者使用 NCL 开展大气科学数据分析和可视化、从事科研和教学工作的经验总结，可以说是凝聚了笔者多年的心血。尽管才疏学浅，但仍希望能以过来人的一点点经验，为后来者清理前行路上的障碍，帮助新人尽快上手。本书最初的出发点，是给笔者自己一个交待，而最根本的目的，是希望能够为人所用。如果读者觉得本书有一点点用处，能够对读者的学习和工作有所促进，那么编写本书的目的便达到了。"自闭桃源称太古，愿栽大木挂长天"，我把读者的收获看作我的功德。能够为本领域同仁做出一点贡献，是我多年的心愿，即使笔者本人眇眇之身不入方家法眼。此次斗胆腼颜自荐出版，蒙气象出版社俯允，让我有机会完成这个心愿，实在是感激不尽。本书也得到了成都信息工程大学的大力支持，感谢大气科学学院和研究生处长期的指导和鼓励。

　　对于本书的面世，我必须特别感谢我的老师——中国科学技术大学周任君先生。他是我在科学研究、程序设计两方面的启蒙老师，我是他的开山弟子。能够获得周老师手把手地指导、将我引入 NCL（当然也包括别的程序设计方法）的大门，是我在中国科学技术大学学习期间在个人能力方面最有实用价值的收获，只可惜我所学不如周老师之万一。谨以此书向周老师表达诚挚、深切的感谢！

　　感谢我最亲爱的学生飘飘、嘉雯和桃子一直以来给予本书的支持和帮助。投我以木瓜，报之以琼琚。匪报也，永以为好也！投我以木桃，报之以琼瑶。匪报也，永以为好也！投我以木李，报之以琼玖。匪报也，永以为好也！谨以此书纪念我们的淳朴友谊并寄托我对她们的美好祝福！

　　最后，以"己欲立而立人，己欲达而达人"来剖白心迹，诚邀读者和我交流，指正本书疏漏，充实本书内涵。"沉舟侧畔千帆过，病树前头万木春"，期待本书能陪伴读者更进一步。

蔡宏珂@CUIT
2017 年 10 月

目　　录

第一章 语法基础

一、数据类型

有符号数			无符号数			非数值型
数据类型	位	后缀	数据类型	位	后缀	
double	64	d 或 D				string
int64	64	q	uint64	64	Q	character
float	32					graphic
long	32	l	ulong	32	L	file
integer	32		uint	32	I	logical
short	16	h	ushort	16	H	list
char	8	B	byte	8	b	

数值类型转换:隐式转换以不丢失信息为原则,否则会产生致命错误;若必须丢失信息,则使用显式转换。

科学记数法:单精度 float 型采用 e 或 E,双精度 double 型采用 d 或 D。

二、保留字

以下为 NCL 保留字,定义函数和变量名,请勿使用。

begin,break,byte,character,continue,create,defaultapp,do,double,else,end,external,False,file,float,function,getvalues,graphic,if,integer,load,local,logical,long,new,noparent,numeric,procedure,quit,Quit,QUIT,record,return,setvalues,short,string,then,True,while

三、语法符号

;	开始注释
@	创建/引用属性
!	创建/引用命名维度
&	创建/引用坐标变量
{...}	用于坐标带下标
$	通过内置函数 addfile 输入输出变量时封装字符串
(/ ... /)	创建数组,只包含值,不包含属性、命名维度等
:	用于数组索引
		用于命名维度分隔符

\\	续行号(行尾)
::	用于调用外部代码分隔符
—>	用于输入输出支持的数据格式
[…]	类型列表下标变量

四、运算符

代数运算符：

+	加法/字符串连接	/	除法
—	减法	%	模(整数运算)
*	乘法	#	矩阵乘法
^	乘方	>和<	大于/小于

逻辑运算符：

.lt.	小于	.le.	小于等于
.gt.	大于	.ge.	大于等于
.ne.	不等于	.eq.	等于
.and.	与	.or.	或
.xor.	异或	.not.	非

五、变量

变量定义必须以字母开头，允许字母、数字和下划线，请注意，不要使用保留字做变量名。

元数据为变量的辅助信息。元数据可以用 delete() 函数删除。

缺失数据属性@_FillValue 为元数据的保留属性。变量的缺失值用 ismissing() 函数测试，而不能用 Data.eq.Data@_FillValue 判断。

值分配：赋值源为常量、表达式或数组创建符号(/…/)。只将值赋给目标变量，忽略属性、命名维度等。

变量分配：赋值源为变量，不但将值赋给目标变量，还包含属性、命名维度等。将一个源变量复制到另一个目标变量，如 y＝x，要求二者形状和数据类型相同或源变量强制转换以匹配目标变量，目标变量的元数据将被覆盖。

六、顺序结构、循环结构和分支结构

begin
　语句体
end
	do n＝start,end(,step)
	　循环体
	end do
		do while(标量逻辑表达式)
		　循环体
		end do
			if(标量逻辑表达式) then
			　语句体
			else
			　语句体
			end if

	break 退出循环	continue 跳过本次循环	

同其他解释性语言一样，NCL 循环效率低下，尽量使用数组或内置函数替代。如果必须使用多层循环，可以用外部 C 或 Fortran 程序替代。

逻辑判断从左至右执行，因此将最可能的"假"放在左边。

七、数组

1.建立数组

(/…/)和函数 new(数组大小/形状,数据类型,[缺失值])手工建立数组。

2.下标

起始索引(默认为 0):结束索引(默认为 N－1):可选步长(默认为 1)。
维数——最右边维度变化最快(类似于 C 语言)。

3.引用

{…}形式表示使用命名维度,数组索引不用{…}。
假定 T 为三维数组(nt,ny,nx),命名维度为(time,lat,lon):

T	整个数组,不必使用 T(:,:,:)
T(0,:,::5)	0 号 time,所有 lat,lon 间隔为 5
T(0,::−1,:50)	0 号 time,反转 lat,0～50 号 lon
T(:1,45,10:20)	0～1 号 time, 46 号 lat, 11～21 号 lon
X＝T(:,{−20:20},{90:290:2})	所有 time, lat 值−20～20,lon 值 90～290 间隔为 2

4.缩维

假定 T(nt,nz,ny,nx):

T1＝T(5,:,12,:)	产生 T1(nz,nx)
T2＝T(:,:,:,0)	产生 T2(nt,nz,ny)
T3＝T(5:5,:,12,:)	产生 T3(1,nz,nx)
T4＝T(5:5,:,12:12,:)	产生 T4(1,nz,1,nx)

5.变形

假定 T(time,lat,lon):

t＝T(lat|:,lon|:,time|:)	→t(lat,lon,time)
t＝T(time|:,{lon|90:120},{lat|−20:20})	→t(time,lon,lat)所有 time,lon 值 90～120,lat 值−20～20

6.命名维度

假定 T(ntime,nlat,nlon):
使用 T!0＝"time",T!1＝"lat",T!2＝"lon"命名;
使用 TIME＝T!0,LAT＝T!1,LON＝T!2 获取名字字符串"time","lat","lon"。
命名维度可以用 delete()函数删除。
使用命名维度做数组变形:

X＝T(lat|:,lon|:,time|:)	变为(lat,lon,time)
X＝T({lat|−20:20},lon|30:42,time|:)	变为(lat,lon,time),并选择 lat 值为−20～20,lon 为 30～42 号元素,时间为全部时间

八、运行方式

1. 命令行交互

ncl［选项］［命令行参数］

ncl＞ commands

ncl＞ quit

将命令保存为文件

ncl＞ record"file_name"

ncl＞ stop record

2. 脚本

ncl［选项］［参数］Script. ncl

ncl［选项］［参数］Script. ncl ＞&! out

ncl［选项］［参数］Script. ncl ＞&! out &

＞&! 和 & 是 csh 和 tcsh 语法

选项包括－hnpxV,含义为:

　　　－h:输出提示信息并退出;

　　　－n:在 print()函数中不枚举维度,即只依次显示数值,数值前不显示其数组索引;

　　　－p:函数 system()的输出不分页;

　　　－x:显示 NCL 命令,用于调试;

　　　－V:显示 NCL 版本并退出。

参数为变量列表,形如 VarName1＝VarValue1,VarName2＝VarValue2,…,通过此种形式从 shell 向 NCL 脚本输入参数。

九、自定义函数和过程

　　• 使用函数和过程前必须先用 load 加载函数脚本,或定义环境变量 NCL_DEFAULT_SCRIPTS_DIR;

　　• 函数和过程的参数传递为引用传递,可以严格限定参数的数据类型和数组维度,也可以不加任何限制;

　　• 自定义函数和过程基本结构:

undef("function_name")	undef("procedure_name")
function	procedure
function_name(declaration_list)	procedure_name(declaration_list)
local local_variable_list	local local_variable_list
begin	begin
［statement(s)］	［statement(s)］
return (return_value)	end
end	

注:undef 用于清除以前的同名函数或过程,以避免多次加载,local 用于声明局部变量,二者非必须但建议使用。

第二章　文件 I/O

一、文件格式

主要文件格式包括：

二进制文件；

ASCII 文本文件；

NetCDF("r","w","c")：".nc"，".cdf"，".netcdf"；

GRIB1 和 GRIB2（"r"）：".gr"，".gr1"，".grb"，".grib"，".grb1"，".grib1"，".gr2"，"grb2"，".grib2"；

HDF("r","w","c")：".hdf"，".hd"，只支持 ScientificDataSet；

HDFEOS("r")：".hdfeos"，"he2"，"he4"；

CCM("r")：".ccm"，只支持 Cray。

二、常用函数

ncl_filedump：查看文件信息。

ncl_convert2nc：将 GRIB 文件转换成同名 netCDF 文件。

setfileoption,filevardef,filevarattdef,filedimdef,fileattdef：设置文件及数据属性。

addfile,addfiles：打开文件获取文件句柄。文件句柄包含文件全局属性，可以用 getvaratts 获取。

isfilepresent：测试文件存在。

getfilevarnames,getfilevardims,getfilevaratts,getfilevardimsizes,getfilevartypes：查询文件数据属性。

isfilevar,isfilevaratt,isfilevardim,isfilevarcoord：测试文件数据属性。

三、输入变量

1. 用文件句柄和 addfile 函数打开文件

f＝addfile(fname.ext,status)

文件定位优先使用 ext 指定的格式，若找不到 ext，则以 ext 格式打开 fname.* 文件；status 包含：r(只读)、c(创建 netCDF 或 HDF4)、w(读写 netCDF 或 HDF4)。

2. 使用－＞指向文件数据集，向变量赋值

x＝f－＞X：读取数据和所有元数据；

x＝(/f－＞X/)：读取数据和元数据@_FillValue。

3. $ 封装变量名

文件数据引用包含非数字字母字符：

x＝f—＞$A+B…C$

文件数据引用本身就是变量：

vars＝(/"T","U","V"/)

x＝f—＞$vars(n)$

文件数据名称由字符串变量和字符串常量做连接运算，还须添加括号，以保证运算优先级：

x＝f—＞$("var"＋vars(n))$

4. 打开多个文件

打开文件夹内所有 ann＊. nc 文件：

fils＝systemfunc("ls ann＊. nc")

f＝addfiles(fils,"r") *f 为 list 数据类型*

ListSetType(f,"cat") *多个文件中数据默认连接方式，不必写出*

T＝f[:]—＞t *t 必须存在于各个文件且形状相同*

多个文件中数据连接方式用 ListSetType() 设定。ListSetType(f,"cat") 为默认连接方式，直接连接数据；ListSetType(f,"join") 新建维度存放数据。netCDF 文件有相应函数 ncrcat() 和 ncecat()。

四、特殊文件类型读写方式

1. 二进制文件读写

Fortran 接口读取无格式顺序文件 fbinrecread,fbinread,读取直接存取文件 fbindirread,获取无格式顺序数据数量 fbinnumrec 和 C 接口读取文件 cbinread,以及 Cray-COS 系统接口 craybinrecread,craybinnumrec。

Fortran 接口写无格式顺序文件 fbinrecwrite,fbinwrite,写直接存取文件 fbindirwrite 和 C 接口写文件 cbinwrite。

示例：读取 GrADS 二进制数据文件

GrADS 控制文件 365 天日降水量

```
DSET gpcp_1dd_v1. lnx. 1999
UNDEF －999.0
TITLE GPCP 1 Degree Daily (1DD) Precip Analysis (Version 1)
OPTIONS little_endian
XDEF 360 LINEAR 0.5 1.0
YDEF 180 LINEAR －89.5 1.0
ZDEF 01 LEVELS 1 2
TDEF 365 LINEAR 1JAN1999 1dy
```

```
VARS 1
rain 1 99 ch01 GPCP 1DD Precip (mm/day)
ENDVARS
NCL 代码
nlat＝180
nlon＝360
ntim＝365
setfileoption("bin","ReadByteOrder","LittleEndian")
x＝fbindirread("gpcp_1dd_v1.lnx.1999",0,(/ntim,nlat,nlon/),"float")
x! 0＝"time"
x! 1＝"lat"
x! 2＝"lon"
x&time＝time
x&lat＝latGlobeFo(nlat,"lat","latitude","degrees_north")
x&lon＝lonGlobeFo(nlon,"lon","longitude","degrees_east")
x@long_name＝"GPCP 1DD Precip"
x@units＝"mm/day"
```

2. ASCII 文件

读取 ASCII 文件:asciiread,readAsciiHeader 和 readAsciiTable;
写入:asciiwrite 和 write_matrix。
示例:读取简单 ASCII 表
ASCII 数据表

1881	−999.9	0.2	−999.9	−999.9	1.5	−999.9	−999.9	−0.2
1882	−1.7	−0.5	0.6	0.1	0.9	−1.9	−3.5	−4.6
1995	−1.0	−0.8	0.4	−1.8	−1.2	−0.4	0.6	−0.1

NCL 代码:

```
ncols＝9
nrows＝3
ksoi＝asciiread("ascii.in",(/nrows,ncols/),"float")
yrs＝ksoi(:,0)
data＝ksoi(:,1:)
data@_FillValue＝−999.9
```

示例:读取带表头的 ASCII 表
ASCII 数据表

Jan-to-Aug Southern Oscillation Index 1881—1995

Year	Jan	Feb	Mar	Apr	May	Jun	Jul	Aug
1881	−999.9	0.2	−999.9	−999.9	1.5	−999.9	−999.9	−0.2
1882	−1.7	−0.5	0.6	0.1	0.9	−1.9	−3.5	−4.6
⋮	⋮	⋮	⋮	⋮	⋮	⋮	⋮	⋮
1995	−1.0	−0.8	0.4	−1.8	−1.2	−0.4	0.6	−0.1

NCL 代码：

```
ncols=9
nhead=2
ksoi=readAsciiTable("ascii.in",ncols,"float",nhead)
yrs=ksoi(:,0)
data=ksoi(:,1:)
data@_FillValue=−999.9
可以用字符串为参数以跳过表头
ksoi=readAsciiTable("ascii.in",ncols,"float","Year")
```

3. netCDF/HDF 写操作

（1）简单方式

```
fo=addfile("foo.nc","c")
filedimdef(fo,"time",−1,True)
fo−>X=x
fo−>Y=y
T@long_name="Temperature"
T@units="C"
T@_FillValue=1.e+20
T@missing_value=T@_FillValue
T!0="time"
T&time=time
fo−>T=T
```

（2）传统方式

创建文件

```
fout=addfile("out.nc","c")
```

创建全局变量,NCL 按照代码顺序先后写入,建议逆序书写

```
fileAtt=True
fileAtt@title="Sample"
fileAtt@Conventions="None"
fileAtt@creation_date=systemfunc("date")
setfileoption(fout,"DefineMode",True)
```

fileattdef(fout,fileAtt)

预定义坐标变量

dimNames＝(/"time","lat","lon"/)

dimSizes＝(/－1,nlat,nlon/)　*用－1表示未知*

dimUnlim＝(/True,False,False/)

定义变量名、类型、维数

filedimdef(fout,dimNames,dimSizes,dimUnlim)

filevardef(fout,"time",typeof(time),"time")

filevardef(fout,"lat",typeof(lat),"lat")

filevardef(fout,"lon",typeof(lon),"lon")

filevardef(fout,"T",typeof(("time","lat","lon"/))

创建变量属性

filevarattdef(fout,"T",T)

setfileoption(fout,"SuppressDefineMode",False)

数据写入

fout－＞time＝(/time/)

fout－＞lat＝(/lat/)

fout－＞lon＝(/lon/)

fout－＞T＝(/T/)

(3)netCDF 标量

1)简单方法

fo＝addfile("simple. nc","c")

con＝5

con! 0＝"ncl_scalar"

fo－＞constant＝con

2)传统方法

re＝6.37122e06

re@long_name＝"radiusofearth"

re@units＝"m"

fout＝addfile("traditional. nc","c")

filevardef(fout,"re",typeof(re),"ncl_scalar")

filevarattdef(fout,"re",re)

fout－＞re＝(/re/)

第三章　数据显示和分析

一、概述

· 数组的操作符运算是元素运算。

· 计算中可能造成元数据的丢失,可以使用 copy_VarMeta、copy_VarCoords 和 copy_VarAtts 函数复制元数据,或在计算之前以 y＝x 形式预定义目标变量。

· 数组运算中＜和＞具有裁剪功能,例如,sst＝sst＞sice 将数组 sst 中小于 sice 的元素替换成 sice,这样结合@_FillValue 属性就可以将小于等于阈值 sice 的值定义为无效数据。

二、扩展函数库

NCL 官方在内置函数之外还提供了扩展函数库,使用前须加载:

load "$NCARG_ROOT/lib/ncarg/nclscripts/csm/contributed. ncl"

形如 * _Wrap 的函数,能执行相应内置函数的功能,并能处理数组属性、命名维度、维度坐标等元数据,例如:dim_avg_Wrap,dim_variance_Wrap,dim_stddev_Wrap,dim_sum_Wrap,dim_rmsd_Wrap,smth9_Wrap,g2gsh_Wrap,g2fsh_Wrap,f2gsh_Wrap,f2fsh_Wrap,natgrid_Wrap,f2fosh_Wrap,g2gshv_Wrap,g2fshv_Wrap,f2gshv_Wrap,f2fshv_Wrap,f2foshv_Wrap,linint1_Wrap,linint2_Wrap,linint2_points_Wrap,eof_cov_Wrap,eof_cov_ts_Wrap,zonal_mpsi_Wrap 等。

三、常用函数

printVarSummary():显示数据概要,包括变量名、类型、大小、维度、坐标、属性。

print():值和数据概要输出,包含自定义字符串。

sprinti(),sprintf():提供数据格式控制。

write_matrix():以矩阵形式输出数据,可以配合 ndtooned() 和 onedtond() 函数。

conform():匹配数组,如 T(10,30,64,128) 和 P(10,30,64,128) 直接计算位温:theta＝T * (1000/P)^0.286,等同于 T(10,30,64,128) 和 P(30) 通过数组匹配计算 theta＝T * (1000/conform(T,P,1))^0.286。

dimsizes():函数获取数组维度。

ispan(start:integer,finish:integer,stride:integer):生成间距为 stride 的 integer 型等差数列。

fspan(start:float,finish:float,npts:integer):生成数量为 npts 的 float 型等差数列。

ismissing():测试缺失值_FillValue。

mask():掩码。

where(conditional_expression,true_value,false_value):条件赋值。

ind():获取一维数组中满足条件元素的索引,处理多维数组须配合使用 ndtooned()、onedtond()和 dimsizes(),或使用 ind_resolve()。

ndtooned()和 onedtond():改变数组形状,将多维转变成一维和将一维转变成多维。

ind_resolve():将一维数组索引转换为多维数组索引。

ut_calendar()和 ut_inv_calendar():实现 Julian/Gregorian 与 UTC 时间的变换。

system():执行系统命令。

systemfunc():执行系统命令并返回结果到 NCL,多条 UNIX 命令可以用“,”隔开。

第四章　外部 FORTRAN/C 程序调用

Fortran 语言不同于 NCL 之处，在于数组下标起始（NCL 为 0，Fortran 为 1）和变化最快的维度（NCL 右边快于左边，Fortran 左边快于右边）。

一、WRAPIT

WRAPIT 自动建立 NCL-Fortran 接口，WRAPIT77 建立 C 接口，只调用定界符之间的代码。

WRAPIT filename. f

WRAPIT － specified_f90_compiler filename. stub filename. f90

WRAPIT77　＜filename. f＞！filename. c

WRAPIT 编译并建立对象模块 ＊. o 及动态共享对象 ＊. so，并删除无关文件。

WRAPIT 帮助信息可用 WRAPIT －h 获取。

二、指定外部函数位置

Fortran 和 C 函数须事先编译，函数库位置可以用函数 external()、系统环境变量 LD_LI-BRARY_PATH 和 NCL 环境变量 NCL_DEF_LIB_DIR 指定。

三、参数传递

NCL 数组维度变化方式与 C 语言相同而与 Fortran 语言相反，因此参数传递之前需要改变数组元素顺序：

NCL：X(M,N)→数组元素← X(N,M)：FORTRAN

数值型参数要求数据类型相同，但参数名不能用 data(bug)，非数值型参数有很大困难，不能传递字符串数组和字符数组。

四、调用 F77(Fortran77)

1. 用 F77 接口分界符在 F77 文件（filename. f）中标注子程序及其接口变量声明部分

C NCLFORTSTART　*接口分界符起始*

subroutine F77subroutine(arguments)

［arguments_definition］

C NCLEND　*接口分界符结束*

［statements］

return

end

2.用 WRAPIT 建立共享对象,生成 F77 文件同名.so 文件 filename.so

WRAPIT filename.f

3.用 external 给共享对象命名,指明 NCL 调用名和共享对象路径

external NCLname path+filename.so

4.NCL 调用子程序

包含三个部分:调用名、::操作符和 Fortran 子程序。

NCLname::F77subroutine(arguments)

五、调用 F90(Fortran90)

WRAPIT 的 Fortran 分析程序不能直接处理 F90,因此第 1 步不同于调用 F77,需要创建 stub 接口,如下所示。

1.用 F77 语法创建.stub 文件,声明子程序和接口参量,并添加接口分界符标注

C NCLFORTSTART　　*接口分界符起始*

subroutine F77subroutine(arguments)

[arguments_definition]

C NCLEND　　*接口分界符结束*

2.用 WRAPIT 建立共享对象

WRAPIT −pg filename.stub filename.f90　　*指定编译器为 PGI FORTRAN*

3.NCL 命名和调用(同 F77)

externalNCLnamepath+filename.so

begin

[statements]

NCLname::F77subroutine(arguments)

[statements]

end

六、调用商业库

编写 F77 程序调用商业库,再编译成共享对象。

1.编写 F77 程序调用商业库

C NCLFORTSTART

subroutine F77subroutine(arguments)

[arguments_definition]

C NCLEND

callDLLsubroutine(arguments)　　*商业函数库接口*

return

end

2. 用 WRAPIT 编译 F77 文件并指定商业函数库位置(假定为 IMSL 的子程序)

WRAPIT － l mp － LpathIMSL － l imsl_mp F77. f

3. NCL 命名和调用(同 F77)

externalNCLnamepath＋filename. so

begin

［statements］

NCLname∷F77subroutine(arguments)

［statements］

end

第五章　数据可视化

一、概述

NCL 提供了两套基于对象的高质量图形接口——GSN 通用接口（须加载 gsn_code. ncl 脚本）和 GSN_CSM 接口（须加载 gsn_csm. ncl 脚本）。GSN 即 Getting Started with NCL 简称，CSM 即 Climate System Model 简称。GSN_CSM 接口调用了 GSN 接口，因此需要注意加载脚本的顺序。

GSN_CSM 接口是以气候系统分析为主要应用范围的专用接口，能够根据元数据自动绘制具有大气科学领域普遍风格的精致图形，对于绘制地图类图形或具有地理坐标的图形尤其便捷。

GSN_CSM 接口智能识别@_FillValue 并处理元数据@units、@long_name 等属性，添加图形标签。坐标维度经纬度单位须设定为："degrees_north"，"degrees-north"，"degree_north"，"degrees north"，"degrees_N"，"Degrees_north" 和 "degrees_east"，"degrees-east"，"degree_east"，"degrees east"，"degrees_E"，"Degrees_east"。

二、一般步骤

加载扩展函数库和自定义函数库：
load "$NCARG_ROOT/lib/ncarg/nclscripts/csm/contributed. ncl"
加载 GSN 通用图形接口：
load "$NCARG_ROOT/lib/ncarg/nclscripts/csm/gsn_code. ncl"
加载 GSN_CSM 图形接口：
load "$NCARG_ROOT/lib/ncarg/nclscripts/csm/gsn_csm. ncl"

```
begin
[statements]   读取并处理数据
wks＝gsn_open_wks("ps","Test")   建立绘图空间
gsn_define_colormap(wks,"BlueRed")   指定颜色表
res＝True   建立图形属性控制变量
res@cnFillOn＝True   设置图形属性控制变量
res@cnLinesOn＝False   设置图形属性控制变量
res@gsnSpreadColors＝True   设置图形属性控制变量
plot＝gsn_csm_contour_map_ce(wks,topo,res)   绘图
end
```

三、图形概念

绘图空间：有 6 种图形方式，包括 ncgm，ps，eps，epsi，pdf 和 X11。

图形属性控制变量：数值为逻辑类型，以 True/False 指定是否启用用户自定义图形属性；元数据指定图形属性，采用 Camel 命名法，开头两个小写字母指定图形元素，其后指定图形元素属性，以大写 F 结尾表明 float 型数据。在绘图函数中，图形属性控制变量总是最后一个参数。

am	annotation manager	cn	contour	ca	coordinate arrays
gs	graphical style	lb	labelbar	lg	legend
mp	maps	pm	plot manager	pr	primitive
sf	scalar field	st	streamlines	ti	title
tm	tickmarks	tx	text	tf	transform
vf	vector field	vc	vectors	vp	viewport
wk	workstation	ws	workspace	xy	xy plot

绘制方式：由@gsnDraw 属性控制，默认 True 为调用绘图函数时立即绘图，指定 False 为调用绘图函数时不立即绘图，由 Draw() 和 Frame() 过程手动绘图。

分页（框剪）：由@gsnFrame 属性控制。

四、颜色

颜色表：内置颜色表、RGB 数组（0～1 规范化）、色彩名称数组。颜色表数组的 0 和 1 号颜色分别为背景色和前景色。常用的颜色控制函数包括：gsn_define_colormap()，gsn_merge_colormaps()，gsn_draw_colormap()，gsn_retrieve_colormap()，gsn_draw_named_colors()，gsn_reverse_colormap()。具体的使用方法详见第六章。

颜色表取色方式：由@gsnSpreadColors 属性控制，True 指定为整个颜色表中采样取色，默认 False 为从 0 开始依次取色。

颜色表取色范围：由@gsnSpreadColorStart 和@gsnSpreadColorEnd 属性控制。

CMYK：用于印刷的四分色（Cyan 青、Magenta 品红、Yellow 黄、black 黑），在建立绘图空间时定义：

type="ps"　　*定义绘图空间类型*

type@wkColorModel="cmyk"　　*指定 CMYK*

wks=gsn_open_wks(type,filename)　　*建立绘图空间*

五、图形叠加

overlay(graph1,graph2) 过程将 graph2 叠加到 graph1 上，@gsnDraw 和@gsnFrame 属性须设置为 False。

res1=True

res1@gsnDraw=False

res1@gsnFrame=False

Graph1=gsn_*(wks,…,res1)

res2=True

res2@gsnDraw＝False

Graph2＝gsn_＊(wks,…,res2)

overlay(Graph2,Graph1)

draw(Graph2)

frame(wks)

六、子图组合

1. 等大图形 gsn_panel()方式

各子图尺寸相同,矩阵形式均匀排列在同一页面。常用代码段示例,其中函数和图形属性详见第六章和第七章。

wks＝gsn_open_wks(…) *创建图形文件*

plots＝new(NUM,"graphic") *定义子图数组*

res＝True *各子图图形属性*

res@gsnDraw＝False

res@gsnFrame＝False

plots(i)＝gsn_csm_＊(wks,…,res) *分别绘制各子图*

resP＝True *组合图图形属性*

resP@gsnPanelRowSpec

resP@txString

resP@gsnPanelLabelBar

resP@gsnPanelBottom

resP@gsnPanelTop

resP@gsnPanelFigureStrings

gsn_panel(wks,plots,(/m,n/)) *执行组合,并默认翻页*

2. 不等大图形 frame()叠加方式

各子图尺寸不尽相同,在同一页面可灵活排列,通过分别设置各子图的原点坐标和尺寸确定摆放位置。常用代码段示例如下,其中函数和图形属性详见第六章、第七章。

res1＝True *子图 1 图形属性*

res1@gsnFrame＝False *不翻页*

res1@vpXF＝0.2 *X 定位*

res1@vpYF＝0.83 *Y 定位*

res1@vpWidthF＝0.6 *宽度*

res1@vpHeightF＝0.465 *高度*

plot1＝gsn_csm_＊(wks,…,res1) *绘制子图 1*

res2＝True *子图 2 图形属性*

res2@gsnFrame＝False

res2@vpXF＝0.15

res2@vpYF＝0.3

res2@vpWidthF＝0.7

res2@vpHeightF＝0.18

plot2＝gsn_csm_＊(wks,…,res2)   *绘制子图 2*

frame(wks)   *翻页*

七、文本和格式文本修饰符

上标:～S～,～Sn～;

正常:～N～;

下标:～B～,～Bn～;

上下标结束:～E～;

换行:～C～;

默认字体:～F～;

字体编号:～Fn～;

罗马字体(默认):～R～;

希腊字体:～G～;

字号:～P～,～I～,～K～;

大写:～U～,～Un～(n 个大写字母);

小写:～L～,～Ln～(n 个小写字母);

字符串走向:～A～(横向),～D～(纵向);

水平坐标定位:～Hn～(水平移动 n 个数字单位),～HnQ～(水平移动 n 个空白宽度);

垂直坐标定位:～Vn～(垂直移动 n 个数字单位),～VnQ～(垂直移动 n 个空白宽度);

字符缩放:～Xn～(宽度缩放),～Yn～(高度缩放),～Zn～(宽度高度缩放);

特殊字符:使用字体映射,即指定"字体表"调用字符后恢复到默认字体:

～F8～m～F～   *8 号字体表(希腊字母集)m 号字符"μ"*

八、多边形、多边框、图形符号

绘制多边形 polygon(面)和多边框 polyline(线)的常用函数包括 gsn_polygon(),gsn_polygon_ndc(),gsn_add_polygon(),gsn_polyline(),gsn_polyline_ndc(),gsn_add_polyline(),按顺序将(x,y)坐标点连接,要求坐标 x 和 y 数组的起止点重合。绘制图形符号的常用函数包括 gsn_polymarker(),gsn_polymarker_ndc(),gsn_add_polymarker(),按(x,y)坐标点绘制。17 种预定义的图形符号如下表:

序号	图形符号	序号	图形符号	序号	图形符号	序号	图形符号
0	＊	1	·	2	＋	3	∗
4	○	5	×	6	□	7	△
8	▽	9	◇	10	◁	11	▷
12	☆	13	✡	14	⊙	15	⊗
16	●						

函数使用方法详见第六章。

九、命名规范

gsn_＊()与相应的 gsn_＊_ndc()区别在于:gsn_＊()使用像素定位像元的绝对位置,而 gsn_＊_ndc()使用 0～1 的比例定位像元在页面中的相对位置。

gsn_＊()与相应的 gsn_add_＊()区别在于:gsn_＊()是过程,而 gsn_add_＊()是函数。

gsn_csm_＊_map 在地图上绘制,gsn_csm_＊_map_ce()采用圆柱等距投影,gsn_csm_＊_map_polar()采用极正射投影绘制极区图。

第六章　常用函数和过程简介

一、变量操作和显示

(一)变量(数据)的显示输出

1. print——显示变量和表达式的信息和值

```
procedureprint(
    data
)
```

2. printFileVarSummary——显示文件中变量信息

```
procedure printFileVarSummary(
    file[1]:file，    文件句柄
    varname[1]:string   变量名
)
```

3. printMinMax——显示变量中最大值和最小值

```
procedure printMinMax(
    data:numeric,
    opt:logical   预留参数,当前未使用,设置为 True
)
```

4. printVarSummary——显示变量信息

```
procedure printVarSummary(
    data
)
```

5. print_table——显示列表内容

```
procedure print_table(
    alist[1]:list,
    format[1]:string    格式字符串,C语言风格
)
```

6. write_matrix——向标准输出设备或文件输出格式良好的二维数据

```
procedure write_matrix(
    data[ * ][ * ]:numeric,;integer,float,ordouble    二维数值数组
    fmtf:string,    格式控制符
    option:logical    输出设备选项
)
```

描述:

格式控制符指定每行各数据格式,前置整数 n 表示重复使用 n 次,w 表示总宽度,m 表示整数最小宽度(不足者前面加 0),d 表示小数部分宽度,与 Fortran 语言相同,形如:

整数:Iw/iw/Iw. m/iw. m;

小数:Fw. d/fw. d;

指数:Ew. d/ew. d;

小数、指数自适应:Gw. d/gw. d。

option＝False:输出到标准输出设备;

option＝True:输出到文件,需要具备 4 个属性:

@fout 文件路径,如不存在此属性则输出到标准输出设备;

@title 标题;

@tspace 整型,@title 存在才生效,指定标题前空格数量,默认为 0;

@row 逻辑型,指定是否输出行号。

7. write_table——向文件输出列表中各元素

```
procedure write_table(
    filename[1]:string,    输出文件名
    option[1]:string,    写入方式,w 表示覆盖,a 表示追加
    alist[1]:list,    输出列表
    format[1]:string    输出格式,C语言风格
)
return_val[ * ]:string
```

(二)其他

1. array_append_record——向数组追加元素

```
function array_append_record(
    x1,
    x2,
    opt[1]:integer    预留参数,当前未使用,设置为0
)
```

描述:

x1 和 x2 维数相同,右边维度相同,最左边一维合并成新数组,即(a01,a1,…,an)和(a02, a1,…,an)合并成(a01+a02,a1,…,an)。

2. merge_levels_sfc——合并分层数据和地表数据

```
function merge_levels_sfc(
    x:numeric,      分层数据,须有命名维度
    xsfc:numeric,   地表数据
    opt[1]:integer
)
```

描述:

x(lev)	xsfc[1]
x(time,lev)	xsfc(time)
x(lev,lat,lon)	xsfc(lat,lon)
x(time,lev,lat,lon)	xsfc(time,lat,lon)
x(case,time,lev,lat,lon)	xsfc(case,time,lat,lon)

opt 大于等于 0 表示高度维顺序为自天顶到地表,opt 小于 0 表示高度维顺序为自地表到天顶。返回结果为(…,lat+1,…)。

3. delete——删除变量、属性和维度坐标

```
procedure delete(
    data
)
```

描述:

delete()不适用于文件句柄变量、文件属性和文件维度坐标。

delete()对 PS、PDF 和 NCGM 绘图空间对象意味着正常关闭文件。

delete()删除多个变量使用 delete([/Var1,Var2,…/])形式。

4. rm_single_dims——删除变量的单维度

```
function rm_single_dims(
    x
)
```

描述：

单维度是指该维度长度为 1，即对形如 x(n1,1,n2,1,n3) 压缩为 y(n1,n2,n3)。

5. new——新建变量

```
function new(
    dimension_sizes[ * ]:integer,    维度尺寸
    vartype:string,    数据类型
    parameter    可选参数
)
return_val[dimension_sizes]:vartype
```

描述：

可选参数 parameter 用于设定变量属性@_FillValue；无此参数——默认@_FillValue 为 NCL 默认值；"No_FillValue"——无@_FillValue 属性。

6. replace_ieeenan——将 IEEE—NaN 替换为自定义数值

```
procedure replace_ieeenan(
    x:floatordouble,    原始数据
    value[1]:floatordouble,    自定义数值
    option[1]:integer    预留参数,当前未使用,设置为0
)
```

7. table_attach_columns——向二维数组添加列

```
function table_attach_columns(
    t1:[ * ][ * ],
    t2:[ * ][ * ],
    opt[1]:integer    预留参数,当前未使用,设置为0
)
return_val[ * ][ * ]
```

描述：

t1 和 t2 维数相同,左边维度相同,最右边一维合并成新数组,即(a0,a1,…,an1)和(a0,a1,…,an2)合并成(a0,a1,…,an1+an2)。t1 和 t2 需要拥有命名维度,否则 NCL 报错,返回值命名维度以 t1 为准。

8. table_attach_rows——向二维数组添加行

```
function table_attach_columns(
    t1:[ * ][ * ],
    t2:[ * ][ * ],
    opt[1]:integer    预留参数,当前未使用,设置为 0
)
return_val[ * ][ * ]
```

描述：

t1 和 t2 维数相同,右边维度相同,最左边一维合并成新数组,即(a01,a1,…,an)和(a02,a1,…,an)合并成(a01+a02,a1,…,an)。t1 和 t2 需要拥有命名维度,否则 NCL 报错,返回值命名维度以 t1 为准。

9. undef——函数/过程/变量去定义

```
procedure undef(
    names:string
)
```

描述：
自定义函数和过程前通常需要使用 undef(),以避免冲突。

二、数组建立、查询和操作

(一)数组变形和元素整改

1. conform,conform_dims——数组扩展

```
function conform(
    x,     目标形状数组,返回值与 x 数组形状相同
    r,     源数据数组
    ndim:integer
)
return_val[dimsizes(x)]:typeof(r)
function conform_dims(
    dims:integer,    目标形状数组维度,返回值具有指定维度
    r,     源数据数组
    ndim:integer
)
return_val[dims]:typeof(r)
```

描述：

ndim 参数描述源数据数组在目标形状数组中对应的维度。若 r 为标量，则 ndim＝−1；若 r 为数组，则 ndim 数组各元素依次指明 r 数组各维在 x 数组中对应的维度。

conform(x,r,dims)与 conform_dims(dimsizes(x),r,dims)等效。

2. ndtooned——将多维数组变形为一维数组

```
function ndtooned(
    val
)
return_val[ * ]:typeof(val)
```

3. onedtond——将一维数组变形为多维数组

```
function onedtond(
    val,    一维数组
    dims:integer    维度
)
return_val[dims]:typeof(val)
```

描述：

如果新数组元素个数少于原数组，则新数组只取用适当数量元素，并报警告；如果新数组元素个数是原数组的 N 整数倍，则原数组复制 N 次；如果新数组与原数组无法匹配，则报错。

4. reshape——多维数组变形

```
function reshape(
    val,    原数组
    dims:integerorlong    目标维度
)
return_val[dims]:typeof(val)
```

描述：

如果原数组元素数量与目标维度不一致，则报错退出。

只保留@_FillValue 属性，其余属性全部丢弃。

5. reshape_ind——将小的一维数组变形放置到大的多维数组中

```
function reshape_ind(
    val,    原数组
    indexes[ * ],:integer or long,    目标数组中用于存放数据的索引
    dims:integerorlong    目标维度
```

```
)
return_val:typeof(val)
```

描述：

只保留 @_FillValue 属性，其余属性全部丢弃。

indexes 与原数组 val 最右边一维尺寸相同，按照指定索引 indexes，将 val 最右边一维变形成目标维度 dims 并输出，即：输出数组保留原数组左边维度，将其最右边一维替换成目标维度，原数据按照指定的索引填充。

6. transpose——转置矩阵并保留元数据

```
function transpose(
    x    最多六维，维度必须命名
)
return_val:typeof(x)
```

7. epsZero——将绝对值小于指定值的元素改为零

```
procedure epsZero(
    x:numeric,
    eps:numeric
)
return_val:numeric
```

8. mask——屏蔽数组中特定元素

```
function mask(
    array,
    marray,
    mvalue
)
return_val[dimsizes(array)]:typeof(array)
```

描述：

marray 的维度应小于等于 array。若等于，则数组形状应一致；若小于，则 marray 应与 array 最右边的维度一致。

marray 不等于 mvalue 的位置即为 array 数组中以填充值屏蔽的位置。

9. where——判断表达式真假并返回指定值

```
function where(
    condtnl_expr,    条件表达式
    true_value,      真值返回集
    false_value      假值返回集
)
return_val[dimsizes(condtnl_expr)]
```

描述：

真/假值返回集的数据类型一致或能强制转换，维度为标量或与条件表达式一致。

根据条件表达式各元素真/假情况，返回值由真/假值返回集中相应元素组成。条件表达式中的填充值元素对应返回值的填充值元素。

(二)查询元素索引

1. closest_val——查询一维单调递增数组中最接近期望值的元素索引

```
function closest_val(
    xval[1]:numeric,    期望值
    x[ * ]:numeric      一维单调递增数组
)
return_val:integer
```

2. get1Dindex——查找指定值在一维数组中的索引

```
function get1Dindex(
    x[ * ]:numeric,
    wanted_value[ * ]:numeric    期望值,精确相等
)
return_val:integer
```

3. get1Dindex_Collapse,get1Dindex_Exclude——查找指定值之外的元素在一维数组中的索引

```
function get1Dindex_Collapse(
    x[ * ]:numeric,
    exclude_value[ * ]:numeric    排除值必须是数组中的元素
)
return_val:integer
```

描述：

函数尝试将 x 的填充值属性复制到返回值，若 x 没有@_FillVlue 属性会报警告。

4. ind——查找满足条件的数组索引

```
function ind(
    larray[ * ]:logical    一维逻辑表达式
)
return_val[ * ]:integer    一维索引数组
```

描述：

由于 ind()只支持一维数组，因此多维数组索引查询须使用 ndtooned()、onedtond()和 dimsizes()配合。

5. ind_nearest_coord——查找指定值在一维数组中的最近索引

```
function ind_nearest_coord(
    z[ * ]:numeric,    期望值
    zcoord[ * ]:numeric,
    iopt[1]:integer    未定义,设置为 0
)
return_val[dimsizes(z)]:integer
```

描述：

查找 z 在 zcoord 中的最近索引。

6. local_max,local_min——查询二维数组的极大值、极小值

```
function local_max(
    x[ * ][ * ]:float or double,    两个维度通常为经纬度,x(lat|:,lon|:)
    cyclic:logical,    经度首尾循环标识
    delta:numeric    容忍度,通常为 0
)
return_val[1]:integer
```

描述：

返回值为极大（小）值数量，包含三个属性（一维数组）：@xi、@yi 和@maxval，分别为两个维度的索引和相应的极大（小）值。

极大（小）值为该格点的数值在容忍度范围内大（小）于周围八个格点的数值。

7. local_max_1d,local_min_1d——查询一维数组的极大值、极小值或其索引

```
function local_max_1d(
    x[ * ]:numeric,
    cyclic:logical,        首尾循环标识
    delta[1]:numeric,      容忍度,通常为0
    iopt[1]:integer        返回值形式标识,0 表示返回极值,非 0 表示返回极值索引
)
```

描述:

极大(小)值为该格点的数值在容忍度范围内大(小)于前后两个格点的数值。

8. ind_resolve——将多维数组中指定元素的一维索引转化为多维索引

```
function ind_resolve(
    indices[ * ]:integer,    多维数组中指定元素的一维索引
    dsizes[ * ]:integer      多维数组维度
)
return_val:integer
```

描述:

ind_resolve()通常和 ndtooned()、ind()配合使用,用于查找多维数组中指定元素的多维索引。

返回值为二维数组,0 维为指定元素数量,1 维为多维数组维数 rank。每 rank 个元素构成一个指定元素的多维索引。

示例一:查找三维数组 a(2,2,4)中大于 5 的元素的多维索引

a＝(/(/(/1,2,3,4/),(/5,6,7,8/)/),(/(/9,10,9,8/),(/7,6,5,4/)/)/)

a1D＝ndtooned(a)

dsizes_a＝dimsizes(a)

indices＝ind_resolve(ind(a1D. gt. 5),dsizes_a)

write_matrix(indices,dimsizes(dsizes_a)＋"i3",False)   *每行构成一组多维索引*

示例二:查找多维数组中最大/最小元素的索引

x1D＝ndtooned(x)

indMax＝ind_resolve(ind(x1D. eq. max(x)),dimsizes(x))

indMin＝ind_resolve(ind(x1D. eq. min(x)),dimsizes(x))

delete(x1D)

这种方法可以得到所有最大/最小元素的索引,不同于 maxind()/minind()只返回最大/最小元素第一次出现的索引。

9. maxind——查询一维数组中最大值第一次出现的索引

```
function maxind(
    arg[ * ]:numeric
)
return_val[1]:integer
```

10. minind——查询一维数组中最小值第一次出现的索引

```
function minind(
    arg[ * ]:numeric
)
return_val[1]:integer
```

(三)建立特殊数组

1. fspan——建立浮点型等差数列

```
function fspan(
    start[1]:numeric,      起始值
    finish[1]:numeric,     结束值
    num[1]:integer         元素个数
)
return_val[num]:float
```

2. ispan——建立整型等差数列

```
function ispan(
    start[1]:integer,      起始值
    finish[1]:integer,     结束值
    stride[1]:integer      步长
)
return_val[ * ]:integer    整型等差数列
```

3. nice_mnmxintvl——根据指定数域和元素数量建立等差数列

```
function nice_mnmxintvl(
    cmin[1]:numeric,
    cmax[1]:numeric,
    max_levels[1]:integer,   元素数量限制
```

outside[1]:logical　*数据是否局限在数域内，True 可以拓展，False 严格局限*
)

return_val[3]:float or double　*返回数组三个元素依次为最小值、最大值和步长*

描述：

nice_mnmxintvl()可用于产生等值线。

若 cmin 或 cmax 为填充值则返回填充值。

（四）列表

1. ListAppend——向列表追加元素

```
procedure ListAppend(
    f[1]:list,
    v[1]:variable
)
```

2. ListCount——查询列表中元素数量

```
function ListCount(
    f[1]:list
)
return_val[1]:int
```

3. ListIndex，ListIndexFromName——查询元素在列表中的索引

function ListIndex(　　f[1]:list, 　　v[1]:variable　变量) return_val[1]:int	function ListIndexFromName (　　f[1]:list, 　　vn[1]:string　变量名) return_val[1]:int

4. ListPop——将元素推出列表

```
function ListPop(
    f[1]:list
)
return_val[1]
```

描述：

按照列表的连接顺序(lifo,后入先出;fifo,先入先出)将元素推出列表。

5. ListPush——将元素推入列表

```
procedure ListPush(
    f[1]:list,
    v[1]:variable
)
```

6. ListGetType——查询列表类型

```
function ListGetType(
    f[1]:list
)
return_val[2]:string
```

描述：

返回值由两个字符串组成,第一个为连接方式"join"或"cat"(默认值),第二个为连接顺序"fifo"(first-in/first-out,默认值)或"lifo"(last-in/first-out)。

通常用于查询打开多个文件的连接方式和连接顺序。文件句柄由 addfiles()创建。

7. ListSetType——设置列表类型

```
procedure ListSetType(
    f:list,
    option:string    连接方式
)
```

描述：

连接方式为"join"或"cat"(默认值)。

通常用于设置打开多个文件的连接方式。文件句柄由 addfiles()创建。

8. NewList——创建列表

```
function NewList(
    s[1]:string    设置连接顺序
)
return_val[1]:list
```

描述：

连接顺序包括:"fifo"(first-in/first-out,默认值)或"lifo"(last-in/first-out)。

(五) 其他

1. dim_gbits——截取指定数位

```
function dim_gbits(
    npack:numeric,;byte,short,integer    源数据,最右边一维为数据源
    ibit:integer,      跳过左边 ibit 个数位
    nbits:integer,     截取 nbits 个数位
    nskip:integer,     跳过 nskip 个数位
    iter:integer       重复 iter 次
)
return_val:typeof(npack)
```

描述:

源数据的最右边一维为数据源。

返回值维度为二维数组,0 维为源数据最右边一维数据数量,1 维为 iter。

示例:dim_gbits(987654321,5,2,3,4)

987654321

→00111010110111100110100010110001

→00111,[(01)011],[(01)111],[(00)110],[(10)001],0110001

→二进制[01,01,00,10]

→十进制[1,1,0,2]

2. getbitsone——计算数据的二进制数位形式

```
function getbitsone(
    npack:numeric;byte,short,integer    源数据,最左边一维为数据源
)
return_val:typeof(npack)
```

描述:

返回数组维度比源数据维度多一维,其长度为源数据类型的字节数,用于存放各数位。字节型、短整型、整型数据的数位维度长分别为 8、16、32。

3. all——判断逻辑数组是否全为真

填充值忽略。

4. any——判断逻辑数组是否包含真

填充值忽略。

5. dimsizes——获取数组维度尺寸

```
function dimsizes(
    data
)
return_val[ * ]:integer    各维度尺寸
```

6. num——查询逻辑数组中真值数量

```
function num(
    val:logical
)
return_val[1]:integer or long
```

7. count_unique_values——查询数组中唯一值的数量

```
function count_unique_values(
    x
)
return_val[1]:integer or long
```

描述:

缺失值不计入。

count_unique_values(x)等价于 dimsizes(get_unique_values(x))。

8. get_unique_values——查询数组中的唯一值

```
function get_unique_values(
    x
)
return_val[ * ]:typeof(x)
```

三、数据类型测试

(一)变量类型

1. isbyte,ischar,ischaracter,isdouble,isenumeric,isfloat,isgraphic,isint,isint64, isinteger,islogical,islong,isnumeric,isshort,issnumeric,isstring,isubyte,isuint, isuint64,isuinteger,isulong,isushort,isunsigned——测试变量类型

描述:

enumeric 是指:ulong,uint,ushort,int64,uint64;

snumeric 是指：double，float，byte，short，integer，long，ulong，uint，ushort，int64，uint64。

2．isdefined——测试字符串是否为变量名、函数/过程名或关键字

3．isfunc，isproc，isvar——测试字符串是否为函数/过程/变量名

4．isnan_ieee——测试变量是否为 IEEE-NaN

5．isEqualSpace——测试一维数组是否为等差数列

```
function isEqualSpace(
    z[ * ]:numeric,
    epsz[1]:numeric    误差限
)
```

6．isMonotonic——测试一维数组单调性

返回值：0—非单调，1—单调递增，−1—单调递减。

7．list_vars——列举当前可用的所有变量及其数据类型、维度和属性

8．list_procfuncs——列举当前可用的所有函数和过程原型

9．sizeof——查询变量所占字节数

文件句柄、图形对象和字符串均为 4 个字节。

10．typeof——查询变量数据类型

（二）元数据

1．default_fillvalue——查询指定数据类型的默认填充值

```
function default_fillvalue(
    var_type[1]:string
)
return_val[1]:var_type
```

2．set_default_fillvalue——设置指定数据类型的默认填充值

```
procedure set_default_fillvalue(
    type[1]:string,
    value
)
```

3. isatt——测试指定字符串是否为指定变量的属性

```
function isatt(
    var,
    attnames:string
)
return_val[dimsizes(attnames)]:logical
```

描述：
如果 var 不是变量，则返回报警告并返回默认的逻辑型填充值－1。

4. isatt_LongName——测试变量是否有 LongName

描述：
测试的元属性为 @ long _ name，@ description，@ standard _ name，@ DESCRIPTION，@ DataFieldName。

5. iscoord——测试指定数组是否为指定变量的坐标

```
function iscoord(
    var,
    coord_names:string
)
return_val:logical
```

描述：
如果 var 不是变量，则返回报警告并返回默认的逻辑型填充值－1。

6. isdim——测试字符串是否为指定变量的维度名称

```
function isdim(
    var,
    dimnames:string
)
return_val:logical
```

描述：
如果 var 不是变量，则返回报警告并返回默认的逻辑型填充值－1。

7. isdimnamed——测试指定维度是否已命名

```
function isdimnamed(
    var,
    dim_nums:integer    维度序号，－1表明所有维度
```

```
)
return_val:logical
```

描述：

如果 var 不是变量，则返回报警并返回默认的逻辑型填充值－1。

8. ismissing——测试各元素是否为填充值

```
function ismissing(
    data
)
return_val[dimsizes(data)]:logical
```

9. isunlimited——测试文件中指定维度是否定义为 unlimited

```
function isunlimited(
    thefile[1]:file,    文件句柄
    dim_name[1]:string
)
return_val[dimsizes]:logical
```

描述：

unlimited 维度通常具有记录号性质，可以无限增长，一般文件中最多一个 unlimited 维度。

(三)文件

1. isfile——测试变量是否为文件句柄

2. isfilepresent,fileexists——测试指定路径的文件是否存在

描述：

采用 UNIX 文件路径,isfilepresent 用于 HDF、NetCDF 等 NCL 支持的自描述文件,fileexists 用于任一文件。

3. isfilevar——测试字符串是否为文件中的变量

```
function isfilevar(
    thefile[1]:file,    文件句柄,必须为 NCL 支持的自描述文件格式
    varnames:string
)
return_val[dimsizes(varnames)]:logical
```

4. isfilevaratt——测试字符串是否为文件中变量的属性

```
function isfilevaratt(
    thefile[1]:file,    文件句柄,必须为 NCL 支持的自描述文件格式
    varname[1]:string,    文件中的变量
    attnames:string
)
return_val[dimsizes(attnames)]:logical
```

5. isfilevarcoord——测试数组名是否为文件中变量的坐标

```
function isfilevarcoord(
    thefile[1]:file,    文件句柄,必须为 NCL 支持的自描述文件格式
    varname[1]:string,    文件中的变量
    coordname[1]:string
)
return_val[1]:logical
```

6. isfilevardim——测试字符串是否为文件中变量的维度

```
function isfilevardim(
    thefile[1]:file,    文件句柄,必须为 NCL 支持的自描述文件格式
    varname[1]:string,    文件中的变量
    dimnames:string
)
return_val[dimsizes(dimnames)]:logical
```

四、数据类型转换

建议采用 toy 形式的通用函数(如下列 1),不采用 xtoy 或 x2y 形式的专用函数(如下列 2～13)。

1. tobyte,tochar,tocharacter,todouble,tofloat,toint,toint64,tointeger,tolong,toshort,tostring,toubyte,touint,touint64,tointeger,toulong,toushort——转换为相应类型

2. byte2flt 和 byte2flt_hdf——字节型

3. charactertodouble,charactertofloat,charactertoint,charactertointeger,charactertolong,charactertoshort,charactertostring,chartodouble,chartofloat,chartoint,chartointeger,chartolong,chartoshort,chartostring——字符型

4. dble2flt，doubletobyte，doubletochar，doubletocharacter，doubletofloat，dou-bletoint，doubletointeger，doubletolong，doubletoshort——双精度浮点型

5. floattobyte，floattochar，floattocharacter，floattoint，floattointeger，float-tolong，floattoshort，flt2dble，flt2string——单精度浮点型

6. int2dble，int2flt，integertobyte，integertochar，integertocharacter，integer-toshort，inttobyte，inttochar，inttocharacter，inttoshort——整型

7. longtobyte，longtochar，longtocharacter，longtoint，longtointeger，long-toshort——长整型

8. numeric2int——数值型

9. short2flt，short2flt_hdf，shorttobyte，shorttochar，shorttocharacter，short-toint，shorttointeger——短整型

10. stringtochar，stringtocharacter，stringtodouble，stringtofloat，stringtoint，string-toint64，stringtointeger，stringtolong，stringtoshort，stringtouint，stringtouint64，stringtouinteger，stringtoulong，stringtoushort——字符串型

11. stringtoxxx——字符串型转换成其他数据类型

```
function stringtoxxx(
    x:string,      源字符串
    fmt:string     目标数据类型，"float"，"integer"等
)
```

12. ushorttoint——无符号短整型

13. totype——数字或字符串转换成指定格式

```
function totype(
    input_val,
    type_val[1]:string     数据类型
)
return_val[dimsizes(input_val)]:same as required by type_val
```

14. tostring_with_format——转换为格式字符串

```
function tostring_with_format(
    :anytype,
```

```
    fmt[1]:string    格式描述符
)
```

15. tosigned 和 tounsigned——将 8/16/32/64 位整型转换为有符号/无符号整型

16. cshstringtolist——将形如",…,"字符串按逗号分割成字符串数组

17. datatondc 和 NhlDataToNDC——将数据坐标转换为正交设备坐标

```
procedure datatondc(
    plot[1]:graphic,    图形对象
    x_in[ * ]:float,
    y_in[ * ]:float,
    x_out[ * ]:float,
    y_out[ * ]:float
)
```

描述:
超出图形对象边界的点以@_FillValue 填充,没有的@_FillValue 以 NCL 默认值填充。

18. ndctodata 和 NhlNDCToData——将正交设备坐标转换为绝对坐标

```
procedure ndctodata(
    plot[1]:graphic,    图形对象
    x_in[ * ]:float,
    y_in[ * ]:float,
    x_out[ * ]:float,
    y_out[ * ]:float
)
```

描述:
超出图形对象边界的点以@_FillValue 填充,没有的@_FillValue 以 NCL 默认值填充。

19. pack_values——将浮点数和双精度数压缩为短整型或字节型

```
function pack_values(
    x:floatordouble,
    packType:string,    压缩数据类型,"short"或"byte"
    opt:logical
)
return_val[dimsizes(x)]:shortorbyte
```

描述：

基本思路是按照原始数据的最大、最小值对数组做规范正交化，以达到压缩目的，而不是四舍五入式的截断数据，返回值属性保留了原始数据范围等信息以期恢复数据，但有精度损失。

原始数据中填充值将以 NCL 的短整型或字节型默认填充值替代。

五、字符串操作

（一）特殊符号

1. show_ascii——输出 ASCII 码表

```
procedure show_ascii(
)
```

2. str_from_int——根据 ASCII 码表输出指定字符

```
function str_from_int(
)
return_val[1]:string
```

描述：

ASCII 码表 0～31 和 127 为控制字符，32～126 为可见字符，如下表所示。

0	空字符 Null	17	设备控制一	34	"	51	3	68	D
1	标题开始	18	设备控制二	35	#	52	4	69	E
2	正文开始	19	设备控制三	36	$	53	5	70	F
3	正文结束	20	设备控制四	37	%	54	6	71	G
4	传输结束	21	确认失败回应	38	&	55	7	72	H
5	请求	22	同步空闲	39	'	56	8	73	I
6	确认回应	23	区块传输结束	40	(	57	9	74	J
7	响铃	24	取消	41	)	58	:	75	K
8	退格	25	连接介质中断	42	*	59	;	76	L
9	水平制表符	26	替换	43	+	60	<	77	M
10	换行	27	退出	44	,	61	=	78	N
11	垂直制表符	28	文件分区符	45	—	62	>	79	O
12	换页	29	组群分隔符	46	.	63	?	80	P
13	回车	30	记录分隔符	47	/	64	@	81	Q
14	取消变换	31	单元分隔符	48	0	65	A	82	R
15	启用变换	32	空格	49	1	66	B	83	S
16	跳出数据通讯	33	!	50	2	67	C	84	T

85	U	94	ˆ	103	g	112	p	121	y
86	V	95	_	104	h	113	q	122	z
87	W	96	`	105	i	114	r	123	{
88	X	97	a	106	j	115	s	124	|
89	Y	98	b	107	k	116	t	125	}
90	Z	99	c	108	l	117	u	126	~
91	[	100	d	109	m	118	v	127	删除
92	\	101	e	110	n	119	w		
93	]	102	f	111	o	120	x		

3. str_get_comma——输出逗号

```
function str_get_comma(
)
return_val[1]:string
```

4. str_get_cr——输出 Enter

```
function str_get_cr(
)
return_val[1]:string
```

5. str_get_dq——输出双引号

```
function str_get_dq(
)
return_val[1]:string
```

6. str_get_nl——输出换行符

```
function str_get_nl(
)
return_val[1]:string
```

7. str_get_space——输出空格

```
function str_get_space(
)
return_val[1]:string
```

8. str_get_sq——输出单引号

```
function str_get_sq(
)
return_val[1]:string
```

9. str_get_tab——输出制表符

```
function str_get_tab(
)
return_val[1]:string
```

10. str_is_blank——判断空白字符串

```
function str_is_blank(
    string_val:string
)
return_val[dimsizes(string_val)]:logical
```
填充值为 missing

(二)字符串分割连接

1. str_concat——字符串直接连接

```
function str_concat(
    string_val:string
)
return_val[1]:string
```

2. str_join——字符串分隔符连接

```
function str_join(
    string_val:string,    任意维度字符串数组
    delim[1]:string       字段分隔符
)
return_val[1]:string
```

3. str_split——按指定分隔符分割字符串

```
function str_split(
    string_val[1]:string,    源字符串
```

```
    delimiter[1]:string    分隔符
)
return_val[ * ]:An array of string(s)
```

4. str_split_by_length——按指定长度分割字符串

```
function str_split_by_length(
    string_val[ * ]:string,    源字符串（数组）
    length_val[ * ]:integer
)
return_val[ * ]:string
```

描述:

若源字符串为一维数组,则结果为二维数组,第一维对应源字符串数组各元素,第二维存放分割结果。

若指定长度为一维数组,则按其元素逐个循环指定分割长度。

5. str_split_csv——按指定分隔符分割字符串

```
function str_split_csv(
    string_val[ * ]:string,    源字符串（数组）
    delimiter[1]:string,    分隔符
    option[1]:integer    引号中的分隔符的处理方式
)
return_val[ * ][ * ]:string
```

描述:

引号处理方式:0 表示忽略字符串中单/双引号所引的分隔符;1 表示忽略字符串中单引号所引的分隔符;2 表示字符串中双引号所引的分隔符;3 表示字符串中单/双引号所引的分隔符都做分隔。

6. oneDtostring——将一维数组各元素用逗号连接成字符串

```
function oneDtostring(
    x    任一类型的一维数组
)
return_val[1]:string
```

（三）子字符串

1. indStrSubset——查找子字符串各字符索引

```
function indStrSubset(
    str[1]:string,
```

```
        str_subset[1]:string
    )
    return_val[ * ]:integer
```

描述：

如果字符串中包含了子字符串,则返回值为子字符串各字符在字符串中的索引,否则返回整型填充值−999。

注:本函数已被 str_index_of_substr 函数取代。

2. isStrSubset——测试是否为子字符串

```
    procedure isStrSubset(
        str[1]:string,
        str_subset[1]:string
    )
    return_val[1]:logical
```

3. str_index_of_substr——查找子字符串位置

```
    function str_index_of_substr(
        str[1]:string,
        substr[1]:string,
        opt[1]:integer
    )
    return_val:integer
```

描述：

opt=−1,返回匹配子字符串的最后一个位置;opt=0,返回匹配子字符串的各个位置;opt=n,返回匹配子字符串的第 n 个位置。

无匹配子字符串或输入参数为填充值的情况,返回默认整型填充值−999。

4. str_insert——插入子字符串

```
    function str_insert(
        string_val:string,      源字符串
        subString[1]:string,    子字符串
        position[1]:integer     插入位置
    )
    return_val[dimsizes(string_val)]:string
```

描述：

0 和正数从源字符串头自左向右计数,负数从源字符串尾自右向左计数,数值超过源字符

串长度以空格占位。

5. str_get_cols——截取子字符串(指定列)

```
function str_get_cols(
    string_val:string,
    start_col[1]:integer,    起始索引
    end_col[1]:integer    结束索引
)
return_val[dimsizes(string_val)]:string
```

描述:

0 和正数从源字符串头自左向右计数,负数从源字符串尾自右向左计数。

6. str_get_field——截取子字符串(指定字段)

```
function str_get_field(
    string_val:string,    源字符串
    field_number[1]:integer,    字段号,从 1 开始计数
    delimiter[1]:string    字段分隔符
)
return_val[dimsizes(string_val)]:string
```

7. str_fields_count——计算字符串中字段数量

```
function str_fields_count(
    string_val:string,
    delimiter[1]:string    分隔符
)
return_val[dimsizes(string_val)]:integer
```

描述:

分隔符视为字符集合,而不视为字符串,各字符为单独分隔符。

8. str_match 和 str_match_ic——查询字符串数组中包含指定子字符串的元素
   集合

```
function str_match(
    string_val[*]:string,    源字符串数组
    expression[1]:string    子字符串
)
return_val[*]:string
```

描述：

str_match 对大小写敏感，str_match_ic 对大小写不敏感。

9. str_match_ind 和 str_match_ind_ic——查询字符串数组中包含指定子字符串的元素索引

```
function str_match_ind(
    string_arr[ * ]:string,    源字符串数组
    expression[1]:string    子字符串
)
return_val[ * ]:integer
```

描述：

str_match_ind 对大小写敏感，str_match_ind_ic 对大小写不敏感。

10. str_match_regex 和 str_match_ic_regex——查询字符串数组中匹配正则表达式的元素集合

```
function str_match_regex(
    string_array[ * ]:string,    源字符串数组
    expression[1]:string    正则表达式
)
return_val[ * ]:string
```

描述：

str_match_regex 对大小写敏感，str_match_ic_regex 对大小写不敏感。

11. str_match_ind_regex 和 str_match_ind_ic_regex——查询字符串数组中匹配正则表达式的元素索引

```
function str_match_ind_regex(
    string_array[ * ]:string,    源字符串数组
    expression[1]:string    正则表达式
)
return_val[ * ]:integer
```

描述：

str_match_ind_regex 对大小写敏感，str_match_ind_ic_regex 对大小写不敏感。

12. str_sub_str——子字符串替换

```
function str_sub_str(
    string_val:string,
    oldString[1]:string,
```

```
    newString[1]:string
)
return_val[dimsizes(string_val)]:string
```

(四)字符串格式化

1. str_squeeze——去除字符串左右空白并将字符串中连续空白压缩为一个空格

2. str_strip,str_left_strip,str_right_strip——去除字符串左右空白

3. str_capital——将每个单词首字母大写

4. str_lower,str_upper——全部小写/大写

5. str_switch——大小写转换

6. str_sort——字符串排序

```
function str_sort(
    x:string
)
return_val[dimsizes(x)]:string
```

描述:
按 ASCII 表顺序从大到小排序。

7. sprintf——浮点型数值格式化

```
function sprintf(
    format[1]:string,    格式控制符 f,e/E,g/G,m.n 表示宽度为 m、精度为 n
    array:floatordouble
)
return_val[dimsizes(array)]:string
```

描述:
格式控制符采用 C 语言风格,m.n 放在%和格式控制符之间。

8. sprinti——整型数值格式化

```
function sprinti(
    format[1]:string,    格式控制符,m.n 表示宽度为 m(至少为 n),m=0 表示不
限宽度
    array:integer
)
return_val[dimsizes(array)]:string
```

描述：

格式控制符采用 C 语言风格，m.n 放在％和格式控制符之间。

（五）其他

1. strlen——计算字符串长度

```
function strlen(
    str:string
)
return_val[dimsizes(str)]:integer
```

描述：

未初始化的字符串分配了默认填充值"missing"，其返回长度为整型默认填充值−999。

六、时间日期

（一）时间日期查询

1. day_of_week——计算指定日期是星期几

```
function day_of_week(
    year:integer,       年>0
    month:integer,
    day:integer
)
return_val[dimsizes(year)]:integer    星期,0 为星期日,1~6 为星期一至星期六
```

2. day_of_year——计算指定日期是当年第几日

```
function day_of_year(
    year:integer,       年>0
    month:integer,
    day:integer
)
return_val[dimsizes(year)]:integer
```

3. days_in_month——计算指定月份有多少天

```
function days_in_month(
    year:integer,       年>0
    month:integer
```

```
)
return_val[dimsizes(year)]:integer
```

4. isleapyear——测试指定年份是否为闰年

```
function isleapyear(
    year:integer    年>0
)
return_val[dimsizes(year)]:logical
```

5. monthday——计算某年的第几日是几月几日

```
function monthday(
    year:integer,    年>0
    day:integer    日,不超过当年天数
)
return_val[dimsizes(year)]:integer    形式为 mmdd
```

(二)建立时间日期数组

1. yyyymm_time——建立一维 yyyymm 日期数组

```
function yyyymm_time(
    yrStrt[1]:integer,    起始年
    yrLast[1]:integer,    结束年
    TYPE:string    返回值类型:"integer""float""double"
)
```

2. yyyymmdd_time——建立一维 yyyymmdd 日期数组

```
function yyyymmdd_time(
    yrStrt[1]:integer,    起始年
    yrLast[1]:integer,    结束年
    TYPE:string    返回值类型:"integer""float""double"
)
```

3. yyyymmddhh_time——建立一维 yyyymmddhh 日期数组

```
function yyyymmddhh_time(
    yrStrt[1]:integer,    起始年
```

```
    yrLast[1]:integer,    结束年
    hrStep[1]:integer,    小时步长
    TYPE:string    返回值类型:"integer""float""double"
)
```

描述:

小时步长通常为 24 的约数 1、3、4、6、8、12、24。

(三)时间日期形式转化

1. grib_stime2itime——将 GRIB 文件时间由字符串型转换为整型

```
function grib_stime2itime(
    stime[ * ]:string
)
return_val[dimsizes(stime)]:integer
```

描述:

返回值为 YYYYMMDDHH 形式,并包含@long_name 和@units 属性。

2. greg2jul——将 Gregorian 历转换为 Julian 历

```
function greg2jul(
    year:integer,    年>0
    month:integer,
    day:integer,
    hour:integer    小时 0~23,负数不参与计算
)
return_val[dimsizes(year)]:integer or double
```

3. jul2greg——将 Julian 历转换为 Gregorian 历

```
function jul2greg(
    julian:double or integer
)
return_val:integer
```

描述:

Julian 历为双精度型,则输出"年月日时"四维数组;Julian 历为整型,则输出"年月日"三维数组。

4. time_to_newtime——时间 udunits 格式的单位变换

```
function time_to_newtime(
    time:float or double
    new_time_unit[1]:string   目标单位
)
return_val[dimsizes(time)]:double or float
```

5. yyyyddd_to_yyyymmdd 和 yyyymmdd_to_yyyyddd——年日和年月日互换

6. yyyymm_to_yyyyfrac 和 yyyymm2yyyyFrac，yyyymmdd_to_yyyyfrac 和 yyyymmdd2yyyyFrac，yyyymmddhh_to_yyyyfrac 和 yyyymmddhh2yyyyFrac——转换为 yyyy. fraction 形式

```
function yyyymm_to_yyyyfrac(
    yyyymm[*]:integer,float,double
    mm_offset[1]:floatordouble   以 0～1 的小数表示不足一月的部分
)
function yyyymm2yyyyFrac(
    yyyymm[*]:integer,float,double
)
function yyyymmdd_to_yyyyfrac(
    yyyymmdd[*]:integer,float,double,
    dd_offset[1]:integer,float,double   以 0～1 的小数表示不足一日的部分
)
function yyyymmdd2yyyyFrac(
    yyyymmdd[*]:integer,float,double
)
function yyyymmddhh_to_yyyyfrac(
    yyyymmddhh[*]:integer,float,double,
    hh_offset[1]:float,double   以 0～1 的小数表示不足一小时的部分
)
function yyyymmddhh2yyyyFrac(
    yyyymmdd[*]:integer,float,double
)
```

7. cd_calendar,ut_calendar——将 Julian/Gregorian 日期转换为 UT 日期

```
functioncd_calendar(
    time:numeric,      Julian/Gregorian 日期
    option[1]:integer    输出 UT 日期
)
```

描述:

Julian/Gregorian 日期必须具有"单位 since 起始时间"形式的@units 属性。

输出 UT 日期格式取决于 option 参数:

option=0,单精度型的年、月、日、时、分、秒 6 个分量;

option=1,双精度型 YYYYMM,日、时、分、秒部分被抛弃;

option=−1,整型 YYYYMM;

option=2,双精度型 YYYYMMDD,时、分、秒部分被抛弃;

option=−2,整型 YYYYMMDD;

option=3,双精度型 YYYYMMDDHH,分、秒部分被抛弃;

option=−3,整型 YYYYMMDDHH,由于 integer 范围限制,超过 2147 年的需用 3;

option=4,双精度型 YYYY.fraction,小数部分为不足一年的零头;

option=−5,整型的年、月、日、时、分、秒 6 个分量,秒的小数部分将被截断。

cd_calendar 函数与 ut_calendar 函数基本一致,ut_calendar 已停止维护,建议使用 cd_calendar 函数。

cd_calendar 函数与 ut_calendar 函数分别是 cd_inv_calendar 函数与 ut_inv_calendar 函数的逆运算。

8. cd_convert,ut_convert——时间单位转换

```
functioncd_convert(
    dateFrom:numeric,    源时间形式,必须包含 units 属性
    unitsTo:string
)
return_val[dimsizes(dateFrom)]:double
```

描述:

有效的时间单位格式为 standard 和 gregorian。

cd_convert 函数与 ut_convert 函数基本一致,ut_convert 已停止维护,建议使用 cd_convert 函数。

9. cd_inv_calendar,ut_inv_calendar——将 UT 日期转换为 Julian/Gregorian 日期

```
function cd_inv_calendar(
    year:integer,
```

```
    month:integer,
    day:integer,
    hour:integer,
    minute:integer,
    second:numeric,
    units:string,    形如"单位 since 起始时间"
    option[1]:integer
)
return_val[dimsizes(year)]:double
```

描述:

月、日、时、分、秒及返回值维度与年一致。

cd_inv_calendar 函数与 ut_inv_calendar 函数基本一致,ut_inv_calendar 已停止维护,建议使用 cd_inv_calendar 函数。

cd_inv_calendar 函数与 ut_inv_calendar 函数分别是 cd_calendar 函数与 ut_calendar 函数的逆运算。

(四)按日期统计

1. month_to_annual——逐月资料计算年累计值或年平均值

```
function month_to_annual(
    x:numeric,    最左边一维为时间,最好凑够 12 月每年
    opt[1]:integer    年累计值 0,年平均值 1
)
```

描述:

无权重意味着各月权重相等。

2. month_to_annual_weighted——逐月资料以天数为权重计算年累计值、年平均值或月平均值

```
function month_to_annual_weighted(
    yyyymm,    与逐月数据相应的日期
    x:numeric,    最左边一维为时间,最好凑够 12 月每年
    opt[1]:integer    年累计值 0,年平均值 1,月平均值 2
)
```

描述:

以各月天数为权重。

年统计并不是以自然年为时间跨度,而是以起始月之后 12 个月为"1 年"。

不足以凑够 1 年 12 个月的数据被抛弃。

填充值不被忽略,参与运算并传递到返回值。

3. monthly_total_to_daily_mean——逐月资料计算每日平均

```
function monthly_total_to_daily_mean(
    yyyymm[*]:numeric,   与逐月数据相应的日期
    x:numeric,   最左边一维为时间
    opt[1]:integer   未启用,设为 0
)
```

七、元数据

1. assignFillValue——复制填充值属性到另一变量

```
procedure assignFillValue(
    var_from:numeric,
    var_to:numeric
)
```

2. copy_VarAtts——复制变量所有属性到另一变量

```
procedure copy_VarAtts(
    var_from,
    var_to
)
```

3. copy_VarCoords——复制变量所有命名维度和坐标变量到另一变量

```
procedure copy_VarCoords(
    var_from,
    var_to
)
```

4. copy_VarCoords_1 和 copy_VarCoords_2——复制变量除最右边一/两维以外的所有命名维度和坐标变量到另一变量

procedure copy_VarCoords_1(	procedure copy_VarCoords_2(
var_from,	var_from,
var_to	var_to
)	)

5. copy_VarCoords_n——复制变量左边 n 维命名维度和坐标变量到另一变量

```
procedure copy_VarCoords_n(
    var_from,
    var_to,
    dimN[1]
)
```

6. copy_VarCoords_not_n——复制变量除指定维以外的命名维度和坐标变量
   到另一变量

```
procedure copy_VarCoords_not_n(
    var_from,
    var_to,
    dimN[ * ]  升序
)
```

7. copy_VarCoords_skipDim0——复制变量除最左边一维以外的命名维度和
   坐标变量到另一变量

```
procedure copy_VarCoords_skipDim0(
    var_from,
    var_to
)
```

8. copy_VarMeta——复制变量所有属性、命名维度和坐标变量到另一变量

```
procedure copy_VarMeta(
    var_from,  源变量必须有属性、命名维度和坐标变量
    var_to     目标变量的维度必须是源变量的子集且顺序一致
)
```

9. delete_VarAtts——删除变量的指定属性

```
procedure delete_VarAtts(
    var,
    atts:string or integer
)
```

描述:
字符串型参数表示指定属性,整型参数(一般约定为 -1)表示所有属性。

10. getFillValue,getVarFillValue——查询变量的填充值属性

getFillValue 无填充值属性则返回"No_FillValue",因此 y@_FillValue＝getFillValue(x)形式可能报错,通常配合 new()使用。

getVarFillValue 无填充值属性则返回变量类型默认的填充值,因此 y@_FillValue＝get-VarFillValue(x)形式不会报错。

11. getLongName——获取变量 LongName

获取的变量属性为@long_name,@description,@standard_name,@DESCRIPTION,@DataFieldName。

12. getvaratts——枚举变量的所有属性名称

13. getvardims——枚举变量的所有维度名称

14. nameDim——设置变量的命名维度和 longname、units 属性

```
function nameDim(
    x,
    dimNames[ * ]:string,
    longName:string,
    units:string
)
return_val[dimsizes(x)]:typeof(x)
```

八、文件输入/输出

(一)受支持格式文件的打开

1. addfile——打开文件返回文件句柄

```
function addfile(
    file_path[1]:string,    文件路径
    status[1]:string    打开方式"r"、"w"、"c"
)
return_val[1]:file    文件句柄
```

2. addfiles——打开多个文件并返回文件句柄

```
function addfiles(
    file_path[ * ]:string,    文件路径
    status:string    打开方式"r"、"w"、"c"
```

```
)
    return_val[1]:list    文件句柄
```

描述：

返回值不能直接作为参数输入形如"getfile＊"的函数中，而只能将其中元素输入。

句柄中各元素用[]获取。

各文件中同名变量读取到同一变量中，连接方式分为"join"和默认的"cat"，可由 ListSet-Type()指定。cat 方式将各文件中的变量按最左边一维顺次连接，通常用于最左边一维表示记录号（如时间等）的情况。join 方式在目标最左边增加一个维度"case"，将各文件的数据顺次放入。例如，5 个包含 [time|12] ＊ [lev|5] ＊ [lat|48] ＊ [lon|96] 数据的文件由 addfiles 函数读取，cat 方式返回变量[time|60] ＊ [lev|5] ＊ [lat|48] ＊ [lon|96]，join 方式返回变量[case|5] ＊ [time|12] ＊ [lev|5] ＊ [lat|48] ＊ [lon|96]。

(二)受支持格式文件的查询与定义

1. fileattdef——定义文件全局属性

```
procedure fileattdef(
    thefile[1]:file,    文件句柄
    variable    任一类型变量将属性写入文件
)
```

2. filechunkdimdef——定义文件组块维度

```
procedure filechunkdimdef(
    thefile[1]:file,    文件句柄
    dim_names[＊]:string,    维度名称
    dim_sizes[＊]:integer,    维度尺寸
    dim_unlimited[＊]:logical    维度限制
)
```

3. filedimdef——定义文件维度

```
procedure filedimdef(
    thefile[1]:file,    文件句柄
    dim_names[＊]:string,    维度名称
    dim_sizes[＊]:integer,    维度尺寸
    dim_unlimited[＊]:logical    维度限制
)
```

示例：

```
ncf=addfile("myfile.nc","c")
dim_names=(/"lon","lat","lev","time"/)
dim_sizes=(/nlon,nlat,nlev,ntim/)
dimUnlim=(/False,False,False,True/)
filedimdef(ncf,dim_names,dim_sizes,dimUnlim)
```

4. filegrpdef——定义文件组名称

```
procedure filegrpdef(
      thefile[1]:file,    文件句柄
      grp_names[ * ]:string   组名称
)
```

5. filevarattdef——定义文件变量属性

```
procedure filevarattdef(
      thefile[1]:file,    文件句柄
      varnames:string,
      variable
)
```

描述：

filevarattdef()将 variable 的属性复制到文件 thefile 的变量 varnames 上。
varnames 必须已存在，由 filevardef()定义或－＞方式分配。

6. filevarchunkdef——定义文件变量组块

```
procedure filevarchunkdef(
      thefile[1]:file,
      var_name[1]:string,
      chunk_dim_sizes[ * ]:integer/long
)
```

7. filevardef——定义文件变量及其数据类型和命名维度

```
procedure filevardef(
      thefile[1]:file,    文件句柄
      var_names[ * ]:string,   变量名
      var_types[ * ]:string,   数据类型
      dim_names[ * ]:string   命名维度
)
```

描述:
命名维度 dim_names 必须已存在,由 filedimdef()或－＞方式分配。

8. filevarcompressleveldef——定义文件变量压缩层级

```
procedure filevarcompressleveldef(
    thefile[1]:file,    文件句柄
    var_names[*]:string,    变量名
    compressLevel[1]:integer    压缩层级,最快 1～9 最小
)
```

9. get_file_suffix——获取文件名后缀

```
function get_file_suffix(
    fileName[1]:string,
    opt[1]:integer
)
```

描述:
opt＝0 表示只获取最右边的一个后缀名,opt＝1 表示获取所有后缀。

10. getfiledimsizes——查询文件维度尺寸

```
function getfiledimsizes(
    thefile[1]:file    文件句柄
)
return_val[*]:integer    维度尺寸
```

11. getfilegrpnames——查询文件组名称

```
function getfilegrpnames(
    the_file[1]:file    文件句柄
)
return_val[*]:string
```

12. getfilepath——查询文件路径

```
function getfilepath(
    the_file[1]:file    文件句柄
)
return_val[1]:string
```

13. getfilevaratts——查询文件变量属性

```
function getfilevaratts(
    thefile[1]:file,    文件句柄
    varname[1]:string   变量名
)
return_val[ * ]:string  属性名
```

14. getfilevarchunkdimsizes——查询文件组块维度尺寸

```
function getfilevarchunkdimsizes(
    thefile[1]:file,    文件句柄
    varname[1]:string   变量名
)
return_val[ * ]:long
```

15. getfilevardims——查询文件变量维度名称

```
function getfilevardims(
    thefile[1]:file,    文件句柄
    varname[1]:string   变量名
)
return_val[ * ]:string  维度名称
```

描述:

getfilevardims 专用于文件变量,效率优于 getvardims(thefile->varname)。

16. getfilevardimsizes——查询文件变量维度尺寸

```
function getfilevardimsizes(
    thefile[1]:file,    文件句柄
    varname[1]:string   变量名
)
return_val[ * ]:integer  维度尺寸
```

描述:

getfilevardimsizes()专用于文件变量,效率优于 dimsizes(thefile->varname)。

17. getfilevarnames——查询文件中所有变量名称

```
function getfilevarnames(
    the_file[1]:file  文件句柄
```

```
)
return_val[ * ]:string  变量名
```

18. getfilevartypes——查询文件变量数据类型

```
function getfilevartypes(
    thefile[1]:file，  文件句柄
    var:string  变量名
)
return_val[ * ]:string  数据类型
```

19. list_files——列举当前可用的文件句柄

```
procedure list_files(
)
```

描述:

列举当前可用的文件句柄,包括可读性、文件名、维度(及名称)和属性名。

20. list_filevars——列举指定文件包含的数据变量

```
procedure list_filevars(
    filevar[1]:file  文件句柄
)
```

描述:

列举指定文件包含的数据变量,包含变量名、数据类型、维度(及名称)和属性名。

21. setfileoption——设置文件读写选项

```
procedure setfileoption(
    format_or_file[1]:string or file，  文件格式或文件句柄
    option[1]:string，  属性名
    value  属性值
)
```

描述:

format_or_file 若为字符串,则必须为 NCL 支持的文件格式的后缀名或二进制文件"bin",只影响修改后打开的文件,已存在的文件不受影响;若为文件句柄,则修改指定文件。

文件格式	属性名	属性值	备注
NetCDF	DefineMode	False 默认 True	①对写文件有效； ②True 在定义大量维度和属性定义时有利于提高性能，数据读写需 False
	CompressionLevel	0～9	无损压缩，值越大压缩水平越高
	Format	"Classic"默认 "LargeFile" "64BitOffset" "NetCDF4Classic"	设置本属性后，以"c"方式建立新文件才有效
	HeaderReserveSpace	整数	①对写文件有效； ②文件头预留空间供新变量、维度和属性备用，以字节为单位
	MissingToFillValue	True 默认 False	True，为只有 missing_value 属性而没有_FillValue 属性的变量建立虚拟_FillValue 属性。两者皆有或两者皆无的变量无效
	PreFill	True 默认 False	①对写文件有效； ②False，写数据前不以填充值预填充，对大批量数据有利于提高效率
	SuppressClose	True 默认 False	①打开/关闭文件的挂起方式； ②False，及时关闭文件，对打开大量文件有利于提高效率
GRIB	DefaultNCEPPTable	"Operational"默认 "Reanalysis"	对 GRIB1 格式文件有效
	InitialTime CoordinateType	"Numeric"默认 "String"	对 GRIB1/2 格式文件有效
	SingleElement Dimensions	"None"默认 "All" "Initial_time" "Forecast_time" "Level" "Ensemble" "Probability"	对 GRIB1/2 格式文件有效
	ThinnedGridInterpolation	"Cubic"默认 "Linear"	对 GRIB1/2 格式文件有效
Binary	ReadByteOrder	"Native"默认 "BigEndian" "LittleEndian"	"Native"为系统方式
	WriteByteOrder	"Native"默认 "BigEndian" "LittleEndian"	"Native"为系统方式

（三）ASCII 文本文件

1. asciiread——读取 ASCII 文件

```
function asciiread(
    filepath[1]:string，    ASCII 文件路径
    dimensions[ * ]:integer，    目标变量维度
    datatype[1]:string    数据类型
)
return_val[user_specified]:datatype
```

描述：

文件中各有效元素顺次存放到目标变量中。

对浮点型，字符串"nan"有效；对整型，前缀"0x"和"0X"标识十六进制；对字节型，前缀"0"标识八进制。

对数值类型，非数值字符被忽略，可充当各数之间的分隔符；对字符串型，每行被识别为一个字符串。

指定维度超过文件包含的元素数量则报错。

指定维度为－1 将把文件包含的所有元素读取到一个一维数组中。

2. asciiwrite——写入 ASCII 文件

```
procedure asciiwrite(
    filepath[1]:string，    ASCII 文件路径
    var    数值或字符串型变量
)
```

描述：

变量数组中各元素作为一行逐次写入文件。

asciiwrite 函数本身不接受格式参数，格式输入通常配合 sprintf()或 sprinti()嵌套。

3. numAsciiCol——查询 ASCII 文件列数

```
function numAsciiCol(
    file_name:string    文件路径
)
return_val[1]:integer
```

4. numAsciiRow——查询 ASCII 文件行数

```
function numAsciiRow(
    file_name:string    文件路径
```

```
)
return_val[1]:integer
```

5. readAsciiHead——读取 ASCII 文件头

```
function readAsciiHead(
    filename:string,    文件路径
    opt
)
return_val[ * ]:string
```

描述：

通常用于读取 ASCII 数据表表头。

opt 为整型 N,读取 N 行数据;opt 为字符串,读取到以该字符串开头的行;opt 为正浮点数,读取为浮点格式。

6. readAsciiTable——读取 ASCII 文件数据表

```
function readAsciiTable(
    filename:string,    文件路径
    ncol:integer,    数据表列数
    data_type:string,    数据类型
    opt
)
return_val[ * ]:data_type
```

描述：

opt 为整型 N,跳过开头 N 行;opt 为整型(/N,M/),跳过开头 N 行和结尾 M 行;opt 为字符串,跳过以该字符串开头的行。

（四）二进制文件

1. cbinread——以 C 语言模块读二进制文件

```
function cbinread(
    filename[1]:string,    文件路径
    dsizes[ * ]:integer,    数据维度
    datatype[1]:string    数据类型
)
return_val[dsizes]:datatype
```

描述:

dsizes 为−1,维度未知,整个文件读取为一个一维数组;dsizes 少于文件数据,报警告,读取 dsizes 尺寸的数据;dsizes 多于文件数据,报警告,读取 dsizes 尺寸的数据并以默认填充值填充数组。

2. cbinwrite——以 C 语言模块写二进制文件数值

```
procedure cbinwrite(
    filename[1]:string,  文件路径
    var:numeric  数据变量
)
```

3. craybinnumrec——查询 Cray-COS 系统 Fortran 语言无格式顺序访问文件中记录数量

```
function craybinnumrec(
    path[1]:string  文件路径
)
return_val[1]:integer
```

4. craybinrecread——以 Fortran 语言无格式顺序访问方式读 Cray-COS 系统二进制文件

```
function craybinrecread(
    path[1]:string,  文件路径
    rec_num[1]:integer,  数据记录号
    rec_dims[*]:integer,  数据维度
    rec_type[1]:string  数据类型
)
return_val[rec_dims]:rec_type
```

描述:

rec_dims=−1,维度未知,整个文件读取成一个一维数组。

5. fbindirread——以 Fortran 语言直接访问方式读二进制文件

```
function fbindirread(
    path[1]:string,  文件路径
    rec_num[1]:integer,  起始记录号
    rec_dims[*]:integer,  数组维度
    rec_type[1]:string  数据类型
)
return_val[rec_dims]:rec_type
```

描述:

fbindirread()类似于 Fortran 语言的 open(…,access＝"direct",form＝"unformatted",recl＝…,…)。

rec_dims＝－1,维度未知,整个文件读取成一个一维数组。

6. fbindirwrite——以 Fortran 语言直接访问方式写二进制文件

```
procedure fbindirwrite(
    path[1]:string,  文件路径
    var  数据变量
)
```

描述:

fbindirwrite()类似于 Fortran 语言的 open(…,form＝"unformatted",access＝"direct",recl＝…)。

如果文件已存在,则追加数据。

7. fbinread——以 Fortran 语言无格式访问方式读二进制文件

```
function fbinread(
    filepath[1]:string,  文件路径
    rec_dims[ * ]:integer,  数据维度
    rec_type[1]:string  数据类型
)
return_val[rec_dims]:rec_type
```

描述:

fbinread()类似于 Fortran 语言的 open(…,form＝unformatted,access＝sequential)。

fbinread()是 fbinrecread(…,rec_num＝0,…)的特殊情况。只能从头读取一个数据变量,不能从文件中间读取。

示例:读取 Fortran 语言无格式顺序访问方式的二进制文件

1)Fortran

real x(100),y(399),z(128,64)

open(11,file＝"example",form＝"unformatted")

write(11)x,y,z

2)NCL

fili＝"example"

recl＝100＋399＋128 * 64

xyz＝fbinread(fili,recl,"float")

x＝xyz(0:99)

y＝xyz(100:498)

z＝onedtond(xyz(499:),(/64,128/))

8. fbinwrite——以 Fortran 语言无格式访问方式写单变量二进制文件

```
procedure fbinwrite(
    filepath[1]:string,　文件路径
    value:numeric　数据变量
)
```

描述：

fbinwrite()类似于 Fortran 语言的 open(…,form＝unformatted,access＝sequential)。

fbinwrite()是 fbinrecwrite(…,rec_num＝0,…)的特殊情况。生成的二进制文件中只包含一个数据变量,不能向其中追加数据,只能覆盖。

9. fbinnumrec——查询 Fortran 语言无格式顺序访问文件中记录数量

```
function fbinnumrec(
    path[1]:string　文件路径
)
return_val[1]:integer
```

10. fbinrecread——以 Fortran 语言无格式顺序访问方式读二进制文件

```
function fbinrecread(
    path[1]:string,　文件路径
    rec_num[1]:integer,　数据记录号
    rec_dims[ * ]:integer,　数据维度
    rec_type[1]:string　数据类型
)
return_val[rec_dims]:rec_type
```

描述：

rec_dims＝－1,维度未知,整个文件读取成一个一维数组。

NCL 与 C 语言相同,左边的维度增长快于右边,而 Fortran 语言则相反。因此,数据维度与 Fortran 语言相反。

示例:读取 Fortran 语言无格式顺序访问方式写入的二进制文件

1)以 Fortran 语言无格式顺序访问方式写入数据

integer a(5)

real x(100),y(399),z(128,64)

open(11,file＝"example",form＝"unformatted")

write(11)a　*第一条记录 rec_num＝0*

write(11)x　*第二条记录 rec_num＝1*

write(11)y　*第三条记录 rec_num＝2*

write(11)z　*第四条记录 rec_num＝3*

2）以 NCL 无格式顺序访问方式读取数据

fili＝"example"

a＝fbinrecread(fili,0,5,"integer")

x＝fbinrecread(fili,1,100,"float")

y＝fbinrecread(fili,2,399,"float")

z＝fbinrecread(fili,3,(/64,128/),"float")

11. fbinrecwrite——以 Fortran 语言无格式顺序访问方式写二进制文件

```
procedure fbinrecwrite(
    path[1]:string,    文件路径
    rec_num[1]:integer,    数据记录号，－1 追加到文件末尾
    var    数据变量
)
```

描述：

NCL 与 C 语言相同,左边的维度增长快于右边,而 Fortran 语言则相反。因此,数据维度与 Fortran 语言相反。

示例一：写无格式顺序访问文件供 Fortran 语言读取

1）以 NCL 语言无格式顺序访问方式写数据

filo＝"example";

fbinrecwrite(filo,－1,a)

fbinrecwrite(filo,－1,x)

fbinrecwrite(filo,－1,y)

fbinrecwrite(filo,－1,z)

2）以 Fortran 语言无格式顺序访问方式读取数据

integer a(5)

real x(100),y(399),z(128,64)

open(11,file＝"example",form＝"unformatted",access＝"sequential")

read(11)a

read(11)x

read(11)y

read(11)z

示例二：多维无格式顺序访问文件

1）以 NCL 无格式顺序访问方式写数据

data(ntim|2,nfld|8,nlvl|18,nlat|73,mlon|144)

do i＝0,ntim－1

　　do j＝0,nfld－1

　　do k＝0,nlvl－1

```
                    fbinrecwrite('data.ieee',-1,data(:,:,k,j,i))
            end do
          end do
    end do
```

2)以 Fortran 语言无格式顺序访问方式读取数据

```
integer mlon,nlat,nlvl,nfld,ntim
parameter(mlon=144)
parameter(nlat=73)
parameter(nlvl=18)
parameter(nfld=8)
parameter(ntim=2)
realdata(mlon,nlat)
open(unit=8,file='data.ieee',form=`unformatted')
doi=1,ntim
    doj=1,nfld
      dok=1,nlvl
             read(8)data
        enddo
      enddo
enddo
```

12. fbindirSwap——字节反转 Fortran 语言直接访问文件

```
procedure fbindirSwap(
    in_file[1]:string,    读文件
    dims[*]:integer,      数据维度
    type[1]:string,       数据类型
    out_file[1]:string    写文件
)
```

描述:

新生成的文件可以由 fbindirread()或 cbinread()读取。

注:本程序已被取代,仍保留兼容性,但不建议使用。可用 setfileoption 设置 ReadByteOrder、WriteByteOrder 选项控制读写文件方式。

13. fbinseqSwap1——字节反转 Fortran 语言顺序文件

```
procedure fbinseqSwap1(
    in_file[1]:string,    读文件
    out_file[1]:string,   写文件
    type[1]:string,       数据类型
```

```
    dims[ * ]:integer    数据维度
)
return_val:file
```

注:本程序已被取代,仍保留兼容性,但不建议使用。可用 setfileoption 设置 ReadByteOrder、WriteByteOrder 选项控制读写文件方式。

14. fbinseqSwap2——字节反转 Fortran 语言顺序文件

```
procedure fbinseqSwap2(
    in_file[1]:string,    读文件
    out_file[1]:string,   写文件
    type[1]:string,       数据类型
    dims[ * ]:integer     数据维度
)
return_val:file
```

注:本程序已被取代,仍保留兼容性,但不建议使用。可用 setfileoption 设置 ReadByteOrder、WriteByteOrder 选项控制读写文件方式。

(五)Vis5D＋格式文件

v5d_close,v5d_create,v5d_setLowLev,v5d_setUnits,v5d_write,v5d_write_var

(六)ARW WRF 模式输出文件

wrf_rip_dbz,wrf_user_getvar,wrf_user_list_times

九、系统

1. echo_off,echo_on——关闭/打开 echo 模式

2. exit——立即退出运行

3. get_cpu_time——查询 CPU 时间

```
function get_cpu_time(
)
return_val[1]:float
```

描述:
通常用于代码调试,计算代码段运行时间。

4. get_ncl_version——查询 NCL 版本号

```
function get_ncl_version(
)
return_val[1]:string
```

5. get_script_name——查询 NCL 脚本文件名(包含后缀)

```
function get_script_name(
)
return_val[1]:string
```

6. get_script_prefix_name——查询 NCL 脚本文件名(不包含后缀)

```
function get_script_prefix_name(
)
return_val[1]:string
```

7. getenv——查询环境变量

```
function getenv(
    env_name[1]:string    环境变量名
)
return_val[1]:string
```

8. isbigendian——测试系统存储模式是否为大字节序

```
function isbigendian(
)
return_val[1]:logical
```

9. loadscript——加载 NCL 脚本文件

```
procedure loadscript(
    filename[1]:string
)
```

描述:
加载 NCL 脚本文件后,必须用 begin…end 结构才能调用其中的变量、函数和过程,形式如下。
loadscript("＊＊＊.ncl")
begin
    [skip]

end

10. ncargpath——查询 NCAR 图形接口路径

```
function ncargpath(
    char:string
)
return_val[1]:string
```

11. ncargversion——查询 NCAR 图形接口版本、版权等信息

```
procedure ncargversion(
)
```

12. print_clock——以指定的字符串开头显示当前时间戳

```
procedure print_clock(
    title[1]:string    此字符串后面紧随当前时间戳,常用于代码调试
)
```

13. sleep——暂停执行指定时间

```
procedure sleep(
    seconds[1]:integer    秒
)
```

14. status_exit——退出并返回状态值

```
procedure status_exit(
    code:integer    状态值
)
```

描述:

status_exit()与 exit()的区别在于有无状态值返回。

返回的状态值只有低八位有效。

C 语言库定义了两个标准状态值:EXIT_SUCCESS 和 EXIT_FAILURE,等价于 0 和 1。

15. system——执行系统命令

```
procedure system(
    command[1]:string    单行系统命令
)
```

16. systemfunc——执行系统命令并返回结果

```
function asystemfunc(
    command[1]:string    单行系统命令
)
return_val[1]:string    系统执行结果
```

17. unique_string——产生独一无二的字符串

```
function unique_string(
    prefix_string[1]:string    前缀
)
return_val[1]:string    前缀＋整型计数器
```

描述：

unique_string()提供从 0 开始步长为 1 的整型计数器,并前缀字符串输出。

18. wallClockElapseTime——计算并显示运行时间（秒）

```
procedure wallClockElapseTime(
    date:string，    起始时间
    title:string，    运行过程描述
    opt:integer    当前为启用
)
```

描述：

计算并显示自指定起始时间至本过程的运行时间,起始时间通常由 systemfunc("date")提供。

显示结果形如：=====＞ Wall Clock Elapsed Time: *title* : ***** seconds ＜=====

十、数学分析

（一）通用函数

1. abs——绝对值,exp——指数函数,log——自然对数,log10——常用对数,
   log2——以 2 为底的对数,sqrt——算术平方根,ceil——天花板函数,
   floor——地板函数

2. erf——误差函数,erfc——余补误差函数

```function erf(x:numeric[float or double])return_val```	```function erfc(x:numeric[float or double])return_val```

描述：

误差函数 $erf(x) = \dfrac{2}{\sqrt{\pi}}\displaystyle\int_0^x \mathrm{e}^{-\eta^2}\mathrm{d}\eta$，余补误差函数 $erfc(x) = 1 - erf(x) = \dfrac{2}{\sqrt{\pi}}\displaystyle\int_x^\infty \mathrm{e}^{-\eta^2}\mathrm{d}\eta$。

3. mod——取模函数

```
function mod(
    n:numeric,      被除数
    m:numeric       除数
)
return_val[dimsizes(n)]:typeof(n)
```

描述：

％运算符只支持整型取模，而 mod() 更具通用性，其运算等效于 GNU gfortran 编译器。

4. round——计算最近整数

```
function round(
    x:float or double
    opt:integer     返回值类型
)
return_val[dimsizes(x)]
```

描述：

opt＝0 返回值类型同 x；opt＝1 返回 float 型；opt＝2 返回 double 型；opt＝3 返回 integer 型。

5. decimalPlaces——保留近似值至指定数位

```
function decimalPlaces(
    x:numeric,
    n[1]:integer,       指定数位 10ⁿ，正整数为小数点后，负整数为小数点前
    round[1]:logical    近似方式，True 四舍五入，False 截尾舍位
)
return_val:numeric
```

6. sin, cos, tan——三角函数；asin, acos, atan——反三角函数；sinh, cosh, tanh——双曲函数

7. atan2——反正切函数（y/x 型）

```
function atan2(
    y:numeric,
```

```
        x:numeric
)
return_val[dimsizes(y)]:float or double
```

描述:

返回值在[−π,+π],象限由 x 和 y 的符号决定。atan2(u,v) * 45.0/atan(1.0)+180 将弧度转化为角度。

8. sign_f90——符号函数(Fortran90 语言风格)

```
function sign_f90(
        X:numeric,
        Y:numeric
)
return_val:same type and shape as abs(X) with the sign of Y
```

描述:

将 Y 的符号赋给 X。

9. sign_matlab——符号函数(Matlab 风格)

```
function sign_matlab(
        X:numeric
)
return_val:same type and shape as X
```

描述:

根据符号输出−1、0、1。

(二)数据排序

1. qsort,sqsort—— 一维数值和字符串数组升序排列

procedure qsort(	procedure sqsort(
value[*]:numeric	value[*]:string
)	)

描述:

填充值按实际数值排列。

数组的维度坐标随数值调整位置。

(三)微积分

1. center_finite_diff 和 center_finite_diff_n——计算一阶差分

```
function center_finite_diff_n(          function center_finite_diff(
    q:numeric，    函数                    q:numeric,
    r:numeric，    自变量                   r:numeric,
    rCyclic:logical，  是否循环,如经度        rCyclic:logical,
    opt:integer，  未启用                   opt:integer
    dim[1]:integer   维度                 )
)                                        return_val[dimsizes(q)]:numeric
return_val[dimsizes(q)]:numeric
```

描述:

差分方式为中央差,两头用前差和后差。

自变量 r 可以为标量 Δr、一维数组或与函数 q 尺寸相同的数据。

2. simpeq——等间距 Simpson 积分

```
function simpeq(
    fi:numeric，    积分函数,对最右边一维积分,不接受缺失值
    dx[1]:numeric   间距
)
return_val:float or double
```

描述:

对等间距 $\mathrm{d}x$ 和函数 $f(x)$ 有自变量序列 $x_0,x_1,\cdots,x_n$,有函数值 $f(x_0),f(x_1),\cdots,f(x_n)$,应用 Simpson 三点公式计算积分 $\int_{x_0}^{x_n} f(x)\mathrm{d}x$ 。

3. simpne——不等间距 Simpson 积分

```
function simpne(
    x:numeric,
    y:numeric
)
return_val:float or double
```

描述:

x、y 为对应的自变量、函数,数组形状相同,或 x 一维 y 多维且 y 最右边一维同 x,不接受缺失值。

应用 Simpson 三点公式计算积分 $\int_{x_0}^{x_n} y\mathrm{d}x$ 。

(四)基本统计量

1. avg——平均值,stddev——样本标准差,variance——样本方差,max——最大值,min——最小值,sum——算术和,product——连乘积

样本标准差和样本方差均为无偏估计,即除以 $N-1$ 所得。

2. cumsum——累计和

```
function cumsum(
    x:numeric,
    opt:integer    填充值处理方式
)
return_val[dimsizes(x)]:typeof(x)
```

描述:

opt=0 遇到填充值即停止计算,返回值此后以填充值填充;opt=1 继续计算,以填充值填充返回值中相应元素;opt=2 将填充值当作 0 继续累加。

3. stat_dispersion——大数据集计算频散统计

```
function stat_dispersion(
    x:numeric,
    opt:logical    输出控制
)
return_val:[30]
```

描述:

opt=False 不显示输出;opt=True 且 opt@PrintStat=True 显示输出。

索引	涵义	索引	涵义	索引	涵义	索引	涵义	索引	涵义
0	平均值	1	标准差						
2	最小值								
3	最小 $\frac{1}{10}$	4	最小 $\frac{1}{8}$	5	最小 $\frac{1}{6}$	6	最小 $\frac{1}{4}$	7	最小 $\frac{1}{3}$
8	中位数								
9	最大 $\frac{1}{3}$	10	最大 $\frac{1}{4}$	11	最大 $\frac{1}{6}$	12	最大 $\frac{1}{8}$	13	最大 $\frac{1}{10}$
14	最大值								
15	数据跨度,最大值减去最小值								
16	频散,数据跨度除以标准差								
17	距平均方根 $\sqrt{\frac{(x-\bar{x})^2}{N}}$,$N$ 为非缺失值数量								
18	数据量计数	19	实际使用数据量计数						
20	缺失值数量	21	缺失值百分比						
22	最小 0.1%	23	最小 1%	24	最小 5%				
25	最大 5%	26	最大 1%	27	最大 0.1%				
28	偏度	29	峰度						

4. stat_medrng——计算样本中位数、中点、范围及样本数

```
procedure stat_medrng(
    x:numeric,        样本
    xmedian:float or double,    中位数
    xmrange:float or double,    中点,最大最小值之平均
    xrange:float or double,    范围,最大最小值之差
    nptused:integer    样本数
    )
```

描述：

输出参数须事先定义。

若样本 x 为多维数组,则平均值 xmean、样本标准差 xsdt 减少最右边一维;若样本 x 为一维数组,则平均值 xmean、样本标准差 xsdt 为标量。

5. stat_trim——计算修整统计平均值、样本标准差及样本数

```
procedure stat_trim(
    x:numeric,        样本
    ptrim[1]:float or double,    修整比例,大于等于 0 小于 1,0 不修整,值越大修整越多
    xmeant:float or double,    修整统计平均值
    xsdt:float or double,    修整统计样本标准差,除以 N−1 所得
    nptused:integer    修整样本数
    )
```

描述：

输出参数须事先定义。

若样本 x 为多维数组,则平均值 xmean、样本标准差 xsdt 减少最右边一维;若样本 x 为一维数组,则平均值 xmean、样本标准差 xsdt 为标量。

6. stat2——计算平均值、样本方差及样本数

```
procedure stat2(
    x:numeric,        样本
    xmean:float or double,    平均值
    xvar:float or double,    样本方差,无偏估计,即除以 N−1 所得
    nptused:integer    样本数
    )
```

描述：

输出参数须事先定义。

若样本 x 为多维数组,则平均值 xmean、样本方差 xvar 减少最右边一维;若样本 x 为一维数组,则平均值 xmean、样本方差 xvar 为标量。

7. stat4——计算平均值、样本方差、偏度、峰度及样本数

```
procedure stat4(
    x:numeric,    样本
    xmean:float or double,    平均值
    xvar:float or double,    样本方差,无偏估计,即除以 N−1 所得
    xskew:float or double,    偏度
    xkurt:float or double,    峰度
    nptused:integer    样本数
)
```

描述:

输出参数须事先定义。

若样本 x 为多维数组,则平均值 xmean、样本方差 xvar、偏度 xskew、峰度 xkurt 减少最右边一维;若样本 x 为一维数组,则平均值 xmean、样本方差 xvar、偏度 xskew、峰度 xkurt 为标量。

偏度(Skewness)和峰度(Kurtosis)是和正态分布相比较的统计量。

$$(1) 偏度\ Skewness = \frac{n}{(n-1)(n-2)} \cdot \left[\frac{\sum\limits_{i=1}^{n}(x_i - \bar{x})}{\sqrt{\frac{1}{n-1}\sum\limits_{i=1}^{n}(x_i - \bar{x})^2}} \right]^3$$,描述某变量取值分布

对称性:

Skewness=0,分布形态与正态分布偏度相同;

Skewness>0,正偏差数值较大,为正偏或右偏,直观表现为长尾巴拖在右边;

Skewness<0,负偏差数值较大,为负偏或左偏,直观表现为长尾巴拖在左边;

|Skewness|越大,分布形态偏移程度越大。

$$(2) 峰度\ Kurtosis = \frac{n(n+1)}{(n-1)(n-2)(n-3)} \cdot \left[\frac{\sum\limits_{i=1}^{n}(x_i - \bar{x})}{\sqrt{\frac{1}{n-1}\sum\limits_{i=1}^{n}(x_i - \bar{x})^2}} \right]^4 - \frac{3(n-1)^2}{(n-2)(n-3)}$$,描述

某变量取值分布形态陡缓程度:

Kurtosis=0,与正态分布的陡缓程度相同;

Kurtosis>0,比正态分布的高峰更加陡峭——尖顶峰;

Kurtosis<0,比正态分布的高峰来得平坦——平顶峰。

(五)统计

1. cancor——经典相关分析

```
function cancor(
    x[ * ][ * ]:numeric,    预报因子
```

```
        y[ * ][ * ]:numeric,    预报值
        option:logical    未启用
)
return_val[ * ]:float or double    经典相关系数
```

描述：

X 和 Y 的维度分别为(N_x,N_{obs})和(N_y,N_{obs})，N_{obs}代表观测次数，N_x和 N_y代表独立变量数量。

返回值为经典相关系数，包含以下属性：

@ndof：自由度，一维整型；

@chisq：χ^2值，一维浮点型；

@wlam：Wilk 氏 λ 值，一维浮点型；

@coefx：右侧经典相关系数，二维浮点型(N_y,N_x)；

@coefy：左侧经典相关系数，二维浮点型(N_y,N_y)；

@ndof 和@chisq 用于无偏估计——假设所有经典相关为零，gammainc(0.5 * cancor@chisq,0.5 * cancor@ndof)可计算显著性水平。

经典相关系数平方即得特征值。

2. equiv_sample_size——估计一系列相关观测值的独立值

```
function equiv_sample_size(
        x:numeric,    任意维度的输入向量数组
        siglvl:numeric,    指定的显著性水平(0.0~1.0),一般≤0.1,典型值 0.05 和 0.01
        opt:integer    目前不使用,设为 0
)
return_val:integer
```

描述：

对最右边维度进行计算，计算结果相对于输入数据减少了最右边维度。

计算方法：①计算滞后自相关；②在指定的显著性水平下检验无偏假设(样本独立，无相关性)；③如果检验是显著的，则估计独立样本的数量；如果检验不显著，则返回输入数据的样本数量。

输入数据必须是红噪声序列(滞后自相关为正)，若输入数据为蓝噪声序列(滞后自相关为负)，则返回输入数据的样本数量。

3. kmeans_as136——采用 Hartigan&Wong 的 AS-136 算法计算 K 均值聚类

```
function kmeans_as136(
        x:numeric,    数据样本,不允许缺失值,最右边一维为时间
        k[1]:integer,    聚类数量
        opt[1]:logical    控制参数,True 表示启用自定义属性
)
return_val:float or double    聚类中心
```

描述：

控制参数包含以下属性：@iter 最大迭代次数，默认为 25；@iseed 聚类中心初始化采样方式，1 表示使用样本中前面的数据作为聚类中心初始值，2 表示对样本随机采样作为聚类中心初始值，默认为 1。

返回值为聚类中心，在数据样本的基础上，移除最右边一维（时间），在左边增加一维，长度为聚类数量。返回值包含如下属性：@；@npts，一维数组，每个聚类的样本数量；@ss2，一维数组，每个聚类的距离平方和。

4. kolsm2_n——使用 Kolmogorov－Smirnov 双样本检验法判断两个样本是否源自同一分布

```
function kolsm2_n(
    x:numeric,
    y:numeric,
    dims[*]:integer    指定维度，－1 表示整个数组
)
return_val:float or double    概率
```

描述：

指定维度可以是两个元素的一维数组，分别指定 x 和 y 的计算维度，除了这两个维度以外，两个数组其他维度的形状尺寸应一致。指定维度中，样本容量应大于 100，不允许缺失值。

返回值为两个样本是否源自同一分布的概率，包含两个属性：@dstat，两个样本之差的绝对值；@zstat，sqrt((M*N)/(M+N))*@dstat，其中 M、N 分别为 X、Y 指定维度的长度。

5. pattern_cor——计算型态相关

```
function pattern_cor(
    x:numeric,
    y:numeric,
    w:numeric,    权重
    opt[1]:integer    控制参数，0 和 1 分别表示计算中心型态相关和非中心型态相关
)
return_val:typeof(x)
```

描述：

源数据 x 和 y 的维度须一致，为 2～4 维，最右边两维为水平空间（…，lat，lon）。

权重为标量或 1～2 维，若不加权则设为 1，若为一维数组则须与纬度维一致，若为二维数组则与经纬度一致。

返回值在源数据的基础上减少最右边两维（水平空间）。

型态相关是两个变量线性相关的 Pearson 乘积矩系数，通常用于同一网格在不同时间或不同高度层的相关分析。

6. spcorr,spcorr_n——计算 Spearman 等级相关分析

function spcorr_n(	function spcorr_n(
x：numeric,	x：numeric,
y：numeric	y：numeric,
)	dim[1]：integer　*指定维度*
return_val：float or double	)
	return_val：float or double

描述：

源数据 x 和 y 须具有相同的数组形状尺寸。

返回值在源数据的基础上减少计算维。

7. trend_manken——计算 Mann-Kendall 非参数检验和线性趋势的 Theil-Sen 稳健估计

```
function trend_manken(
    x：numeric,      检验序列,不允许缺失值
    opt[1]：logical,   控制参数
    dims：integer   指定维度,通常为时间
)
return_val：float or double
```

描述：

检验序列若包含强季节周期,在检验前应先去除。

控制参数设为 opt＝True 且 opt@return_trend＝False,则不计算线性趋势,以减少计算资源消耗。

返回值在检验序列的基础上,减少指定维度,并在最左边增加一个长度为 2 的新维度,$(0,\cdots)$ 和 $(1,\cdots)$ 分别为 Mann-Kendall 趋势显著性和 Theil-Sen 稳健估计。

8. weibull——采用极大似然估计法计算 Weibull 分布的形状和尺度参数

```
function weibull(
    x：numeric,
    opt[1]：logical,   控制参数
    dims[ * ]：integer   指定维度
)
return_val：float or double
```

描述：

控制参数包含两个属性：@nmin，标量，有效值的最小数量；@confidence，期望的置信限，大于等于 0 且小于 1。

返回值为形状参数和尺度参数，若控制参数设置了 @confidence，则还返回形状参数最低置信限、形状参数最高置信限、尺度参数最低置信限、尺度参数最高置信限。

9. dtrend 和 dtrend_n，dtrend_msg 和 dtrend_msg_n——估计并移除最小平方线性趋势

```
function dtrend_n(
    y:numeric,
    return_info[1]:logical,    返回值是否附加截距@y_intercept 和斜率@slope 信息
    dim[1]:integer
)
return_val[dimsizes(y)]:numeric
```

```
function dtrend_msg_n(
    x[*]:numeric,    被处理维度的坐标序列
    y:numeric,
    remove_mean[1]:logical    是否移除平均值
    return_info[1]:logical,    返回值是否附加截距@y_intercept 和斜率@slope 信息
    dim[1]:integer    指定维度
)
return_val[dimsizes(y)]:numeric
```

描述：

从所有格点移除最右边一维（通常为时间维）的最小平方线性趋势，平均值也被移除。dtrend 不接受缺失值，而 dtrend_msg 接受缺失值。

注：dtrend 和 dtrend_n 不接受缺失值，而 dtrend_msg 和 dtrend_msg_n 接受缺失值。

10. dtrend_quadratic——估计并移除最小平方二次趋势

```
function dtrend_quadratic(
    y:numeric,
    option:integer    未启用，设为 0
)
return_val[dimsizes(y)]:numeric
```

描述：

从所有格点移除最右边一维（通常为时间维）的最小平方二次趋势，不接受缺失值。

11. dtrend_quadratic_msg_n——估计并移除最小平方二次趋势

```
function dtrend_quadratic_msg_n(
    y:numeric,
    remove_mean[1]:logical,    是否移除平均值
    return_info[1]:logical,    返回值是否附加二次拟合系数@quadratic
    dim[1]:integer    指定维度
)
return_val[dimsizes(y)]:numeric
```

12. linrood_latwgt——采用 Lin-Rood 模型计算纬度和权重

```
function linrood_latwgt(
    nlat[1]:byte,short,integer or long    纬度点数量
)
return_val[nlat,2]:double
```

描述：

返回数组为二维数组，return_val(:,0)和 return_val(:,1)分别为纬度和权重，权重之和为 2.0。

13. linrood_wgt——采用 Lin-Rood 模型计算权重

```
function linrood_wgt(
    nlat[1]:byte,short,integer or long    纬度点数量
)
return_val[nlat]:double
```

描述：

返回数组为一维数组，权重之和为 2.0。

14. NewCosWeight,SqrtCosWeight——对数组计算余弦权重、余弦平方根权重

```
function NewCosWeight(
    y:numeric    数组形状至少两个维度,通常为(···,lat,lon)
)
return_val[dimsizes(y)]:typeof(y)
```

描述：

对各纬度的数据乘以该纬度的余弦（或余弦平方根）。

15. rmInsufData——将缺失值比例超过指定阈值的数组设置为缺失值

```
function rmInsufData(
    x:numeric,      最右边维度将被操作,通常为时间维
    percent:float    缺失值比例阈值,大于等于 0 小于等于 1
)
return_val[dimsizes(x)]:typeof(x)
```

描述:

对 $x(i,j,\cdots,k,:)$ 检查缺失值比例,若超过阈值则将 $x(i,j,\cdots,k,:)$ 设置为 x@_FillValue,如此检查左边全部维度 $i,j,\cdots,k$。

16. taper,taper_n——对最右边维度(指定维度)执行分割余弦钟锥化

```
function taper(                          function taper_n(
        x:numeric,                               x:numeric,
        p[1]:numeric,                            p[1]:numeric,   锥化数据的比例,通
        option:numeric                   常 0.1(10%)
        )                                        option:numeric,
return_val[ * ]:numeric                          dim[1]:integer   指定维度
                                                 )
                                         return_val[ * ]:numeric
```

描述:

对非周期数据序列,在执行快速傅里叶变换(FFT)之前先用此函数执行锥化,以减少从强谱峰的泄露。

17. wgt_areaave,wgt_areaave_Wrap 和 wgt_areaave2——计算加权区域平均

```
function wgt_areaave_Wrap(
    q:numeric,   最右边维度为水平空间(…,lat,lon)
    wgty[ * ]:numeric,   权重,标量或与 lat 相吻合的一维数组,典型值为 1
    wgtx[ * ]:numeric,   权重,标量或与 lon 相吻合的一维数组,典型值为 1
    opt:integer   缺失值处理方法
)
return_val:float or double
```

```
function wgt_areaave2(
    q:numeric,      最右边维度为水平空间(…,lat,lon)
    wgt[ * ][ * ]:numeric,   权重(lat,lon),典型值为1
    opt:integer    缺失值处理方法
)
return_val:float or double
```

描述:

缺失值处理方法,0 表示使用非缺失值计算,1 表示不做计算直接赋缺失值。

返回值减少最右边两个维度 lat、lon。

18. wgt_arearmse,wgt_arearmse2——计算两个变量的加权区域均方根误差

```
function wgt_arearmse(
    q:numeric,
    r:numeric,
    wgty[ * ]:numeric,   权重,标量或与 lat 相吻合的一维数组,典型值为1
    wgtx[ * ]:numeric,    权重,标量或与 lon 相吻合的一维数组,典型值为1
    opt:integer    缺失值处理方法
)
return_val:float or double

function wgt_arearmse2(
    q:numeric,
    r:numeric,
    wgt[ * ][ * ]:numeric,   权重(lat,lon),典型值为1
    opt:integer    缺失值处理方法
)
return_val:float or double
```

描述:

缺失值处理方法,0 表示使用非缺失值计算,1 表示不做计算直接赋缺失值。

返回值减少最右边两个维度 lat、lon。

19. wgt_areasum2——计算加权区域和

```
function wgt_areaave2(
    q:numeric,   最右边维度为水平空间(…,lat,lon)
    wgt[*][*]:numeric,   权重(lat,lon),典型值为1
    opt:integer   缺失值处理方法
)
return_val:float or double
```

描述:

缺失值处理方法,0 表示使用非缺失值计算,1 表示不做计算直接赋缺失值。

返回值减少最右边两个维度 lat、lon。

20. wgt_volave,wgt_volave_ccm——计算加权体积平均

```
function wgt_volave(
    q:numeric,   最右边维度为三维空间(…,lev,lat,lon)
    wgtz[*]:numeric,   权重,标量或与 lev 相吻合的一维数组,典型值为1
    wgty[*]:numeric,   权重,标量或与 lat 相吻合的一维数组,典型值为1
    wgtx[*]:numeric,   权重,标量或与 lon 相吻合的一维数组,典型值为1
    opt:integer   缺失值处理方法
)
return_val:float or double

function wgt_volave_ccm(   用于 CCM 模式
    q:numeric,   最右边维度为三维空间(…,lev,lat,lon)
    wgtz[dimsizes(q)]:numeric,   权重,一般为由 dpres_hybrid_ccm 函数算出的 Δp
    wgty[*]:numeric,   权重,标量或与 lat 相吻合的一维数组,典型值为1
    wgtx[*]:numeric,   权重,标量或与 lev 相吻合的一维数组,典型值为1
    opt:integer   缺失值处理方法
)
return_val:float or double
```

描述:

缺失值处理方法,0 表示使用非缺失值计算,1 表示不做计算直接赋缺失值。

返回值减少最右边三个维度 lev、lat、lon。

21. wgt_volrmse，wgt_volrmse_ccm——计算加权体积均方根误差

```
function wgt_volrmse(
    q:numeric,      最右边维度为三维空间(⋯,lev,lat,lon)
    r:numeric,      最右边维度为三维空间(⋯,lev,lat,lon)
    wgtz[*]:numeric,    权重,标量或与 lev 相吻合的一维数组,典型值为 1
    wgty[*]:numeric,    权重,标量或与 lat 相吻合的一维数组,典型值为 1
    wgtx[*]:numeric,    权重,标量或与 lon 相吻合的一维数组,典型值为 1
    opt:integer    缺失值处理方法
)
return_val:float or double

function wgt_volrmse_ccm(    用于 CCM 模式
    q:numeric,      最右边维度为三维空间(⋯,lev,lat,lon)
    r:numeric,      最右边维度为三维空间(⋯,lev,lat,lon)
    wgtq[dimsizes(q)]:numeric,    权重,一般为由 dpres_hybrid_ccm 函数算出的 Δp
    wgtr[dimsizes(r)]:numeric,    权重,一般为由 dpres_hybrid_ccm 函数算出的 Δp
    wgty[*]:numeric,    权重,标量或与 lat 相吻合的一维数组,典型值为 1
    wgtx[*]:numeric,    权重,标量或与 lev 相吻合的一维数组,典型值为 1
    opt:integer    缺失值处理方法
)
return_val:float or double
```

描述:

缺失值处理方法,0 表示使用非缺失值计算,1 表示不做计算直接赋缺失值。

返回值减少最右边三个维度 lev、lat、lon。

(六)概率分布

1. genNormalDist——正态分布

```
function genNormalDist(
    xAve[1]:numeric,
    xStd[1]:numeric,
    opt[1]:logical
)
return_val[*]:float or double
```

2. pdfx——计算概率密度分布

```
function pdfx(
    x:numeric,
    nbin[1]:integer,   区间数量
    opt[1]:logical   控制参数
)
return_val[ * ]:float   各区间概率分布密度,单位为%
```

描述:

控制参数包含如下属性:@bin_min,区间下界;@bin_max,区间上界;@bin_nice,自动产生"良好的"区间边界和数量。

返回值包含如下属性:@nbins,区间数量;@bin_spacing,区间间隔;@bin_bound_min,区间下界;@bin_bound_max,区间上界;@bin_center,各区间中心,一维数组,与区间数量相同;@bin_bounds,各区间边界,一维数组,比区间数量多一个元素。

3. pdfx_bin——计算概率密度分布

```
procedure pdfx_bin(
    x:numeric,
    binxbnd[ * ]:numeric,   区间边界
    opt[1]:logical
)
```

描述:

pdfx_bin 调用 pdfx。

4. pdfxy——计算联合概率密度分布

```
function pdfxy(
    x:numeric,
    y:numeric,
    nbinx[1]:integer,   区间数量
    nbiny[1]:integer,   区间数量
    opt[1]:logical   控制参数
)
return_val[ * ]:double
```

描述:

输入数据 x 和 y 须具有相同的数组形状尺寸。

控制参数包含如下属性:@binx_min 和@biny_min,区间下界;@binx_max 和@biny_max,区间上界;@binx_nice 和@biny_nice,自动产生"良好的"区间边界和数量。

返回值包含如下属性:@nbinx 和@nbiny,区间数量;@binx_spacing 和@biny_spacing,区间间隔;@binx_bound_min 和@biny_bound_min,区间下界;@binx_bound_max 和@biny_bound_max,区间上界;@binx_center 和@biny_center,各区间中心,一维数组,与区间数量相同;@binx_bounds和@biny_bounds,各区间边界,一维数组,比区间数量多一个元素。

5. pdfxy_bin——计算联合概率密度分布

```
procedure pdfxy_bin(
    x:numeric,
    y:numeric,
    binxbnd[ * ]:numeric,    区间边界
    binybnd[ * ]:numeric,    区间边界
    opt[1]:logical
)
```

描述:

pdfxy_bin 调用 pdfxy。

6. pdfxy_conform——计算联合概率密度分布

```
function pdfxy_conform(
    x:numeric,
    y:numeric,
    nbinx[1]:integer,    区间数量
    nbiny[1]:integer,    区间数量
    opt[1]:logical    控制参数
)
return_val[ * ]:double
```

描述:

pdfxy_conform 调用 pdfxy。输入数据 x 和 y 可不具有相同的数组形状尺寸,x 和 y 一一对应,多出来的数据与填充值对应(即被抛弃)。

控制参数包含如下属性:@binx_min 和@biny_min,区间下界;@binx_max 和@biny_max,区间上界;@binx_nice 和@biny_nice,自动产生"良好的"区间边界和数量。

返回值包含如下属性:@nbinx 和@nbiny,区间数量;@binx_spacing 和@biny_spacing,区间间隔;@binx_bound_min 和@biny_bound_min,区间下界;@binx_bound_max 和@biny_bound_max,区间上界;@binx_center 和@biny_center,各区间中心,一维数组,与区间数量相同;@binx_bounds和@biny_bounds,各区间边界,一维数组,比区间数量多一个元素。

(七)假设检验

1. ftest——显著性检验 F

```
function ftest(
    var1:numeric,
    s1:numeric,
    var2:numeric,
    s2:numeric,
    opt[1]:integer    未启用,设为 0
)
return_val[dimsizes(var1)]:float or double
```

2. rtest——线性相关系数显著性检验

```
function rtest(
    r:numeric,
    Nr:integer,
    opt[1]:integer    未启用,设为 0
)
return_val[dimsizes(r)]:float or double
```

3. ttest——显著性检验 t

```
function ttest(
    ave1:numeric,
    var1:numeric,
    s1:numeric,
    ave2:numeric,
    var2:numeric,
    s2:numeric,
    iflag[1]:logical,
    tval_opt[1]:logical
)
return_val:floator double
```

4. student_t——计算 t 分布的双尾概率

```
function student_t(
    t:numeric,
```

```
        df:numeric    自由度
)
return_val:numeric    信度、显著性水平、双尾概率
```

5. cdft_p——计算 t 分布的单尾概率

```
function cdft_p(
    t:numeric,
    df:numeric    自由度
)
return_val:numeric    单尾概率
```

6. cdft_t——计算 t 分布的 t 值

```
function cdft_t(
    p:numeric,    单尾概率
    df:numeric    自由度
)
return_val:numeric
```

7. chiinv——评估 χ^2 分布反函数

```
function chiinv(
    p:numeric,    χ²分布积分,0<p<1
    df:numeric    自由度
)
return_val:numeric
```

(八)傅里叶分析

1. fft2db——傅里叶反变换(Fourier 合成)

```
function fft2db(
    coef[2][ * ][ * ]:numeric
)
```

描述:

计算离散后向傅里叶变换 $x\left(2, m, \frac{n}{2}+1\right) \overset{fft2db}{\Rightarrow} x(m, n)$。

fft2db 和 fft2df 互为反变换,包含舍入误差。

coef[2][*][*]为复数,包含实部 coef(0,:,:)和虚部 coef(1,:,:)。

傅里叶变换不接受缺失值,但出于计算效率的考虑,不做缺失值检测,因此缺失值会带来异常结果。

2. fft2df——傅里叶变换(Fourier 分析)

```
function fft2df(
    x[ * ][ * ]:numeric
)
```

描述:

计算离散前向傅里叶变换 $x(m,n) \xrightarrow{fft2df} x\left(2,m,\dfrac{n}{2}+1\right)$。

fft2df 和 fft2db 互为反变换,包含舍入误差。

出于计算效率的考虑,最右边一维最好为偶数。

傅里叶变换不接受缺失值,但出于计算效率的考虑,不做缺失值检测,因此缺失值会带来异常结果。

3. fftshift——数组重排列

```
function fftshift(
    x:numeric,        原数组
    mode[1]:integer    重排列方式
)
return_val:same size, shape and type as x
```

描述:

与 Matlab 的 fftshift 相当,对原数组最右边两维做重排列。

重排列方式包括:0 表示象限移位,1 表示列移位,-1 表示行移位。

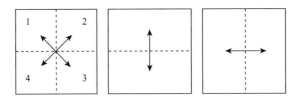

4. fourier_info——对时间序列做傅里叶分析

```
function fourier_info(
    x:numeric,
    nhx[1]:integer,
    sclPhase[1]:numeric
)
return_val:float or double
```

描述：

x若为多维数组，则将对最右边一维作调和分析，要求最右边一维具有周期性且不包含重复点。

时间序列长度为 N，则 $0 < nhx <= N/2$，若 $nhx = 0$，则等同于 $nhx = N/2$。

5. cfftb——复离散傅里叶反变换（Fourier 合成）

```
function cfftb(
    cf:numeric,    未标准化的 Fourier 系数
    cfopt:integer
)
return_val:typeof(x)
```

描述：

cfopt 指定重构数组形式：0 返回复周期序列，1 只返回实部，2 只返回虚部。

6. cfftf——复离散傅里叶变换（Fourier 分析）

```
function cfftf(
    xr:numeric,    复周期序列的实部
    xi:numeric,    复周期序列的虚部
    opt:integer    未启用，设为 0
)
return_val:typeof(x)
```

描述：

若复周期序列 xr 和 xi 为多维数组，则对最右边一维做傅里叶分析。最右边一维长度最好是偶数，但不能是 2^n。虚部 xi 维度与实部 xr 相同，也可以为标量，如对观测数据则 xi 为标量 0。

7. cfftf_frq_reorder——重排复离散傅里叶变换结果

```
function cfftf_frq_reorder(
    cf:numeric
)
return_val:typeof(x)
```

描述：

重排 cfftf 函数返回值，使其跨度为 $(-0.5, 0.5)$，但此重排结果不能输入 cfftb 函数。

8. ezfftb,ezfftb_n——傅里叶合成

function ezfftb(	function ezfftb_n(
cf:numeric,	cf:numeric,
xbar:numeric	xbar:numeric,
)	dim[1]:integer　*指定维度*
return_val:float or double	)
	return_val:float or double

描述：

$cf(0,\cdots)$和$cf(1,\cdots)$分别为傅里叶系数的实部和虚部。

9. ezfftf,ezfftf_n——傅里叶分析

function ezfftf(	function ezfftf_n(
x:numeric	x:numeric,
)	dim[1]:integer　*指定维度*
return_val:typeof(x)	)
	return_val:typeof(x)

描述：

x 若为多维数组,则对最右边一维作傅里叶分析。x 最右边一维长度不能是 2^n。

(九)线性回归

1. regline—— 一元线性回归

function regline(
x[*]:numeric,
y[*]:numeric
)
return_val[1]:float or double　*线性回归系数*

描述：

x[*]和 y[*]为同样尺寸的一位数组。计算使用@_FillValue 属性,若未定义则采用 NCL 默认值。

返回值为线性回归系数 RC,即直线 y＝ax＋b 的斜率 a,除@_FillValue 外还有 6 个属性：

@xave,x 的平均值；

@yave,y 的平均值；

@tval,无偏估计 t 检验,结合自由度(@nptxy－2)和检验水平 α(如 95％),查 t 检验界值表可判断回归质量,即 | @tval | ＞ t$_α$(@nptxy－2)线性显著,| @tval | ＜ t$_α$(@nptxy－2)线性不显著;

@rstd,线性回归系数的标准差;

@yintercept,直线 y＝ax＋b 的截距 b;

@nptxy,计算所使用的(x,y)点数,自由度为@nptxy－2。

线性回归系数置信水平为 α 的置信区间为 RC±RC@rstd×tα(RC@nptxy－2)。

不完全 β 函数检验式 $1-\mathrm{betainc}\left(\dfrac{(\mathrm{RC@nptxy}-2)}{(\mathrm{RC@nptxy}-2)+(\mathrm{RC@tval})^{2}},\dfrac{(\mathrm{RC@nptxy}-2)}{2},\alpha\right)$,在显著性水平 α 下值越大越线性显著。

2. regline_stats——一元线性回归并做方差分析

```
function regline_stats(
    x[ * ]:numeric,
    y[ * ]:numeric
)
return_val[1]:float or double with many attributes
```

3. reg_multlin——多元线性回归

```
function reg_multlin(
    y[ * ]:numeric,      因变量 y(N)
    x[ * ][ * ]:numeric,   自变量 x(M+1,N)
    option:logical
)
return_val[ * ]:float or double
```

描述:

因变量 y 为 M 个自变量和常数项的线性拟合,即 $y=b_{0}+\sum\limits_{i=1}^{M}b_{i}x_{i}$,返回值为偏回归系数 $b=(b_{0},b_{1},\cdots,b_{M})$,$b_{0}$ 也称截距。

偏回归系数 b:当其他自变量固定时,x_{i} 改变一个单位后 y 的平均变化,又称部分回归系数。

标准回归系数 $B=b\cdot\dfrac{\sigma_{x}}{\sigma_{y}}$:偏回归系数因各自变量值的单位不同而不能直接比较其大小,对变量值作标准化变换,得到的回归系数为标准回归系数,可直接比较其大小,反映各自变量对因变量的贡献大小。

4. reg_multlin_stats——多元线性回归并做方差分析

```
function reg_multlin_stats(
    y[ * ]:numeric,      因变量 y(N)
```

```
    x:numeric,[ * ]or[ * ][ * ]only,    自变量 x(N)或 x(N,M)
    opt:logical
)
return_val[ * ]:float or double
```

描述:

reg_multlin_stats 与 reg_multlin 相当,比 reg_multlin 简化了输入数据 x,并可附带输出方差分析结果。

5. regCoef,regCoef_n,regcoef——线性回归

```
function regCoef(                    function regCoef_n(
    x:numeric,                           x:numeric,
    y:numeric                            y:numeric,
)                                        dims_x[ * ]:integer,    指定维度
return_val:float or double               dims_y[ * ]:integer     指定维度
                                     )
                                     return_val:float or double

function regcoef(
    x:numeric,
    y:numeric,
    tval:float or double     输出值
    nptxy:integer     输出值
)
return_val:float or double
```

描述:

使用最小二乘法计算线性回归系数,相同计算方法,不同输出形式。

返回值包含如下属性以供统计检验:

@tval,无偏估计 t 检验,结合自由度(@nptxy−2)和检验水平 α(如 95%),查 t 检验界值表可判断回归质量,即 $|@tval|>t_\alpha(@nptxy-2)$ 线性显著,$|@tval|<t_\alpha(@nptxy-2)$ 线性不显著;

@rstd,线性回归系数的标准差;

@nptxy,计算所使用的(x,y)点数,自由度为@nptxy−2。

对一维数组的最佳拟合,采用 regline。

（十）线性代数

1. crossp3——空间矩阵（三维向量、二维数组）叉乘

```
function crossp3(
    a[ * ][3]:numeric，   N个三维向量
    b[ * ][3]:numeric    N个三维向量
)
return_val:numeric    N个三维向量,数据类型和数组尺寸同a
```

描述：

a 和 b 各行必须为三维空间向量,各行对应做叉乘,即

$$\vec{a} \times \vec{b} = (a_0 \vec{i} + a_1 \vec{j} + a_2 \vec{k}) \times (b_0 \vec{i} + b_1 \vec{j} + b_2 \vec{k}) = \begin{vmatrix} \vec{i} & \vec{j} & \vec{k} \\ a_0 & a_1 & a_2 \\ b_0 & b_1 & b_2 \end{vmatrix}$$

$$= (a_1 b_2 - a_2 b_1) \vec{i} + (a_2 b_0 - a_0 b_2) \vec{j} + (a_0 b_1 - a_1 b_0) \vec{k}$$

2. determinant——计算实方阵的行列式

```
function determinant(
    x[ * ][ * ]:numeric
)
return_val[1]:float or double
```

3. inverse_matrix——采用 LU 分解计算逆矩阵

```
function inverse_matrix(
    A[ * ][ * ]:numeric
)
return_val[dimsizes(A)]:float or double    逆矩阵 A⁻¹
```

描述：

逆矩阵可用于求解线性方程 $Ax=b$,即 $x=A^{-1}b$,但计算效率不如 solve_linsys()。

4. kron_product——矩阵的 Kronecker 积

```
function kron_product(
    a[ * ][ * ]:numeric,
    b[ * ][ * ]:numeric
)
return_val:float or double
```

描述：

a(m,n)和 b(p,q)运算结果的维度为(mp,nq)，即 $\begin{bmatrix} a(1,1)b & \cdots & a(1,n)b \\ \vdots & \ddots & \vdots \\ a(m,1)b & \cdots & a(m,n)b \end{bmatrix}$。

5. solve_linsys——求解实线性方程

```
function solve_linsys(
    A[*][*]:numeric,
    B:numeric
)
return_val[dimsizes(B)]:float or double
```

描述：

求解实线性方程 Ax＝B，采用三角分解法 A＝PLU。

6. sparse_matrix_mult——稀疏矩阵左乘稠密矩阵

```
function sparse_matrix_mult(
    row[*]:byte,short,integer,long,    稀疏矩阵行坐标
    col[*]:byte,short,integer,long,    稀疏矩阵列坐标
    S[*]:numeric,    稀疏矩阵数值
    x:numeric,    稠密矩阵
    dims[*]:any integral type    维度
)
return_val:float or double
```

描述：

维度指明系数矩阵的形状，该形状须与稠密矩阵的乘法相适应。若维度为标量，则代表行向量长度；若维度为两个元素的一维数组，则代表行、列长度。

7. quadroots——求解二次方程

```
function quadroots(
    a[1]:numeric,    二次项系数
    b[1]:numeric,    一次项系数
    c[1]:numeric    常数项
)
return_val[3]:double or float
```

8. lspoly,lspoly_n——计算多项式加权最小二乘法拟合系数

function lspoly(	function lspoly_n(
x[*]:numeric,	x:numeric,
y[*]:numeric,	y:numeric,
wgt[*]:numeric, *权重*	wgt:numeric,
n[1]:integer *拟合系数数量,n−1 为*	n[1]:integer,
多项式阶数	dim[1]:integer *指定维度*
)	)
return_val[n]:float or double	return_val:float or double

描述:

各对数据权重相等,设置 wgt=1;(x,y)数据对为填充值,设置相应 wgt=0。

拟合结果 c=lspoly(x,y,1,n)意为: $y = \sum_{i=0}^{n-1} c_i x^i$ 。一般采用 4 阶以下拟合(n≤5)。

(十一)特殊函数

1. betainc——计算不完全 β 函数

function betainc(
x:numeric, *积分上限,范围[0,1]*
a:numeric, *大于 0,维度同 x*
b:numeric *大于 0,维度同 x*
)
return_val[dimsizes(x)]:typeof(x)

描述:

不完全 β 函数的通用形式为 $B(x;a,b) = \int_0^x t^{a-1}(1-t)^{b-1}\mathrm{d}t$ 。积分上限 $x=1$ 时为完全 β 函数。

不完全 β 函数的意义为:满足参数为(a,b)的 β 分布随机变量小于等于 x 的概率。

不完全 β 函数对自由度为 N,置信水平为 α 的单边 t 检验做显著性判定:Q=1−betainc(N/(N+t^2),N/2.0,α),Q 越大显著性水平越高。

2. gamma——计算完全 Γ 函数

function gamma(
x:numeric
)
return_val[dimsizes(x)]:float or double

3. gammainc——计算不完全 Γ 函数

```
function gammainc(
    x:numeric,
    a[dimsizes(x)]:numeric    不完全 Γ 函数的形状参数
)
return_val[dimsizes(x)]:float or double
```

(十二)相关系数

1. esccr——计算样本滞后交叉相关系数

```
function esccr(
    x:numeric,
    y:numeric,
    mxlag[1]:integer    最大延迟量
)
return_val:numeric
```

算法：
$$c_k = \frac{\sum_{t=1}^{n-k}\left[(x_t - \bar{x})(y_{t+k} - \bar{y})\right]}{\sigma_x \sigma_y}$$

描述：

x 和 y 最右边一维尺寸须相同,通常为时间维。

mxlag 表示 x 比 y 提前最多多少个时间单位,即 x 和 y 的时间维错开最多多少个元素,最大延迟量不超过时间序列长度的四分之一。

返回值尺寸为(:,mxlag+1),时间维各元素分别表示 x 比 y 提前 0～mxlag 个时间单位时的交叉相关系数,return_val(:,i)表示 x(:,k)与 y(:,k+i)相关。

n 个样本(时间序列长度)的交叉相关系数 r 应构造统计量 $t_r = r\sqrt{\dfrac{n-2}{1-r^2}}$ 做虚无假设检验,即：

H_0：x 和 y 无关,检验水平 α；若 $t_r > t_{n-2}(\alpha)$ 则 $P < \alpha$,拒绝 H_0 接受 H_1。

2. escorc 和 escorc_Wrap,escorc_n 和 escorc_n_Wrap——计算样本的同期交叉相关系数

function escorc_Wrap(　　x:numeric, 　　y:numeric) return_val:numeric	function escorc_n_Wrap(　　x:numeric, 　　y:numeric, 　　dims_x[*]:integer,　指定维度 　　dims_y[*]:integer　指定维度) return_val:numeric

算法：
$$c = \frac{\sum\limits_{t=1}^{n}\left[(x_t - \bar{x})(y_t - \bar{y})\right]}{\sigma_x \sigma_y}$$

描述：

x 和 y 最右边一维尺寸须相同，通常为时间维。

escorc()相当于延迟量为 0 的 esccr()。

3. esccv——计算样本滞后交叉协方差

```
functionesccv(
    x:numeric,    最右边维度通常是时间
    y:numeric,    最右边维度通常是时间,与 x 最右边维度尺寸相同
    mxlag[1]:integer    范围大于等于 0 小于等于 N/4
)
return_val:numeric
```

描述：

返回数组的形状尺寸为：①x(d0,d1,…,dn)和 y(d0,d1,…,dn)形状尺寸相同的情况，则返回数组的大小类型也相同，最右边维度尺寸替换为 mxlag＋1；②x(x0,x1,…,xk,N)和 y(y0,y1,…,yk,N)形状尺寸不同的情况，则返回数组形状为(x0,x1,…,xk,y0,y1,…,yk, mxlag＋1)。

计算结果最右边维度对应滞后位移(0:mxlag)。

4. escovc——计算样本同期交叉协方差

```
function escovc(
    x:numeric,    最右边维度通常是时间
    y:numeric    最右边维度通常是时间,与 x 最右边维度尺寸相同
)
return_val:numeric
```

描述：

类似于 esccv(x,y,0)。

5. esacr——计算样本滞后自相关

```
function esacr(
    x:numeric,    最右边维度通常是时间
    mxlag[1]:integer    范围大于等于 0 小于等于 N/4
)
return_val:numeric    返回数组的大小类型与 x 相同,最右边维度尺寸替换为 mxlag＋1
```

描述：

计算结果最右边维度对应滞后位移(0:mxlag)。

6. esacv——计算样本滞后自协方差

```
function esacv(
    x:numeric,        最右边维度通常是时间
    mxlag[1]:integer  范围大于等于 0 小于等于 N/4
)
return_val:numeric  返回数组的大小类型与 x 相同，最右边维度尺寸替换为 mxlag+1
```

描述：

计算结果最右边维度对应滞后位移(0:mxlag)。

7. covcorm——计算协方差或相关矩阵

```
function covcorm(
    x[*][*]:numeric,
    iopt[2]:integer
)
return_val:numeric
```

描述：

iopt(0)＝0 则返回协方差，iopt(0)＝1 则返回相关矩阵；iopt(1)＝0 则以一维数组形式返回对称矩阵，iopt(1)＝1 则返回二维数组。

8. covcorm_xy——计算两个矩阵的协方差或相关矩阵

```
function covcorm_xy(
    x[*][*]:numeric,   允许缺失值
    y[*][*]:numeric,   允许缺失值
    iopt[3]:integer
)
return_val:numeric
```

描述：

x 和 y 两个矩阵的形状尺寸须一致。

iopt(0)＝0 则返回协方差矩阵，iopt(0)＝1 则返回相关矩阵；iopt(1)表示滞后量，大于等于 0；iopt(2)表示容许的缺失值比例，iopt(2)＝0 表示不允许缺失值。

(十三)维度分析

_Wrap 表示处理元数据。

_wgt 表示加权，函数参数须指明权重(w)和填充值处理方式(opt)。权重(w)的尺寸与计算数组指定维度的尺寸相同。opt＝0,仅当无填充值时计算加权；opt＝1,计算所有非填充值的加权；opt＞1,非填充值数量大于等于 opt 时计算加权。

_n 表示指定维度,函数参数须指明维度(dim),无_n 表示最右边一维。

1. dim_acumrun_n——计算滑动序列的独立累计和

```
function dim_acumrun_n(
    x:numeric,          源数据
    lrun[1]:integer,    滑动长度
    opt:integer,        缺失值控制参数
    dims[ * ]:integer   指定维度
)
return_val[dimsizes(x)]:float,double
```

描述:

滑动序列的独立累计和通常用于降水资料评估干旱。

缺失值控制参数:源数据若包含缺失值,0 表示累计和输出缺失值,1 表示按照有效值计算。

2. dim_avg,dim_avg_n,dim_avg_n_Wrap,dim_avg_wgt,dim_avg_wgt_n,dim_avg _wgt_n_Wrap,dim_avg_wgt_Wrap,dim_avg_Wrap——计算平均值

```
function dim_avg_wgt_n_Wrap(
    x:numeric,
    w[ * ]:numeric,
    opt[1]:integer,
    dim[1]:integer
)
return_val:float or double
```

3. dim_cumsum,dim_cumsum_n,dim_cumsum_n_Wrap,dim_cumsum_ Wrap——计算累计和

```
function dim_cumsum(
    x:numeric,
    opt:integer    填充值处理方式
    dim[ * ]:integer
)
return_val[dimsizes(x)]:typeof(x)
```

描述:

opt=0 遇到填充值即停止计算,返回值此后以填充值填充;opt=1 继续计算,以填充值填充返回值中相应元素;opt=2 将填充值当作 0 继续累加。

4. dim_gamfit_n——计算指定维度的 Γ 分布参数

```
function dim_gamfit_n(
    x:numeric,
    optgam:logical,    控制参数
    dims[ * ]:integer    指定维度,通常是时间维
)
return_val:float or double
```

描述:

控制参数,False 表示忽略缺失值数量,True 表示启用自定义属性:@inv_scale:逻辑型,默认为 False,True 表示输出的尺度参数实际为尺度参数的倒数;@pcrit:整型,默认为 0,表示允许的有效值最低比例,若缺失值太多、有效值太少,则输出缺失值。

返回值最左边维度为 3,(0,…)、(1,…)、(2,…)分别表示形状参数、尺度参数、零值无条件概率。

5. dim_max,dim_max_n,dim_max_n_Wrap——计算最大值

6. dim_median,dim_median_n——计算中位数

7. dim_min,dim_min_n,dim_min_n_Wrap——计算最小值

8. dim_num,dim_num_n——计算逻辑数组中真值数量

9. dim_pqsort,dim_pqsort_n——排序

```
function dim_pqsort(
    x:integer,float or double,
    kflag:integer
)
return_val[dimsizes(x)]:integer
```

描述:

排序方法:x(N0,N1,…,Nn),每(…,0:Nn)个数一组排序,得到返回值(…,0:Nn)。

返回值为按要求排序后,各数据在原数组 x 各组中的索引。

kflag 为 2,返回升序索引,原数组排序;kflag 为 1,返回升序索引,原数组不排序;kflag 为 −1,返回降序索引,原数组不排序;kflag 为 −2,返回降序索引,原数组排序。

填充值按实际数值参与排序。

10. dim_product,dim_product_n——计算连乘积

11. dim_rmsd,dim_rmsd_n,dim_rmsd_n_Wrap,dim_rmsd_Wrap——计算根
　均方差

```
function dim_rmsd_Wrap(
    x:numeric,
    y:numeric
)
return_val:float or double
```

描述:

计算方法:x(N0,N1,…,Nn)和 y(N0,N1,…,Nn),每(…,0:Nn)个数分为一组计算根方

均差 $f(x,y)=\sqrt{\dfrac{\displaystyle\sum_{i=1}^{n}(x_i-y_i)^2}{n}}$ 。

x 和 y 维度尺寸相同,返回值减少最右边一维。

12. dim_rmvmean,dim_rmvmean_n,dim_rmvmean_n_Wrap,dim_rmvmean_
　Wrap——计算距平(减去平均值)

```
function dim_rmvmean_Wrap(
    x:numeric
)
return_val[dimsizes(x)]:float or double
```

描述:

计算方法:x(N0,N1,…,Nn−1),每(…,0:Nn−1)共 Nn 个数分为一组,各组元素减去各
组平均数。

13. dim_rmvmed,dim_rmvmed_n,dim_rmvmed_n_Wrap,dim_rmvmed_
　Wrap——计算距平(减去中位数)

```
function dim_rmvmed(
    x:numeric
)
return_val[dimsizes(x)]:float or double
```

描述:

计算方法:x(N0,N1,…,Nn−1),每(…,0:Nn−1)共 Nn 个数分为一组,各组元素减去各
组中位数。

14. dim_standardize,dim_standardize_n,dim_standardize_n_Wrap,dim_stand-
    ardize_Wrap——计算归一化距平

```
function dim_standardize(
    x:numeric,
    opt:integer    标准差类型
)
return_val[dimsizes(x)]:float or double
```

描述：

opt 为 1,归一化采用总体标准差(除以 N),否则采用样本标准差(除以 N−1)。

归一化距平计算方法:x(N0,N1,…,Nn),计算 x(0,0,…,0:Nn)的距平,再除以标准差以归一化得到返回值(0,0,…,0:Nn),重复 x(0,0,…,0:Nn)至 x(N0,N1,…,0:Nn),最后返回维度为(N0,N1,…,Nn)。

15. dim_stat4,dim_stat4_n——计算平均值、样本方差、倾斜度和峰度

```
function dim_stat4(
    x:numeric
)
return_val:float or double
```

描述：

返回值维度比样本减少最右边一维,并增加最左边一维以存放平均值(0,…)、样本方差(1,…)、倾斜度(2,…)和峰度(3,…)。

16. dim_stddev,dim_stddev_n,dim_stddev_n_Wrap,dim_stddev_Wrap——计算总体标准差

```
function dim_stddev_Wrap(
    x:numeric
)
return_val:float or double
```

描述：

总体标准差是指除以 N,而非除以(N−1)。

17. dim_sum,dim_sum_n,dim_sum_n_Wrap,dim_sum_wgt,dim_sum_wgt_n,dim_sum_wgt_n_Wrap,dim_sum_wgt_Wrap,dim_sum_Wrap——计算算术和

```
function dim_sum_wgt_n_Wrap(
    x:numeric,
```

```
    w[ * ]:numeric,
    opt[1]:integer,
    dim[1]:integer
)
return_val:float or double
```

18. dim_variance, dim_variance_n, dim_variance_n_Wrap, dim_variance_
    Wrap——计算方差

```
functiondim_variance_Wrap(
    x:numeric
)
return_val:float or double
```

描述：

方差的无偏估计是指除以(N−1)，而非除以 N。

19. zonalAve——纬向平均

```
function zonalAve(
    x:numeric
)
return_val:typeof(x)
```

描述：

在 dim_avg_Wrap()的基础上更新@long_name 和@short_name 属性。

(十四)滤波

1. bw_bandpass_filter——对时间序列应用 Butterworth 带通滤波器

```
function bw_bandpass_filter(
    x:numeric,        不允许缺失值
    fca[1]:numeric,   截止频率,0<fca<0.5
    fcb[1]:numeric,   截止频率,0<fcb<0.5,fcb>fca
    opt[1]:logical,   控制参数
    dims[ * ]:integer 指定维度,通常为时间维,必须连续且单调递增
)
return_val:float or double
```

描述：

执行快速、稳定、为窄带优化过的零相 m 阶 Butterworth 带通滤波。

　　控制参数包含以下属性：@m，滤波器阶数，默认 6，建议 4、5、6，最大允许 10；@dt，采样间隔，默认为 1；@remove_mean，逻辑型，是否移除平均值，默认 True；@return_filtered，逻辑型，是否返回已过滤的时间序列值，默认 True；@return_envelope，逻辑型，返回值是否封装时间序列，默认 False。

2. filwgts_lanczos——构造一维滤波器

```
function filwgts_lanczos(
    nwt[1]:integer,    权重系数数量，大于等于 3 的奇数，值越大则滤波效果越好
且信号损失越大
    ihp[1]:integer,    滤波器性质，0 低通、1 高通、2 带通
    fca[1]:numeric,    高通/低通截止频率，0.0＜fca＜0.5
    fcb[1]:numeric,    带通截止频率，0.0＜fca＜fcb＜0.5
    nsigma[1]:numeric  ε 因子幂，大于等于 0，常为 1
)
return_val[nwt]:float or double
```

描述：

滤波器包含频率@freq 和振幅@resp，二者均为长度为 2 * nwt＋3 的一维数组。

执行 wgt_runave 实现滤波。

3. filwgts_normal——构造基于高斯分布的一维滤波器

```
function filwgts_normal(
    nwt[1]:integer,    权重系数数量，奇偶不限
    sigma[1]:numeric,  标准差，常为 1，小于 1 则权重向中央集中
    option[1]:integer  未启用
)
return_val[nwt]:float or double
```

描述：

执行 wgt_runave 实现滤波。

4. wk_smooth121——对 Wheeler－Kiladis 图执行 1－2－1 滤波

```
procedure wk_smooth121(
    x:float or double   最右边维度执行 1－2－1 滑动平均
)
```

(十五)谱分析

1. specx_anal——计算数据序列的功率谱

```
function specx_anal(
    x[ * ]:numeric,        不允许缺失值
    iopt[1]:integer,       去除趋势选项
    jave[1]:integer,       平滑参数,大于等于3的奇数,小于3则不做平滑(做周期估计)
    pct[1]:numeric         通常取0.1
)
return_val[1]:float or double    自由度
```

描述:

去除趋势选项:0 表示去除序列的平均值,1 表示去除序列的平均值并去除最小二次线性趋势。

平滑参数影响谱宽、谱特性和自由度。较小的平滑参数在频域内产生更高的分辨率(较小的谱宽),谱显呈锯齿状、不平滑,自由度较小;较大的平滑参数则相反。

返回值为数据序列的自由度,包含如下属性:

@spcx:谱估计,数组尺寸为数据序列长度 N 的一半,spcx(0)为频率 1/N 时的谱估计,spcx(N/2-1)为频率 1/2 时的谱估计;

@frq:频率,数组尺寸为数据序列长度 N 的一半;

@bw:谱宽,标量;

@xavei:数据序列的平均值,标量;

@xvari:数据序列的方差,标量;

@xvaro:数据序列去除趋势后的方差,标量;

@xlag1:数据去啊去除趋势后的滞后自相关;

@xslope:线性趋势的最小二乘斜率,标量。

2. specxy_anal——计算两个序列的交叉谱

```
function specxy_anal(
    x[ * ]:numeric,        两个相同尺寸的数据序列,不允许缺失值
    y[ * ]:numeric,        两个相同尺寸的数据序列,不允许缺失值
    iopt[1]:integer,       去除趋势选项
    jave[1]:integer,       平滑参数,大于等于3的奇数,小于3则不做平滑(做周期估计)
    pct[1]:numeric         通常取0.1
)
return_val[1]:float or double
```

描述:

去除趋势选项:0 表示去除序列的平均值,1 表示去除序列的平均值并去除最小二次线性

趋势。

返回值为数据序列的自由度,包含如下属性:

@spcx 和@spcy:谱估计,数组尺寸为数据序列长度 N 的一半,spcx(0)为频率 1/N 时的谱估计,spcx(N/2-1)为频率 1/2 时的谱估计;

@frq:频率,数组尺寸为数据序列长度 N 的一半;

@cospc:共谱(交叉谱的实部),数组尺寸为数据序列长度 N 的一半,衡量两个数据序列同相位或半周期相位差的振荡,即零滞时不同频率对总交叉协方差的贡献;

@quspc:余谱(交叉谱的虚部),数组尺寸为数据序列长度 N 的一半,衡量两个数据序列任一方向上四分之一周期相位差的振荡,即滞后四分之一周期的所有谐波不同频率对总交叉协方差的贡献;

@coher:相干性平方,数组尺寸为数据序列长度 N 的一半,类似于相关系数的平方,只是相干性平方是频率的函数;

@phase:相位,数组尺寸为数据序列长度 N 的一半,正相位表示 x 领先于 y;

@bw:谱宽,标量;

@coher_probability:对应 90%、95%、99%、99.9%置信水平的相干性,四个元素的一维数组;

@xavei:数据序列的平均值,标量;

@xvari:数据序列的方差,标量;

@xvaro:数据序列去除趋势后的方差,标量;

@xlag1:数据序列去除趋势后的滞后自相关;

@xslope:线性趋势的最小二乘斜率,标量;

@yavei:数据序列的平均值,标量;

@yvari:数据序列的方差,标量;

@yvaro:数据序列去除趋势后的方差,标量;

@ylag1:数据去咧去除趋势后的滞后自相关;

@yslope:线性趋势的最小二乘斜率,标量。

相干性的显著性水平:$p=(1-B)^{(\frac{n}{2}-1)}$,B 为相干性平方@coher,n 为自由度 return_val。

3. wave_number_spc——计算作为纬向波数函数的总功率谱

```
function wave_number_spc(
    x:numeric,    全球数据,二维至四维数组(…,lat,lon)
    grid_type:string    格点类型,g 或 G 表示高斯格点,f 或 F 表示规则网格
)
```

描述:

对数据做球谐函数分析,计算作为纬向波数函数的总功率谱。输入数据(…,lat,lon)的最右边两个维度(经纬度)变为一个维度(…,wave_number),维度 wave_number 为 1~lat 所对应的波数。返回值功率谱单位为(m/s)^2。

（十六）小波分析

1. wavelet——小波变换

```
function wavelet(
    y[ * ]:numeric,
    mother[1]:integer,    指定小波母函数
    dt[1]:numeric,    采样间隔,通常为1
    param[1]:numeric,    小波母函数参数
    s0[1]:numeric,    小波最小尺度
    dj[1]:numeric,    分立尺度间距
    jtot[1]:integer,    尺度
    npad[1]:integer,    用于小波变换的总点数
    noise[1]:integer,    用于显著性检验的噪声背景,0白噪声,1红噪声,通常取1
    isigtest[1]:integer,    检验方法,0表示 χ² 检验,1表示对全球小波谱时间平均
检验
    siglvl[1]:numeric,    显著性水平,通常取 0.95
    nadof[ * ]:numeric    未启用,设为0
)
return_val[2][jtot][dimsizes(y)]:float or double
```

描述：

小波母函数可指定为：0 表示 Morlet，1 表示 Paul，2 表示 DOG，小于 0 或大于 2 表示默认 Morlet，通常采用 0。

小波母函数参数表示为：对 Morlet 为波数，默认为 6；对 Paul 为次数，默认为 4；对 DOG 为导数，默认为 2。

小波最小尺度，典型值为采样间隔的 2 倍，为更准确地重建和方差计算，对 Morlet 取采样间隔的 1 倍，对 Paul 取采样间隔的 1/4。

分立尺度间距，典型值为 0.25，更小值能得到更高尺度分辨率，但计算速度较慢。

尺度，通常取 $1+floattointeger((((log10(N * dt/s0))/dj)/log10(2.)))$，范围为最小，s0 最大，$s0 * 2^{[(jtot-1) * dj]}$。

用于小波变换的总点数，须大于等于数据序列长度，通常为数据序列长度或 2 的幂次，若大于数据序列长度则以 0 填充数据序列尾部。

返回值 $wave(0,:,:)$ 和 $wave(1,:,:)$ 分别为小波变换的实部和虚部，功率谱为二者平方和 $wave(0,:,:)^2+wave(1,:,:)^2$。

返回值属性：

@power：功率谱，小波实部和虚部的平方和，即 $wave(0,:,:)^2+wave(1,:,:)^2$，一维数组，用 power＝onedtond(wave@power,(/jtot,dimsizes(y)/))还原成易读的二维数组；

@phase：相位（角度），即 $57.29 * atan2(wave(1,:,:),wave(0,:,:))$，一维数组，用 phase＝onedtond(wave@phase,(/jtot,dimsizes(y)/))还原成易读的二维数组；

@mean：输入序列的平均值，标量；

@stdev：输入数据的标准差，标量；

@lag1：输入数据的滞后自相关系数，标量；

@r1：标量，若 noise=1（红噪声）则为滞后自相关系数，否则为 0，用于显著性检验；

@dof：显著性检验的自由度，一维数组，长度为 jtot；

@scale：小波尺度，一维数组，长度为 jtot；

@period：对应 @scale 的傅里叶周期，一维数组，长度为 jtot；

@gws：全球小波谱，一维数组，长度为 jtot；

@coi：用于影响锥的折叠因子，一维数组，长度与输入数据序列相同；

@fft_theor：与尺度对应的红噪声谱，一维数组，长度为 jtot，若 isigtest=2，则 wave@fft_theor(0) 为 S1→S2 的平均谱，wave@fft_theor(1:jtot−1)=0.0；

@signif：与尺度对应的显著性水平，一维数组，长度为 jtot；

@cdelta：小波母函数的常量，标量；

@psi0：小波母函数的常量标量。

偏差校正功率谱计算可借助上述属性：

无偏功率谱 power_no_bias=wave@powcr/conform(power,wavc@scale,0)；

无偏全球小波变换谱 gws_no_bias=wave@gws/wave@scale。

2. wavelet_default——默认参数的小波变换

```
function wavelet_default(
    y[*]:numeric,
    mother[1]:integer    指定小波母函数
)
return_val[2][*][dimsizes(y)]:float or double
```

描述：

wavelet_default 函数就是取默认值的 wavelet 函数：dt=1，param=6、4、2（分别对应 Morlet、Paul、DOG 小波母函数），s0=2，dj=0.25，jtot=1+4 * log10(dimsizes(y)/2)/log10(2)，npad=dimsizes(y)，noise=1，isigtest=0，siglvl=0.05，nadof=0）。

（十七）平滑

1. runave，runave_Wrap——对最右边维度计算无权重的滑动平均

```
function runave_Wrap(
    x:numeric,
    nave[1]:integer,    滑动距离
    opt[1]:integer    端点选项，通常设置为 0
)
return_val[dimsizes(x)]:float or double
```

描述：

滑动平均，相当于低通滤波。

端点选项 opt：①opt<0，首尾端点循环做滑动平均；②opt＝0，首尾端点设置为填充值；③opt>0，首尾端点反射做滑动平均，如 y(0)＝(x(0)＋x(1))/nave 和 y(n)＝(x(n)＋x(n−1))/nave。

2. runave_n，runave_n_Wrap——对指定维度计算无权重的滑动平均

```
function runave_Wrap(
    x:numeric,
    nave[1]:integer,    滑动距离
    opt[1]:integer,     端点选项,通常设置为 0
    dim[1]:integer      指定维度
)
return_val[dimsizes(x)]:float or double
```

3. smth9 和 smth9_Wrap——对平面网格进行九点局部平滑

```
function smth9_Wrap(
    x:numeric,     至少两个维度,最右侧两个维度用于平滑,允许@_FillValue 缺失值
    p:numeric,     控制参量
    q:numeric,     控制参量
    wrap:logical   循环标记,True/False 标记最右边维度是否循环
)
return_val[dimsizes(x)]: float or double
```

描述：

通常 p＝0.5，此时，若 q＝−0.25，则结果为轻度平滑；若 q＝0.25，则结果为重度平滑，若 q＝0.0，则结果为五点局部平滑。

$$f_0 = f_0 + \frac{p}{4}(f_2 + f_4 + f_6 + f_8 - 4f_0) + \frac{q}{4}(f_1 + f_3 + f_5 + f_7 - 4f_0), \begin{bmatrix} f_1 & f_8 & f_7 \\ f_2 & f_0 & f_6 \\ f_3 & f_4 & f_5 \end{bmatrix}$$

4. wgt_area_smooth——二维面积加权五点平滑

```
function wgt_area_smooth(
    field:numeric,      最右边两维形状尺寸与权重一致
    wgt[*][*]:numeric,  权重
    opt[1]:logical      控制参数
)
return_val[dimsizes(field)]:float or double
```

描述:

控制参数附加@cyclic 属性,逻辑型,用于指明数据最右边一维是否为经度首尾重合,若不重合(即设为 False),则输出数据的经度首尾端点设为填充值。

5. wgt_runave 和 wgt_runave_Wrap,wgt_runave_n 和 wgt_runave_n_Wrap, wgt_runave_leftdim——计算加权滑动平均

```
functionwgt_runave_Wrap(              function wgt_runave_n_Wrap(
    x:numeric,                            x:numeric,
    wgt[*]:numeric,   一维权重数组,        wgt:numeric,
常为奇数                                   opt:integer,
    opt[1]:integer   起止点计算方法         dim[1]:integer   指定维度
)                                      )
return_val:float or double            return_val:float or double

function wgt_runave_leftdim(
    x:numeric,
    wgt:numeric,
    opt:integer
)
return_val:float or double
```

描述:

wgt_runave 和 wgt_runave_Wrap,wgt_runave_n 和 wgt_runave_n_Wrap,wgt_runave_leftdim 三组函数分别对最右边一维、指定维、最左边一维开展计算。

计算将使用@_FillValue 属性,若未定义将使用 NCL 默认值。

参数 opt 设置起止点计算方法,opt<0 采用循环算法,opt>0 采用反射算法,opt=0 将不平滑的起止点设为填充值,常用 opt=0。

配合 filwgts_lanczos 滤波器,可实现带通、低通和高通滤波。

十一、图形对象操作

1. create_graphic——创建图形对象

```
function create_graphic(
    name[*]:string,   图形对象名称
    class:string,   图形类名称
    parent:graphic or string,   父对象
    resources[1]:logical   图形属性
)
```

描述：

图形类名称包括：annoManagerClass，appClass，contourPlotClass，coordArraysClass，documentWorkstationClass，graphicStyleClass，imageWorkstationClass，irregularPlotClass，labelBarClass，legendClass，logLinPlotClass，mapPlotClass，meshScalarFieldClass，ncgmWorkstationClass，pdfWorkstationClass，primitiveClass，psWorkstationClass，scalarFieldClass，streamlinePlotClass，textItemClass，tickMarkClass，titleClass，vectorFieldClass，vectorPlotClass，windowWorkstationClass，xWorkstationClass，xyPlotClass。

父对象为图形对象句柄，特殊情况可采用字符串：defaultapp，noparent 或 null。

2. attsetvalues——给图形设置属性

```
procedure attsetvalues(
    objects:graphic,
    resources[1]:logical
)
```

3. destroy，NhlDestroy——销毁图形对象

procedure destroy(	procedure NhlDestroy(
objects:graphic	objects:graphic
)	)

描述：

destroy，NhlDestroy 不同于 delete，以默认的缺失值填充变量，而不是删除变量。

4. list_hlus——列举 HLU 图形对象

```
procedure list_hlus(
)
```

5. NhlAddAnnotation——为图形添加外部注释

```
function NhlAddAnnotation(
    plot_id[1]:graphic,      图形
    anno_view_id[ * ]:graphic    注释
)
return_val[dimsizes(anno_view_id)]:graphic
```

描述：

plot_id 和 anno_view_id 都是由 gsn_ * ()函数创建的图形对象，通常 anno_view_id 为色

标、图注等图形对象,作为注释叠加到 plot_id 上。

返回值每个元素都包含 AnnoManager 对象的引用,可用以控制这些视图添加到图形中。

6. NhlAddData——向图形增加额外的数据项

```
function NhlAddData(
    dcomms[ * ]:graphic,    DataComm 类的实例
    res_name[1]:string,     图形属性名称
    data_items[ * ]:graphic  新增数据,DataItem 类的实例
)
return_val[dimsizes(dcomms)][dimsizes(data_items)]:graphic
```

描述:

返回值形状尺寸为由 dcomms 和 data_items 数组长度决定的二维数组。

7. NhlAddOverlay——图形叠加

```
procedure NhlAddOverlay(
    base_id[1]:graphic,    底图
    transform_id[1]:graphic,  新增图层
    after_id[1]:graphic    叠加顺序
)
```

描述:

底图须提供坐标系,因此,地图只能做底图,不能做新增图层。新增图层一般为等值线图、散点图、流线图等。

叠加顺序:①若为负值,表明新增图形添加到叠加队列末尾;②若为底图本身,表明新增图形紧随底图。

8. NhlAddPrimitive——向已有图形添加原始对象

```
procedure NhlAddPrimitive(
    base_id[1]:graphic,    底图,须提供坐标系
    primitive_ids[ * ]:graphic,  新增图层
    before_id[1]:graphic   叠加顺序
)
```

9. NhlAppGetDefaultParentId——返回当前默认 App 对象的引用

```
function NhlAppGetDefaultParentId(
)
return_val[1]:graphic
```

10. NhlClassName——检索一个或多个图形对象的类名称

```
function NhlClassName(
    objects[ * ]:graphic
)
return_val[dimsizes(objects)]:string   对象所属的类
```

描述：

检索对象所属的类,返回的字符串是每个对象的类名称。

11. NhlDataPolygon,NhlDataPolyline,NhlDataPolymarker,NhlNDCPolygon,
NhlNDCPolyline,NhlNDCPolymarker——使用数据坐标或归一化设备坐
标绘制多边形、折线、图形符号

```
procedure NhlDataPolygon(          procedure NhlNDCPolygon(
    objects[ * ]:graphic,   底图        objects[ * ]:graphic,   底图
    style[ * ]:graphic,   图形属性       style[ * ]:graphic,   图形属性
    x[ * ]:float,   数据坐标             x[ * ]:float,   归一化设备坐标
    y[ * ]:float   数据坐标              y[ * ]:float   归一化设备坐标
)                                  )
```

描述：

图形属性为标量或与底图数组尺寸一致的一维数组,若为标量则多边形、折线、图形符号在各底图中采用相同的图形属性,若为一维数组则分别采用各自的图形属性。

数据坐标(x,y)须匹配。

12. NhlGetBB——检索图形对象的边框

```
function NhlGetBB(
    objects[ * ]:graphic
)
return_val[dimsizes(objects)][4]:float   边框的四个坐标
```

描述：

返回值为二维数组,左边维度与输入值对应,右边维度四个元素存放该对象的边框坐标,0,1,2,3元素依次表示顶、底、左、右。

边框是包含整个图形对象的尽可能小的框,以归一化设备坐标描述。如果输入元素不是有效的图形对象,则相应返回值为整型默认缺失值。

13. NhlGetClassResources——查询指定类的图形属性

```
function NhlGetClassResources(
    class_name[1]:string,
    filter_string[1]:string    筛选条件,大小写不敏感,可以是正则表达式
)
return_val[*]:string
```

14. NhlGetErrorObjectId——查询当前错误对象的引用 ID

```
function NhlGetErrorObjectId(
)
return_val[1]:object
```

描述:

此函数用于错误对象报告,以便用户设置错误对象的属性,如自定义错误等级、报错方式。

15. NhlGetParentId——返回对象的父 ID

```
function NhlGetParentId(
    objects:graphic
)
return_val[dimsizes(objects)]:graphic
```

16. NhlGetWorkspaceObjectId——返回当前绘图空间对象的引用

```
function NhlGetWorkspaceObjectId(
)
return_val[1]:graphic
```

描述:

便于用户配置绘图空间属性,如增加内存容量上限。

17. NhlIsApp, NhlIsDataComm, NhlIsDataItem, NhlIsDataSpec, NhlIsTransform, NhlIsView, NhlIsWorkstation——测试图形对象是否为 App 型,DataComm 型,DataItem 型,DataSpec 型,Transform 型,View 型,Workstation 型

```
function NhlIsApp(
    objects:graphic
)
return_val[dimsizes(objects)]:logical
```

描述：

使用 gsn_open_wks() 函数创建一个绘图空间时，一个 App 对象内部创建并连接到该绘图空间作为其属性，通常为 wks@app。

DataComm 是接受、管理和显示数据的对象，如等高线图、矢量图和流线图，而地图不被视为 DataComm 对象。可以理解为 gsn_ * 函数创建的图形对象，plot＝gsn_ * ()。

DataItem 是图形对象的数据项，用来代表数据的标量和向量对象，通常为 plot@data。

DataSpec 是 gsn_ * 函数创建图形时自动建立的，通常为 plot@dataspec。

Transform 通常用于图形坐标格式转换 datatondc() 和 ndctodata()，包含 DataComm 的等高线图、矢量图、流线图和非 DataComm 的地图。

View 是 gsn_ * () 或 create() 绘制的图形对象。

Workstation 是 gsn_open_wks() 或 create() 创建的绘图空间。

18. NhlName——查询图形对象的名称

```
function NhlName(
    objects[ * ]:graphic    由 gsn_ * ()函数或 create 方法创建的图形对象
)
return_val[dimsizes(objects)]:string
```

19. NhlRemoveAnnotation——移除图形的外部注释

```
procedure NhlRemoveAnnotation(
    plot_id[1]:graphic,
anno_manager_id[ * ]:graphic
)
```

描述：

二者的关系之前由 NhlAddAnnotation(plot_id，anno_manager_id)注册。

20. NhlRemoveData——移除图形的数据项

```
procedure NhlRemoveData(
    plot_objs[ * ]:graphic,
    resname[1]:string,
    data_objs[ * ]:graphic
)
```

描述：

移除 plot_objs 图形 resname 属性中的 data_objs 数据项，其为 DataItem 实例，之前由 NhlAddData 函数或 create、setvalues 方法创建。

21. NhlRemoveOverlay——移除图形的叠加图层

```
procedure NhlRemoveOverlay(
    base_id[1]:graphic,
    plot_id[ * ]:graphic,
    restore[1]:logical
)
```

22. NhlRemovePrimitive——移除图形的原始图层

```
procedure NhlRemovePrimitive(
    base_id[1]:graphic,
    primitive_ids[ * ]:graphic
)
```

23. NhlUpdateData——强制更新图形数据

```
procedure NhlUpdateData(
    dcomms[ * ]:graphic
)
```

24. overlay——图形叠加

```
procedure overlay(
    base_id[1]:graphic    底图,须提供坐标系
    transform_id[1]:graphic    新增图形
)
```

十二、颜色

1. draw_color_palette——绘制调色板

```
procedure draw_color_palette(
    wks[1]:graphic,
    colors,    颜色
    opt[1]:logical    控制参数
)
```

描述：

颜色可以是如下形式:颜色表、颜色名称、RGB、RGBA、颜色索引。

控制参数设为 True,则可启用如下属性:@Across,标注方式;@Frame,绘制完成后是否

翻页,默认 True;@LabelsOn,是否给每个颜色标注索引,默认 True;@LabelStrings,替代索引的颜色标注;@LabelFontHeight,标注的字号,默认 0.015。

2. get_color_rgba——查询

```
function get_color_rgba(
    color_map,      颜色表或 RGB、RGBA
    levels[ * ]:numeric,     层次
    value[1]:numeric     数据
)
return_val[3] or return_val[4]
```

描述:

通常用于确定数据在等值线填色图中的颜色。在颜色表中,根据层次设置适当的等值线填色,再查找数据所对应的颜色,输出 RGB 或 RGBA。

3. gsn_define_colormap——为绘图空间指定颜色表

```
procedure gsn_define_colormap(
    wks[1]:graphic,
    color_map
)
```

4. gsn_draw_colormap——绘制绘图空间所采用的颜色表

```
procedure gsn_draw_colormap(
    wks[1]:graphic
)
```

5. gsn_draw_named_colors——绘制指定名称的颜色

```
procedure gsn_draw_named_colors(
    wks[1]:graphic,
    colors[ * ]:string,
    dims[2]:integer     指定颜色表的行列数
)
```

6. gsn_merge_colormaps——合并两个颜色表提供给绘图空间

```
procedure gsn_merge_colormaps(
    wks[1]:graphic,
    color_map1,
```

```
    color_map2
)
```

7. gsn_retrieve_colormap——返回颜色表数组

```
function gsn_retrieve_colormap(
    wks[1]:graphic
)
return_val[ * ][3]:float
```

8. gsn_reverse_colormap——翻转颜色表

```
procedure gsn_reverse_colormap(
    wks[1]:graphic
)
```

9. NhlFreeColor——去除绘图空间颜色

```
procedure NhlFreeColor(
    workstations[ * ]:graphic,
    color_index[ * ]:integer
)
```

10. NhlGetNamedColorIndex——根据颜色名称查询颜色索引

```
function NhlGetNamedColorIndex(
    wks:graphic,
    color_name:string
)
return_val[dimsizes(wks)][dimsizes(color_name)]:integer
```

11. NhlIsAllocatedColor——查询颜色索引是否已分配

```
function NhlIsAllocatedColor(
    workstations[ * ]:graphic,
    color_index[ * ]:integer    有效值范围 0～255
)
return_val[dimsizes(workstations)][dimsizes(color_index)]:logical
```

12. NhlNewColor——新增绘图空间颜色

```
function NhlNewColor(
    workstations[ * ]:graphic,
    red[ * ]:float,
    green[ * ]:float,
    blue[ * ]:float
)
return_val[dimsizes(workstations)][dimsizes(red)]:integer
```

描述：

返回每个绘图空间的颜色索引。

若绘图空间已有 256 种颜色，新增颜色将报错。

13. NhlPalGetDefined——查询可用颜色表

```
function NhlPalGetDefined(
)
return_val[ * ]:string
```

14. NhlSetColor——设置绘图空间颜色

```
procedure NhlSetColor(
    workstations[ * ]:graphic,
    color_index[ * ]:integer,
    red[ * ]:float,
    green[ * ]:float,
    blue[ * ]:float
)
```

15. RGBtoCmap——从文本文件读取 RGB 组并转换为颜色表

```
function RGBtoCmap(
    filename:string
)
return_val[ * ][3]:float
```

描述：

常用颜色文件可放在 NCL\lib\ncarg\colormaps\ 文件夹下，自动加载为颜色表，颜色表名称即文件名。

16. namedcolor2rgb,namedcolor2rgba——根据颜色名称查询 RGB、RGBA

function namedcolor2rgb(colors[*]:string)	function namedcolor2rgba(colors[*]:string)

描述:

R——红色;G——绿色;B——蓝色;A——透明度。输出数组最右边维度即 RGB 或 RGBA。

17. read_colormap_file——从预设颜色表文件中读取颜色数组

```
function read_colormap_file(
    filename:string
)
return_val[ * ][4]:float    输出各颜色的 RGBA
```

18. span_color_indexes,span_color_rgba——根据指定数量输出间距良好的颜色索引或 RGBA

function span_color_indexes(color_map, num_colors[1]:integer) return_val[num_colors]:integer	function span_color_rgba(color_map, num_colors[1]:integer)

描述:

通常用于确定数据在等值线填色图中的颜色。

19. span_named_colors——根据颜色名称输出间距良好的 RGB

```
function span_named_colors(
    colors[ * ]:string,    颜色名称列表
    opt[1]:logical    控制参数
)
return_val[ * ][3]:float    输出各颜色的 RGB
```

描述:

控制参数 False 默认输出不超过 256 种颜色,True 则启用如下属性:@BackgroundColor,

背景色,默认白色;@ForegroundColor,前景色,默认黑色;@NumColorsInTable,颜色数量上限,默认256;@NumColorsInRange,相邻两个颜色之间生成的颜色数量,一维数组,长度比颜色名称列表长度少1。

20. color_index_to_rgba,rgba_to_color_index——色彩空间转换(颜色索引→RGBA、RGBA→颜色索引)

function color_index_to_rgba(	function rgba_to_color_index(
color_indexes[*]:numeric	rgba[*][4]:float
)	)
return_val[*][4]	return_val[*]

描述:

RGBA 在红绿蓝三原色基础上增加了透明度 Alpha,各通道取值均在[0,1]范围内。颜色索引的范围在 $2^{30} \sim 2^{31}-1$。

21. hlsrgb,rgbhls——色彩空间转换(HLS→RGB 和 RGB→HLS)

functionhlsrgb(	function rgbhls(
hls:numeric	rgb:numeric
)	)
return_val:numeric	return_val:numeric

描述:

HLS 即色调 Hue、亮度 Lightness、饱和度 Saturation,最右边维度尺寸为3,H 范围为[0,360),L 和 S 范围为[0,1]。

22. hsvrgb,rgbhsv——色彩空间转换(HSV→RGB 和 RGB→HSV)

functionhsvrgb(	function rgbhsv(
hsv:numeric	rgb:numeric
)	)
return_val:numeric	return_val:numeric

描述:

HSV 即色调 Hue、饱和度 Saturation、明度 Value,最右边维度尺寸为3,H 范围为[0,360),L 和 S 范围为[0,1]。

23. rgbyiq,yiqrgb——色彩空间转换(RGB → YIQ 和 YIQ → RGB)

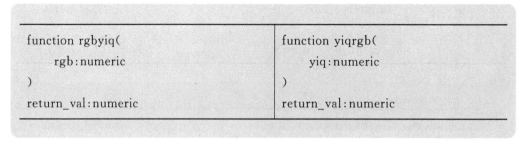

function rgbyiq(	function yiqrgb(
rgb:numeric	yiq:numeric
)	)
return_val:numeric	return_val:numeric

描述:

YIQ 是 NTSC(National Television Standards Committee)电视系统标准。Y 是提供黑白电视及彩色电视的亮度信号(Luminance),即亮度(Brightness);I 代表 In-phase,色彩从橙色到青色;Q 代表 Quadrature-phase,色彩从紫色到黄绿色。

RGB 即红绿蓝颜色模型,将红(Red)、绿(Green)、蓝(Blue)三原色的色光以不同的比例相加,以产生多种多样的色光。

$$Y = 0.299R + 0.587G + 0.114B$$
$$I = 0.596R - 0.274G - 0.322B$$
$$Q = 0.211R - 0.523G + 0.312B$$

十三、绘图

1. boxplot——绘制箱线图

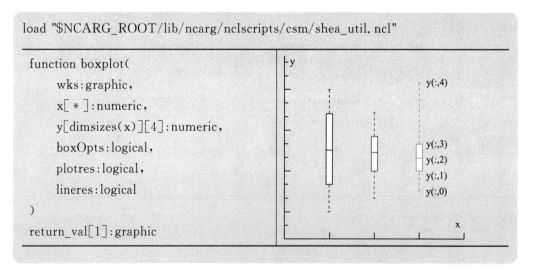

```
load "$NCARG_ROOT/lib/ncarg/nclscripts/csm/shea_util.ncl"
```

```
function boxplot(
    wks:graphic,
    x[*]:numeric,
    y[dimsizes(x)][4]:numeric,
    boxOpts:logical,
    plotres:logical,
    lineres:logical
)
return_val[1]:graphic
```

描述:

boxOpts 只有两个属性:boxOpts@boxWidth 设置各数据箱宽度,boxOpts@boxColors 设置各数据箱颜色,二者为标量,则各数据箱为相同设置,数组则可为各数据箱设置不同属性。

2. draw 和 NhlDraw——绘制指定图形

```
procedure draw(
    objects:graphic
)
```

描述:

建议使用 draw,而非 NhlDraw。

3. drawNDCGrid——以 0.1 的间隔绘制归一化设备坐标的网格线和标签

```
load "$NCARG_ROOT/lib/ncarg/nclscripts/csm/shea_util.ncl"
procedure drawNDCGrid(
    wks:graphic
)
```

4. gsn_add_annotation——叠加图注

```
function gsn_add_annotation(
    plot_id[1]:graphic,
    graphic_id[1]:graphic,
    res[1]:logical
)
return_val[1]:graphic
```

描述:

图注通常为由 gsn_create_labelbar 创建的色标、gsn_create_legend 创建的图例、gsn_create_text 创建的文本等。

5. gsn_add_polygon——叠加多边形

```
function gsn_add_polygon(
    wks[1]:graphic,
    plot[1]:graphic,    图形句柄
    x[ * ]:numeric,    多边形各端点位置
    y[ * ]:numeric,    多边形各端点位置
    res[1]:logical
)
return_val[1]:graphic
```

描述:

x[*]和 y[*]应为相同尺寸的一维数组,组成(x,y)定义端点位置,以构成多边形。

6. gsn_add_polyline——叠加折线

```
function gsn_add_polyline(
    wks[1]:graphic,
    plot[1]:graphic,    图形句柄
    x[*]:numeric,    折线各端点位置
    y[*]:numeric,    折线各端点位置
    res[1]:logical
)
return_val[1]:graphic
```

描述:

x[*]和 y[*]应为相同尺寸的一维数组,组成(x,y)定义端点位置,以构成折线。

7. gsn_add_polymarker——叠加符号

```
function gsn_add_polymarker(
    wks[1]:graphic,
    plot[1]:graphic,    图形句柄
    x[*]:numeric,    叠加位置
    y[*]:numeric,    叠加位置
    res[1]:logical
)
return_val[1]:graphic
```

描述:

x[*]和 y[*]应为相同尺寸的一维数组,组成(x,y)定义符号位置。

8. gsn_add_shapefile_polygons,gsn_add_shapefile_polylines,gsn_add_shape-file_polymarkers——从 shapefile 文件向图形叠加多边形、折线、符号

| ```
function gsn_add_shapefile_polygons(
    wks[1]:graphic,
    plot[*]:graphic,    底图
    shp_name[1]:string,    文件路径
    res[1]:logical
)
return_val[*]:graphic
``` | ```
function gsn_add_shapefile_polylines(
    wks[1]:graphic,
    plot[*]:graphic,    底图
    shp_name[1]:string,    文件路径
    res[1]:logical
)
return_val[*]:graphic
``` |
|---|---|

```
function gsn_add_shapefile_polymarkers(
    wks[1]:graphic,
    plot[*]:graphic,    底图
    shp_name[1]:string,    文件路径
    res[1]:logical
)
return_val[*]:graphic
```

9. gsn_add_text——叠加文本

```
function gsn_add_text(
    wks[1]:graphic,
    plot[1]:graphic,
    text:string,
    x:numeric,
    y:numeric,
    res[1]:logical
)
return_val[dimsizes(text)]:graphic
```

10. gsn_attach_plots——拼接图形

```
function gsn_attach_plots(
    base_plot[1]:graphic,
    plots[*]:graphic,
    res_base:logical,
    res_plots:logical
)
return_val[*]:graphic
```

描述：

默认为横向拼接,即右图的左边界和左图的右边界重合;@gsnAttachPlotsXAxis 设置为 True,则做纵向拼接,即下图的上边界和上图的下边界重合。

11. gsn_blank_plot——绘制包含坐标系的空白图

```
function gsn_blank_plot(
    wks[1]:graphic,
    res[1]:logical
)
return_val[1]:graphic
```

12. gsn_coordinates——绘制数据坐标位置

```
procedure gsn_coordinates(
    wks[1]:graphic,
    plot[1]:graphic,    底图
    data:numeric,    数据,坐标以维度或属性形式输入
    res:logical
)
```

描述：
通常用于调试代码。

13. gsn_contour 和 gsn_contour_map——绘制等值线图

```
function gsn_contour(              function gsn_contour_map(
    wks[1]:graphic,                   wks[1]:graphic,
    data:numeric,                     data:numeric,
    res[1]:logical                    res[1]:logical
)                                 )
return_val[1]:graphic             return_val[1]:graphic
```

14. gsn_contour_shade——遮蔽指定等值线

```
function gsn_contour_shade(
    plot[1]:graphic,    被遮蔽图像
    lowval[1]:numeric,
    highval[1]:numeric,
    opt[1]:string
)
return_val[1]:graphic
```

描述：

以 lowval 和 highval 为界，以 opt@gsnShadeLow，opt@gsnShadeMid 和 opt@gsnShade-High 遮蔽三部分等值线，遮蔽方式由 opt@gsnShadeFillType 指定为 color 或 pattern。

15. gsn_create_labelbar——创建色标

```
function gsn_create_labelbar(
    wks[1]:graphic,
    nboxes[1]:integer,    色块数量
    labels[ * ]:string,    标签
    res[1]:logical
)
return_val[1]:graphic
```

描述：

创建成功后，通常利用 gsn_add_annotation 将色标附加到图形中。

16. gsn_create_legend——创建图例

```
function gsn_create_legend(
    wks[1]:graphic,
    nitems[1]:integer,    图例项数量
    labels[ * ]:string,    图例项标签
    res[1]:logical
)
return_val[1]:graphic
```

描述：

创建成功后，通常利用 gsn_add_annotation 将图例附加到图形中。

17. gsn_create_text——创建文本图形对象

```
function gsn_create_text(
    wks[1]:graphic,
    text:integer,
    res[1]:logical
)
return_val:graphic
```

描述：

创建成功后，通常利用 gsn_add_annotation 将图例附加到图形中。

18. gsn_csm_attach_zonal_means——在等值线(地图)上叠加纬向平均

```
function gsn_csm_attach_zonal_means(
    wks[1]:graphic,
    map[1]:graphic,
    data:numeric,
    res[1]:logical
)
return_val[1]:graphic
```

描述：

map 为等值线(地图)图形句柄，通常由 gsn_csm_contour_map()等函数生成。

data 为绘制等值线的数据，做纬向平均后叠加到此前绘制的等值线旁。

19. gsn_csm_blank_plot——绘制空白图

```
function gsn_csm_blank_plot(
    wks[1]:graphic,
    res[1]:logical
)
return_val[1]:graphic
```

描述：

绘制包含横纵坐标轴(0~1)的空白图。

20. gsn_csm_contour,gsn_csm_contour_map,gsn_csm_contour_map_ce,gsn_csm_contour_map_polar,gsn_csm_contour_map_other——绘制等值线

```
function gsn_csm_contour(
    wks[1]:graphic,
    data:numeric,      数据,一至二维
    res[1]:logical
)
return_val[1]:graphic
```

21. gsn_csm_contour_map_overlay——在地图上叠加两套等值线

```
function gsn_csm_contour_map_overlay(
    wks[1]:graphic,
    data1:numeric,     数据,一至二维
    data2:numeric,     数据,一至二维
```

```
        res1[1]:logical,    图形属性,包含地图属性
        res2[1]:logical     图形属性,不包含地图属性
    )
    return_val[1]:graphic
```

22. gsn_csm_hov——绘制 Hovmueller 图(时间-经度图)

```
function gsn_csm_hov(
    wks[1]:graphic,
    data[*][*]:numeric,    时间－经度二维数据
    res[1]:logical
)
return_val[1]:graphic
```

23. gsn_csm_lat_time,gsn_csm_time_lat——绘制纬度—时间图和时间—纬度图

function gsn_csm_lat_time(	function gsn_csm_time_lat(
`    wks[1]:graphic,`	`    wks[1]:graphic,`
`    data[*][*]:numeric,` 纬度-时间二维数据	`    data[*][*]:numeric,` 时间-纬度二维数据
`    res[1]:logical`	`    res[1]:logical`
`)`	`)`
`return_val[1]:graphic`	`return_val[1]:graphic`

24. gsn_csm_map,gsn_csm_map_ce,gsn_csm_map_polar,gsn_csm_map_other——绘制地图

```
function gsn_csm_map(
    wks[1]:graphic,
    res[1]:logical
)
return_val[1]:graphic
```

25. gsn_csm_pres_hgt——气压/高度坐标系绘制气压场等值线

```
function gsn_csm_pres_hgt(
    wks[1]:graphic,
    data[*][*]:numeric,    气压/高度二维数据
```

```
    res[1]:logical
)
return_val[1]:graphic
```

描述:

左侧 Y 轴为倒对数 P 坐标,右侧 Y 轴为高度坐标,二者依标准大气相对应。

气压/高度二维数据最左边一维必须是气压/高度维,单位@units 为 hpa、hPa、Pa、pa、mb、millibars,且气压范围在 1013.25～0.01 hPa 之间,否则报错。

26. gsn_csm_pres_hgt_streamline,gsn_csm_pres_hgt_vector——气压/高度坐标系绘制气压场等值线并叠加风场流线和风矢量

function gsn_csm_pres_hgt_streamline(	function gsn_csm_pres_hgt_vector(
wks[1]:graphic,	wks[1]:graphic,
data[*][*]:numeric,	data[*][*]:numeric,
xcomp[*][*]:numeric,	xcomp[*][*]:numeric,
zcomp[*][*]:numeric,	zcomp[*][*]:numeric,
res[1]:logical	res[1]:logical
)	)
return_val[1]:graphic	return_val[1]:graphic

描述:

左侧 Y 轴为倒对数 P 坐标,右侧 Y 轴为高度坐标,二者依标准大气相对应。

气压/高度二维数据最左边一维必须是气压/高度维,单位@units 为 hpa、hPa、Pa、pa、mb、millibars,且气压范围在 1013.25～0.01 hPa,否则报错。

27. gsn_csm_streamline,gsn_csm_streamline_map,gsn_csm_streamline_map_ce,gsn_csm_streamline_map_polar,gsn_csm_streamline_map_other——绘制流线

```
function gsn_csm_streamline(
    wks[1]:graphic,
    u[ * ][ * ]:numeric,
    v[ * ][ * ]:numeric,
    res[1]:logical
)
return_val[1]:graphic
```

28. gsn_csm_streamline_contour_map,gsn_csm_streamline_contour_map_ce, gsn_csm_streamline_contour_map_polar,gsn_csm_streamline_contour_map_other——在地图上绘制流线和等值线

```
function gsn_csm_streamline_contour_map(
    wks[1]:graphic,
    u[*][*]:numeric,
    v[*][*]:numeric,
    data[*][*]:numeric,
    res[1]:logical
)
return_val[1]:graphic
```

29. gsn_csm_streamline_scalar,gsn_csm_streamline_scalar_map,gsn_csm_streamline_scalar_map_ce,gsn_csm_streamline_scalar_map_other,gsn_csm_streamline_scalar_map_polar——绘制流线并根据标量场着色

```
function gsn_csm_streamline_scalar_map(
    wks[1]:graphic,
    u[*][*]:numeric,
    v[*][*]:numeric,
    data[*][*]:numeric,
    res[1]:logical
)
return_val[1]:graphic
```

30. gsn_csm_vector,gsn_csm_vector_map,gsn_csm_vector_map_ce,gsn_csm_vector_map_polar,gsn_csm_vector_map_other——绘制向量场

```
function gsn_csm_vector(
    wks[1]:graphic,
    u[*][*]:numeric,
    v[*][*]:numeric,
    res[1]:logical
)
return_val[1]:graphic
```

31. gsn_csm_vector_scalar,gsn_csm_vector_scalar_map,gsn_csm_vector_scalar_map_ce,gsn_csm_vector_scalar_map_polar,gsn_csm_vector_scalar_map_other——绘制着色向量场或向量场叠加等值线

```
function gsn_csm_vector_scalar(
    wks[1]:graphic,
    u[*][*]:numeric,
    v[*][*]:numeric,
    data[*][*]:numeric,     二维标量场
    res[1]:logical
)
return_val[1]:graphic
```

描述:

res@gsnScalarContour 默认为 False,data 用于向量场着色;res@gsnScalarContour 为 True,data 用于向量场叠加等值线。

32. gsn_csm_xy,gsn_csm_y,gsn_csm_x2y,gsn_csm_xy2,gsn_csm_xy3,gsn_csm_x2y2——绘制 XY 散点/折线图

```
function gsn_csm_xy(              function gsn_csm_y(
    wks[1]:graphic,                  wks[1]:graphic,
    x:numeric,                       y:numeric,
    y:numeric,                       res[1]:logical
    res[1]:logical               )
)                                return_val[1]:graphic
return_val[1]:graphic
```

```
function gsn_csm_x2y(            function gsn_csm_xy2(
    wks[1]:graphic,                 wks[1]:graphic,
    x1:numeric,    下横坐标           x:numeric,
    x2:numeric,    上横坐标           y1:numeric,    左纵坐标
    y:numeric,                       y2:numeric,    右纵坐标
    res1[1]:logical,                 res1[1]:logical,
    res2[1]:logical                  res2[1]:logical
)                               )
return_val[1]:graphic           return_val[1]:graphic
```

续表

function gsn_csm_xy3(	function gsn_csm_x2y2(
wks:graphic,	wks[1]:graphic,
x:numeric,	x1:numeric,　*下横坐标*
yL:numeric,	x2:numeric,　*上横坐标*
yR:numeric,	y1:numeric,　*左纵坐标*
yR2:numeric,	y2:numeric,　*右纵坐标*
resL:logical,	res1[1]:logical,
resR:logical,	res2[1]:logical
resR2:logical	)
)	return_val[1]:graphic
return_val[1]:graphic	

描述:

x 和 y 最左边一维用于绘图。

33. gsn_csm_zonal_means——绘制纬向平均折线图

```
function gsn_csm_zonal_means(
    wks:graphic,
    data:numeric,
    res[1]:logical
)
```

34. gsn_histogram——绘制频率直方图

```
function gsn_histogram(
    wks:graphic,
    data:numeric,
    res[1]:logical
)
return_val[1]:graphic
```

描述:

返回直方图 ID 包含以下属性:

@NumInBins 每个数据段的数据量;

@BinLocs 每个数据段的位置,以数据段结束点为标识;

@NumMissing 缺失值数量;

@Percentages 每个数据段的数据量百分比,包含缺失值;

@PercentagesNoMissing 每个数据段的数据量百分比,不包含缺失值;

@BeginBarLocs 每个直方的 X 起始点;

@MidBarLocs 每个直方的 X 中点;

@EndBarLocs 每个直方的 X 结束点。

35. gsn_labelbar_ndc——绘制色标

```
procedure gsn_labelbar_ndc(
    wks[1]:graphic,
    nboxes[1]:integer,   色块数量
    labels[ * ]:string,   标签
    x[1]:numeric,   色标左上角归一化设备坐标
    y[1]:numeric,   色标左上角归一化设备坐标
    res[1]:logical
)
```

36. gsn_legend_ndc——绘制图例

```
procedure gsn_legend_ndc(
    wks[1]:graphic,
    nitems[1]:integer,   图例项数量
    labels[ * ]:integer,   图例项标签
    x[1]:numeric,   色标左上角归一化设备坐标
    y[1]:numeric,   色标左上角归一化设备坐标
    res[1]:logical
)
```

37. gsn_map——绘制地图

```
function gsn_map(
    wks[1]:graphic,
    projection[1]:string,   地图投影
    res[1]:logical
)
return_val[1]:graphic
```

38. gsn_open_wks——打开绘图空间

```
function gsn_open_wks(
    type[1]:string,   绘图空间类型(通过属性定义 Resource)
```

```
    name[1]:string    绘图空间名称
)
return_val[1]:graphic    绘图空间句柄
```

描述：

绘图空间包括：NCGM 文件（"ncgm"）、PostScript 文件（"ps"、"eps"、"epsi"）、PDF 文件（"pdf"）、PNG 文件（"png"）、X11 窗口（"x11"）

39. gsn_panel 和 gsn_panel_return——将多个图形绘制到同一页

```
procedure gsn_panel(
    wks:graphic,
    plots[ * ]:graphic,    图形对象
    dims[ * ]:integer,    拼接方式,一维数组指定各行放置图形数量
    res[1]:logical
)
function gsn_panel_return(
    wks:graphic,
    plots[ * ]:graphic,    图形对象
    dims[ * ]:integer,    拼接方式,一维数组指定各行放置图形数量
    res[1]:logical
)
return_val[ * ]:graphic
```

描述：

排列方式 dims[*]的解释由 res@gsnPanelRowSpec 属性定义,False 表示 dims 指定行列数量形成拼图方阵,True 表示 dims 指定各行放置子图的数量。

40. gsn_polygon,gsn_polyline,gsn_polymarker,gsn_text——绘制多边形、折线、图标、文本

```
procedure gsn_polygon(              procedure gsn_polyline(
    wks[1]:graphic,                     wks[1]:graphic,
    plot[1]:graphic,    底图             plot[1]:graphic,
    x[ * ]:numeric,     坐标             x[ * ]:numeric,
    y[ * ]:numeric,     坐标             y[ * ]:numeric,
    res[1]:logical                      res[1]:logical
)                                   )
```

续表

procedure gsn_polymarker(　　wks[1]:graphic, 　　plot[1]:graphic, 　　x:numeric, 　　y:numeric, 　　res[1]:logical)	procedure gsn_text(　　wks[1]:graphic, 　　plot[1]:graphic,　*底图* 　　text:string,　*文本* 　　x:numeric,　*坐标* 　　y:numeric,　*坐标* 　　res[1]:logical)

41. gsn_polygon_ndc,gsn_polyline_ndc,gsn_polymarker_ndc,gsn_text_ndc——绘制多边形、折线、图标、文本

procedure gsn_polygon_ndc(　　wks[1]:graphic, 　　x[*]:numeric,　*定位,归一化设备坐标* 　　y[*]:numeric,　*定位,归一化设备坐标* 　　res[1]:logical)	procedure gsn_polyline_ndc(　　wks[1]:graphic, 　　x[*]:numeric, 　　y[*]:numeric, 　　res[1]:logical)
procedure gsn_polymarker_ndc(　　wks[1]:graphic, 　　x:numeric, 　　y:numeric, 　　res[1]:logical)	procedure gsn_text_ndc(　　wks[1]:graphic, 　　text:string,　*文本* 　　x:numeric,　*定位,归一化设备坐标* 　　y:numeric,　*定位,归一化设备坐标* 　　res[1]:logical)

42. gsn_streamline 和 gsn_streamline_map——绘制流场图

function gsn_streamline(　　wks[1]:graphic, 　　u[*][*]:numeric,	function gsn_streamline_map(　　wks[1]:graphic, 　　u[*][*]:numeric,

v[*][*]:numeric, res[1]:logical) return_val[1]:graphic	v[*][*]:numeric, res[1]:logical) return_val[1]:graphic

43. gsn_streamline_scalar 和 gsn_streamline_scalar_map——绘制彩色流场图

function gsn_streamline_scalar(　wks[1]:graphic, 　u[*][*]:numeric, 　v[*][*]:numeric, 　res[1]:logical) return_val[1]:graphic	function gsn_streamline_scalar_map(　wks[1]:graphic, 　u[*][*]:numeric, 　v[*][*]:numeric, 　res[1]:logical) return_val[1]:graphic

描述：

根据 data 数值着色。

44. gsn_table——将文本绘制成表格形式

```
procedure gsn_table(
    wks:graphic,
    dims[2]:integer,      行数和列数
    x[2]:numeric,         起止坐标
    y[2]:numeric,         起止坐标
    text:string,          文本
    res[1]:logical
)
```

45. gsn_vector 和 gsn_vector_map——绘制矢量图

function gsn_vector(　wks[1]:graphic, 　u[*][*]:numeric, 　v[*][*]:numeric,	function gsn_vector_map(　wks[1]:graphic, 　u[*][*]:numeric, 　v[*][*]:numeric,

续表

res[1]:logical	res[1]:logical
)	)
return_val[1]:graphic	return_val[1]:graphic

46. gsn_vector_scalar 和 gsn_vector_scalar_map——绘制彩色矢量图

function gsn_vector_scalar(	function gsn_vector_scalar_map(
wks[1]:graphic,	wks[1]:graphic,
u[*][*]:numeric,	u[*][*]:numeric,
v[*][*]:numeric,	v[*][*]:numeric,
data[*][*]:numeric,	data[*][*]:numeric,
res[1]:logical	res[1]:logical
)	)
return_val[1]:graphic	return_val[1]:graphic

描述:

根据 data 数值着色。

47. gsn_xy 和 gsn_y——绘制散点图

function gsn_xy(	function gsn_y(
wks[1]:graphic,	wks[1]:graphic,
x:numeric,	y:numeric,
y:numeric,	res[1]:logical
res[1]:logical	)
)	return_val[1]:graphic
return_val[1]:graphic	

描述:

y 为一维或二维数组,若为二维数组,则 y(i,:)对应第 i 组散点。

gsn_y 相当于以数组索引为 x 的 gsn_xy。

48. maximize_output——最大化输出当前页面

```
procedure maximize_output(
    wks[1]:graphic,
```

```
    res[1]:logical    只支持@gsnDraw 和@gsnFrame 两个属性
)
```

49. NhlNewDashPattern, NhlSetDashPattern——新增(设置)点划线样式

```
function NhlNewDashPattern(
    wks[ * ]:graphic,
    dash_patterns[ * ]:string    点划线样式控制字符串
)
return_val:integer    新增点划线样式索引

function NhlSetDashPattern(
    wks[ * ]:graphic,
    dash_indexes[ * ]:integer,    点划线样式索引
    dash_patterns[ * ]:string
)
```

描述:

控制字符串由 $ 和_两种字符组成,分别表示有短横线和无短横线,从而组成各种点划线,全是 $ 则短横线连接成实线。

NhlSetDashPattern 可以修改已有点划线样式,因此不建议使用,使用 NhlNewDashPattern 即可。

50. NhlSetMarker, NhlNewMarker——设置(添加)图形标记

```
function NhlNewMarker(                    function NhlSetMarker(
    wks[ * ]:graphic,                         wks[ * ]:graphic,
    marker_strings[ * ]:string,               marker_indexes[ * ]:integer,
    font_num[ * ]:integer,   字体表            marker_strings[ * ]:string,
    xoffset[ * ]:numeric,   偏移量,(−1,1)      font_num[ * ]:integer,
    yoffset[ * ]:numeric,   偏移量,(−1,1)      xoffset[ * ]:numeric,
    aspect_ratio[ * ]:numeric,   长宽比        yoffset[ * ]:numeric,
    size[ * ]:numeric,   大小                  aspect_ratio[ * ]:numeric,
    angle[ * ]:numeric   角度                  size[ * ]:numeric,
)                                             angle[ * ]:numeric
return_val:integer                        )
                                          return_val:integer
```

描述：

将 marker_strings 字符映射为 font_num 字体表中字符，添加（设置）到图形中。

NhlSetMarker 可以修改已有图形标记，因此不建议使用，使用 NhlNewMarker 即可。

51. overlay——图形叠加

```
procedure overlay(
    base_id[1]:graphic    底图
    transform_id[1]:graphic    图层
)
```

描述：

二者须在同一绘图空间内。底图提供坐标系和数据边界，在同一底图上可以多次应用 overlay 覆盖多个图像。图层一般不能为 gsn_csm_ * _map() 函数所构建。

52. paleo_outline——从地形数据模型创建大陆轮廓

```
procedure paleo_outline(
    oro[ * ][ * ]:numeric    地形，维度是 lat×lon
    lat[ * ]:numeric    纬度，必须与 oro 最左边维度大小一样
    lon[ * ]:numeric    经度，必须与 oro 最右边维度大小一样
    landvalue[1]:float    陆地标识
    basename:string    陆地轮廓文件名
)
return_val
```

描述：

用于创建大陆轮廓，生成 basename. lines 和 basename. names 两个文件，可以将其放在目录 $NCARG_ROOT/lib/ncarg/中，然后可以经由@mpDataSetName 资源访问绘制轮廓。

53. plt_pdfxy——创建联合概率密度图

```
load"$NCARG_ROOT/lib/ncarg/nclscripts/csm/shea_util. ncl"
function plt_pdfxy(
    wks[1]:graphic,
    p[ * ][ * ]:numeric,    由 pdfxy 函数计算的联合概率密度
    res[1]:logical
)
return_val[1]:type"graphic"
```

54. reset_device_coordinates——重置 PS/PDF 设备坐标恢复其默认值

```
procedure reset_device_coordinates(
    wks[1]:graphic    绘图空间
)
```

描述：

一页图形绘制为 @gsnMaximize ＝ True 后,下一页图形若未绘制为 @gsnMaximize ＝ True,则可能过大过小而不适合页面,因此须重置设备坐标。

55. ShadeCOI——以多边形阴影遮盖小波变换的影响锥

```
function ShadeCOI(
    wks:graphic
    plot:graphic
    w:numeric    小波函数,必须包含一个@coi属性,一般由 wavelet()函数创建
    time:numeric    原始数据的时间序列
    res:logical    多边形的图形属性
)
return_val[1]:graphic
```

描述：

res 通常设置 @gsFillIndex 来控制多边形的阴影填充模式。

56. ColorNegDashZeroPosContour——设置各等值线颜色,并将负等值线设置为虚线

```
load "$NCARG_ROOT/lib/ncarg/nclscripts/csm/shea_util.ncl"
function ColorNegDashZeroPosContour(
    plot[1]:graphic,
    ncolor:string,    负等值线颜色
    zcolor:string,    零线颜色
    pcolor:string    正等值线颜色
)
return_val [1]:graphic
```

57. setColorContourClear——将两个等级间的等值线设置为透明(清除)

```
load "$NCARG_ROOT/lib/ncarg/nclscripts/csm/shea_util.ncl"
function setColorContourClear(
    plot:graphic    需要修改的图形
```

```
        clow:numeric    透明等值线范围的下限值
        chigh:numeric   透明等值线范围的上限值
)
return_val[1]:graphic
```

58. ShadeGeLeContour，ShadeGtContour，ShadeLtContour 和 ShadeLtGtCon-
    tour——绘制等值线区域阴影（大于小于某一等级）

function ShadeGeLeContour(　　plot[1]:graphic, 　　lowval:float, 　　highval:float, 　　pattern:integer) return_val [1] :graphic	function ShadeLtGtContour(　　plot[1]:graphic, 　　ltvalue:float, 　　ltpattern:integer, 　　gtvalue:float, 　　gtpattern:integer) return_val [1] :graphic
function ShadeGtContour(　　plot[1]:graphic, 　　value:float, 　　pattern:integer) return_val[1]:graphic	function ShadeLtContour(　　plot[1]:graphic, 　　value:float, 　　pattern:integer) return_val[1]:graphic

描述：

以阴影填充遮盖等值线等级的某一区域。自 NCL 4.3.0 后升级为 gsn_contour_shade()
函数。

59. symMinMaxPlt——计算最大最小值和匀称的等值线间距

```
procedure symMinMaxPlt(
    x:numeric,
    ncontours:integer,    等值线条数
    outside:logical,    设置是否刚好落在最大最小值之间
    res:logical    等值线间距将以属性形式赋值给此变量
)
```

描述：

由于设置为匀称的等值线间距，因此适用于白色居中的颜色表。

60. get_isolines——计算等值线顶点坐标

```
function get_isolines(
    contour_plot_id[1]:graphic,    等值线图形对象句柄
    levels[ * ]:1D numeric array or scalar string    指定等值线的数值
)
return_val:float
```

描述：

若需要输出所有等值线的顶点坐标，等值线序号可以设置为字符串 plot。

输出数组为二维，左边一维长度为 2，表示坐标，右边一维对应该条等值线各顶点。输出数组包含如下属性：@segment_count，整型标量，表示线段数量；@start_point，一维整型数组，表示各段的起始索引；@n_points，一维整型数组，表示各段的顶点数量。

61. skewT_BackGround——创建斜温图底图

```
load "$NCARG_ROOT/lib/ncarg/nclscripts/csm/skewt_func.ncl"
function skewT_BackGround(
    wks:graphic,
    res:graphic
)
return_val: graphic
```

描述：

默认情况下 skewT_BackGround()不产生图形输出，它将@gsnDraw 和@gsnFrame 设置为 False。用户必须使用 draw()和 frame()来渲染背景并输出图表。

62. skewT_PlotData——在斜温图上绘制探测曲线

```
load "$NCARG_ROOT/lib/ncarg/nclscripts/csm/skewt_func.ncl"
function skewT_PlotData(
    wks:graphic,
    skewt_bkgd:graphic,    先由 skewT_BackGround()创建底图
    P:numeric,    气压,mb 或 hPa
    TC:numeric,    气温,默认为 F,℃则需 dataOpts@DrawFahrenheit=False
    TDC:numeric,    露点温度,默认为 F,℃则需 dataOpts@DrawFahrenheit=False
    Z:numeric,    位势高度,gpm
    WSPD:numeric,    风速,knots 或 m/s
    WDIR:numeric,    风向
    dataOpts:logical    图形设置
)
return_val: graphic
```

63. WindRoseBasic——绘制基本的风玫瑰图

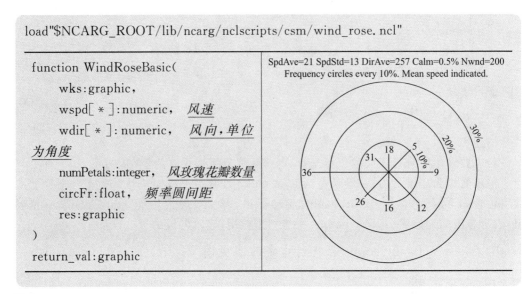

```
load"$NCARG_ROOT/lib/ncarg/nclscripts/csm/wind_rose. ncl"

function WindRoseBasic(
    wks:graphic,
    wspd[*]:numeric,    风速
    wdir[*]:numeric,    风向,单位
为角度
    numPetals:integer,    风玫瑰花瓣数量
    circFr:float,    频率圆间距
    res:graphic
)
return_val:graphic
```

描述：

采用风速、风向数据对自动统计风频,按照指定的风玫瑰花瓣数量(通常为 8 或 16,即八方位、十六方位)绘制风玫瑰图。每个花瓣顶端显示此方位的平均风速。30°方向显示此频率圆所代表的风频。图上方显示风速平均 SpdAve、风速标准差 SpdStd、风向平均 DirAve、静风比例 Calm、样本总量 Nwnd。

64. WindRoseColor——绘制风玫瑰图并以颜色区分风速区间（见文后彩插）

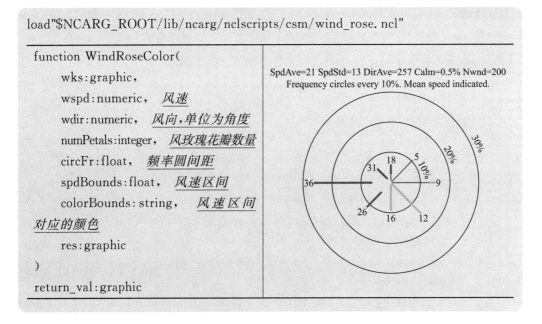

```
load"$NCARG_ROOT/lib/ncarg/nclscripts/csm/wind_rose. ncl"

function WindRoseColor(
    wks:graphic,
    wspd:numeric,    风速
    wdir:numeric,    风向,单位为角度
    numPetals:integer,    风玫瑰花瓣数量
    circFr:float,    频率圆间距
    spdBounds:float,    风速区间
    colorBounds:string,    风速区间
对应的颜色
    res:graphic
)
return_val:graphic
```

描述：

采用风速、风向数据对自动统计风频,按照指定的风玫瑰花瓣数量(通常为 8 或 16,即八方位、十六方位)绘制风玫瑰图。每个花瓣顶端显示此方位的平均风速。30°方向显示此频率圆所代表的风频。图上方显示风速平均 SpdAve、风速标准差 SpdStd、风向平均 DirAve、静风比例 Calm、样本总量 Nwnd。

风速区间及其对应的颜色为尺寸相同的一维数组,表示小于该阈值的风速以何种颜色着色。线段方向表示风向方位,线段长度表示风频,线段颜色表示风速区间。

65. WindRoseThickLine——绘制风玫瑰图并以线条粗细区分风速区间

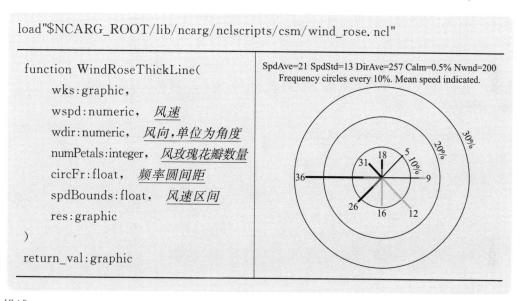

描述：

采用风速、风向数据对自动统计风频,按照指定的风玫瑰花瓣数量(通常为 8 或 16,即八方位、十六方位)绘制风玫瑰图。每个花瓣顶端显示此方位的平均风速。30°方向显示此频率圆所代表的风频。图上方显示风速平均 SpdAve、风速标准差 SpdStd、风向平均 DirAve、静风比例 Calm、样本总量 Nwnd。

风速区间以不同线宽区分。线段方向表示风向方位,线段长度表示风频,线段粗细表示风速区间,越细则风速越小。

66. wmbarb, wmbarbmap——绘制风羽图

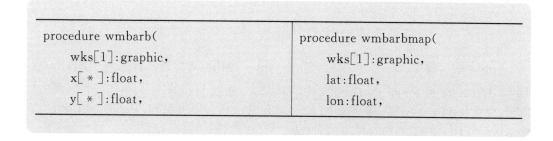

续表

dx[*]:float, dy[*]:float)	u:float, v:float)

描述：

本函数适用于非网格数据。规则网格的数据，可以使用 gsn_csm_vector * 函数，并设置图形属性@vcGlyphStyle＝"WindBarb"。

本函数不执行翻页，需要利用 frame(wks)自行设置。

wmbarb 和 wmbarbmap 两个函数绘制的风向刚好相反。wmbarbmap 的 u、v 以自西向东、自南向北为正。由于 WDF 参数默认为 0，因此 wmbarb 反之，须预先设置 wmsetp("wdf",1)，才符合气象惯例。

67. wmdrft——绘制锋线

```
procedure wmdrft(
    wks[1]:graphic,
    y[ * ]:float,   锋线控制点坐标
    x[ * ]:float   锋线控制点坐标
)
```

描述：

采用样条曲线连接控制点。

本函数不执行翻页，需要利用 frame(wks)自行设置。

68. wmlabs——绘制天气图符号

```
procedure wmlabs(
    wks[1]:graphic,
    x[ * ]:float,   天气符号坐标
    y[ * ]:float,   天气符号坐标
    sym[1]:string   天气符号控制字符串
)
```

描述：

sym＝"HI"，高压；sym＝"LOW"，低压；sym＝"ARROW"，箭头；sym＝"DOT"，点；sym＝"CLOUD"，云；sym＝"ICE"，冰；sym＝"IS"，阵雨；sym＝"IT"，雷雨；sym＝"MC"，多云；sym＝"MS"，少云；sym＝"RAIN"，雨；sym＝"RS"，雨夹雪；sym＝"SNOWFLAKES"，雪；sym＝"SUN"，晴；sym＝"THUNDERSTORM"，雷暴；sym＝"WIND"，风。

本函数不执行翻页，需要利用 frame(wks)自行设置。

69. wmstnm——绘制站点填图

```
procedure wmstnm(
    wks:graphic,
    x:float,
    y:float,
    imdat:string    控制字符串,每个站点 50 个字符
)
```

描述:

控制字符串参照 WMO/NOAA 规范编码。

本函数不执行翻页,需要利用 frame(wks)自行设置。

70. wmvect,wmvectmap——绘制矢量图

```
procedure wmvect(
    wks[1]:graphic,
    x[ * ]:float,
    y[ * ]:float,
    dx[ * ]:float,
    dy[ * ]:float
)
```

```
procedure wmvectmap(
    wks[1]:graphic,
    lat:float,
    lon:float,
    u:float,
    v:float
)
```

描述:

本函数适用于非网格数据。规则网格的数据,可以使用 gsn_csm_vector * 函数,并设置图形属性@vcGlyphStyle="WindBarb"。

本函数不执行翻页,需要利用 frame(wks)自行设置。

71. wmvlbl——为矢量图添加标注

```
procedure wmvlbl(
    wks[1]:graphic,
    x[ * ]:float,
    y[ * ]:float
)
```

72. wmgetp,wmsetp——查询、设置 WMAP 软件包参数

function wmgetp(	procedure wmsetp(
pnam[1]:string　*参数名称*	pnam[1]:string,　*参数名称*
)	pval　*参数值*
return_val[1]　*参数值*	)

描述:

参数名称	描述	默认值
CFC	冷锋三角形颜色索引	1
COL	所有对象的颜色索引	1
EZF	0:无地图; 1:有地图,根据地图坐标绘制	0
FRO	锋类型:暖锋 WARM、冷锋 COLD、锢囚锋 OCCLUDED、准静止锋 STATIONARY、飑线 SQUALL、热带锋 TROPICAL、辐合带 CONVERGENCE	WARM
LIN	锋线线宽	8
SWI	锋符号尺寸	0.0325
VLB	矢量图标注背景色索引	1
VLF	矢量图标注前景色索引	1
VRS	矢量图参考矢量大小	10
VRN	矢量图参考矢量长度	0.02
WDF	0:风羽朝着风的去向; 1:风羽朝着风的来向	0
WBS	风杆尺寸	0.035
WBT	风羽尺寸	0.33
WFC	暖锋半圆颜色索引	1

73. ngezlogo——在右下角绘制 NCAR 标记

procedure ngezlogo(
wks[1]:graphic
)

74. nggetp——查询 NCAR 标记绘制接口参数

```
function nggetp(
    pnam[1]:string    参数名称
)
return_val[1]
```

75. ngsetp——设置 NCAR 标记绘制接口参数

```
procedure ngsetp(
    pnam[1]:string,   参数名称
    pval    参数值
)
```

76. nglogo——绘制 NCAR 和 UCAR 标记

```
procedure nglogo(
    wks[1]:graphic,
    x[1]:float,     定位,归一化设备坐标
    y[1]:float,     定位,归一化设备坐标
    size[1]:float,  尺寸,归一化设备坐标
    type[1]:integer,
    col1[1]:integer,
    col2[1]:integer
)
```

77. TDPACK 底层三维图形接口

初始化:tdinit,tdpara,tdclrs;

获取参数:tdgetp,tdgtrs,tdsetp,tdstrs;

点变换:tdprpt,tdprpa,tdprpi;

绘制线条:tdline,tdlndp,tdlnpa,tdlpdp,tdcurv,tdcudp;

绘制格点:tdgrds,tdgrid;

绘制标注:tdlbls,tdlbla,tdlblp,tdplch;

绘制表面:tddtri,tdstri,tditri,tdmtri,tdttri,tdctri,tdotri,tdsort;

简化接口:tdez1d,tdez2d,tdez3d。

十四、绘图空间

1. clear 和 NhlClearWorkstation, frame 和 NhlFrame——更新并清理绘图空间

```
procedure clear(                  procedure frame(
    wks:graphic                       wks:graphic
)                                 )
```

描述:

对 PS 和 PDF 文件,具有翻页意义。对 X11 窗口,具有刷新意义。

建议使用 clear 和 frame,不建议使用 NhlClearWorkstation 和 NhlFrame。

2. NhlChangeWorkstation——将图形绘制到另一绘图空间

```
procedure NhlChangeWorkstation(
    objects:graphic,
    workstation[1]:graphic
)
```

描述:

通常形如:①wks1＝gsn_open_wks( ),wks2＝gsn_open_wks( );②plot＝gsn_ * (wks1,…);
③NhlChangeWorkstation(plot,wks2)。

3. NhlGetParentWorkstation——查询图形对象所属的绘图空间的索引

```
function NhlGetParentWorkstation(
    objs:graphic
)
return_val[dimsizes(objs)]:graphic
```

4. update 和 NhlUpdateWorkstation——更新绘图空间

```
procedure update(
    wks:graphic
)
```

描述:

建议使用 update,不建议使用 NhlUpdateWorkstation。

十五、格点化

1. area_conserve_remap, area_conserve_remap_Wrap——采用面积守恒映射方法从曲线网格插值到另一曲线网格

```
function area_conserve_remap_Wrap(
    loni[*]:numeric,    源数据坐标,全球数据首尾相接但不重复
    lati[*]:numeric,    源数据坐标
    fi:numeric,    源数据,不允许缺失值
    lono[*]:numeric,    目标网格坐标,升序且等距
    lato[*]:numeric,    目标网格坐标,升序但允许不等距
    opt[1]:logical    控制参数,True 表示启用自定义属性
)
return_val:float or double
```

描述:

若源数据纬向坐标、目标网格纬向坐标为高斯网格且未覆盖全球,则应用 opt@NLATi、opt@NLATo 指明 Gauss 网格纬向维度,从而计算高斯网格权重。

若从低分辨率网格插值到高分辨率网格,则应设定收缩因子 opt@bin_factor,实现平滑,默认值为 1,建议值为低分辨率网格与高分辨率网格面积之比。

2. area_hi2lores, area_hi2lores_Wrap——利用局地区域平均将高分辨率直线网格插值到低分辨率直线网格

```
function area_hi2lores_Wrap(
    xi[*]:numeric,    输入高分辨率网格坐标,升序,可以不等间距
    yi[*]:numeric,    输入高分辨率网格坐标,升序,可以不等间距
    fi:numeric,    最右边维度为水平坐标,形如(…,y,x)
    fiCyclicX[1]:logical,    是否全球数据经度首尾循环
    wy[*]:numeric,    纬向权重,一般设为 1 或高斯权重或纬度余弦权重
    xo[*]:numeric,    输出低分辨率网格坐标,升序,可以不等间距
    yo[*]:numeric,    输出低分辨率网格坐标,升序,可以不等间距
    foOption[1]:logical
)
return_val:float or double
```

描述:

只做内插,不做外插,输入数据网格以外的格点赋以填充值。

foOption 设置为 True 则生效,由@critpc 属性控制缺失值比例,有效值比例大于等于此属性才进行,有效值比例低于此属性则将该水平面的输出数据赋以填充值,默认值为 100,即只要有缺失值就将输出缺失值。

3. f2fosh 和 f2fosh_Wrap, f2foshv 和 f2foshv_Wrap——将全球数据从固定网格插值到固定偏移网格

function f2fosh_Wrap(*标量场*	procedure f2foshv_Wrap(*矢量场*
grid:numeric	ureg:numeric,
)	vreg:numeric,
return_val:float or double	uoff:float or double
	voff:float or double
	)

描述:

输入数据和输出数据都是(…,lat,lon)形式,且纬度升序,经度首尾不重合。输入数据包含极点,输出数据的纬度比输入数据的纬度少一个格点。

4. f2fsh 和 f2fsh_Wrap, f2fshv 和 f2fshv_Wrap——将全球数据从一个固定网格插值到另一个固定网格

function f2fsh_Wrap(	procedure f2fshv_Wrap(
grid:numeric,	ua:numeric,
outdims[2]:integer *纬度、经度格点数*	va:numeric,
)	ub:float or double
return_val:float or double	vb:float or double
	)

描述:

输入数据和输出数据都是(…,lat,lon)形式,且纬度升序,经度首尾不重合。

5. f2gsh 和 f2gsh_Wrap, f2gshv 和 f2gshv_Wrap——将全球数据从固定网格插值到高斯网格

function f2gsh_Wrap(	procedure f2gshv_Wrap(
grid:numeric,	ua:numeric,
outdims[2]:integer *纬度、经度格点数*	va:numeric,
twave[1]:integer *波截断参数*	ub:float or double,
)	vb:float or double,
return_val:float or double	twave[1]:integer *波截断参数*
	)

描述：

输入数据和输出数据都是$(\cdots,\text{lat},\text{lon})$形式，且纬度升序，经度首尾不重合。

波截断参数：0 表示内插；>0 表示内插且三角截断该波数；<0 表示内插、三角截断该波数且谱系数锥化以平滑数据。

6. fo2fsh 和 fo2fsh_Wrap，fo2fshv 和 fo2fshv_Wrap——将全球数据从固定偏移网格插值到固定网格

function fo2fsh_Wrap(　　grid：numeric) return_val：float or double	procedure fo2fshv_Wrap(　　uoff：numeric， 　　voff：numeric， 　　ureg：float or double， 　　vreg：float or double)

描述：

输入数据和输出数据都是$(\cdots,\text{lat},\text{lon})$形式，且纬度升序，经度首尾不重合。输入数据包含极点，输出数据的纬度比输入数据的纬度多一个格点。

7. ftsurf——计算正交网格的插值平面

```
function ftsurf(
    xi：numeric，  最右边维度存放 x 坐标
    yi：numeric，  最右边维度存放 y 坐标
    zi：numeric，  最右边维度为水平坐标(…,x,y),左边维度与 xi、yi 左边维度一致
    xo[ * ]：numeric，  输出网格的 x 坐标
    yo[ * ]：numeric  输出网格的 y 坐标
)
return_val：float or double
```

描述：

最右边两个维度被替换为新网格。

8. g2fsh 和 g2fsh_Wrap，g2fshv 和 g2fshv_Wrap——将全球数据从高斯网格插值到固定网格

function g2fsh_Wrap(　*标量场*	procedure g2fshv_Wrap(　*矢量场*
grid：numeric，　*输入数据*	ua：numeric，　*输入数据*
outdims[2]：integer　*纬度、经度格点数*	va：numeric，　*输入数据*

) return_val:float or double	ub:float or double　*输出数据* vb:float or double　*输出数据*)

描述：

输入数据和输出数据都是(…,lat,lon)形式,且纬度升序,经度首尾不重合。

9. g2gsh 和 g2gsh_Wrap,g2gshv 和 g2gshv_Wrap——将全球数据从一个高斯网格插值到另一个高斯网格

function g2gsh_Wrap(*标量场* 　　grid:numeric,　*输入数据* 　　outdims[2]:integer　*纬度、经度格点数* 　　twave[1]:integer　*波截断参数*) return_val:float or double	procedure g2gshv_Wrap(*矢量场* 　　ua:numeric,　*输入数据* 　　va:numeric,　*输入数据* 　　ub:float or double　*输出数据* 　　vb:float or double　*输出数据* 　　twave[1]:integer　*波截断参数*)

描述：

输入数据和输出数据都是(…,lat,lon)形式,且纬度升序,经度首尾不重合。

波截断参数:0 表示内插;＞0 表示内插且三角截断该波数;＜0 表示内插、三角截断该波数且谱系数锥化以平滑数据。

10. grid2triple——将数据和坐标改写成 x—y—data 值对

```
function grid2triple(
    x[ * ]:numeric,
    y[ * ]:numeric,
    data[ * ][ * ]:numeric
)
return_val[3][ * ]:float or double
```

描述：

data(y|:,x|:)经剔除缺失值后,将 data 按照右侧优先的顺序存放在 return_val(2,:)中,相应的水平空间坐标 x 和 y 分别存放在 return_val(0,:)和 return_val(1,:)中。

11. poisson_grid_fill——求解 Poisson 方程以替换网格中所有缺失值

```
procedure poisson_grid_fill(
    data:float or double,   最右边维度为水平坐标(⋯,y,x)
    is_cyclic[1]:logical,   最右边维度 x 是否首尾循环
    guess_type[1]:integer,   首次猜值网格类型
    nscan[1]:integer,   最大迭代次数
    epsx[1]:numeric,   误差限,达到误差限即停止,不一定达到最大迭代次数
    relc[1]:numeric,   松弛系数,通常[0.45,0.6]
    opt[1]:integer   未启用,设为 0
)
```

描述:

首次猜值网格类型:0 表示采用 0 作为首次猜值,1 表示采用纬向平均,建议用 1。

12. pop_remap——将 POP 海洋模式网格插值到另一网格

```
procedure pop_remap(
    x_dst[*]:numeric,   输出数据
    map_wts[*][*]:numeric,   权重
    dst_add[*]:integer,   输出数据地址
    src_add[*]:integer,   输入数据地址
    x_src[*]:numeric   输入数据
)
```

描述:

POP 模式是 Parallel Ocean Program,CESM 模式中嵌套有此模式。

本程序源自 SCRIP(Spherical Coordinate Remapping and Interpolation Package)软件包。

13. PopLatLon,PopLatLonV——海洋模式 POP 网格与经纬度网格互换

```
procedure PopLatLon(   标量场
    x:numeric,   输入数据通常为(time,lat,lon)或(time,lev,lat,lon)
    grd_src:string,   输入数据 POP 模式网格名称
    grd_dst:string,   输出数据网格名称
    method:string,   算法:bilin 或 aave
    area_type:string,
    date:string
)
```

续表

```
procedure PopLatLonV(    矢量场
    u:numeric,    输入数据通常为(time,lat,lon)或(time,lev,lat,lon)
    v:numeric,    输入数据通常为(time,lat,lon)或(time,lev,lat,lon)
    grd_src:string,    输入数据 POP 模式网格名称
    grd_dst:string,    输出数据网格名称
    method:string,    算法:bilin 或 aave
    area_type:string,
    date:string
)
return_val:numeric
```

14. rcm2points 和 rcm2points_Wrap——将数据从曲线网格插值到不规则站点

```
function rcm2points_Wrap(
    lat2d[*][*]:numeric,    输入数据的纬度
    lon2d[*][*]:numeric,    输入数据的经度
    fi:numeric,    输入数据(…,lat,lon)
    lat[*]:numeric,    输出数据的纬度,单调递增
    lon[*]:numeric,    输出数据的经度,单调递增
    opt:integer    插值算法标识
)
return_val:numeric
```

描述:

输入数据一般为采用曲线网格的 RCM(Regional Climate Model)、WRF(Weather Research and Forecasting)、NARR(North American Regional Reanalysis)等模式产品,其经纬度分别为二维数组。输入数据的经纬度网格之外不做外插。

插值算法标识:0 或 1 表示插值权重为反距离平方,2 表示采用双线性插值。

输入数据最右边两个维度(经纬度)替换为新的一个维度(不规则站点索引)。

15. rcm2rgrid 和 rcm2rgrid_Wrap——将数据从曲线网格插值到直线网格

```
function rcm2rgrid_Wrap(
    lat2d[*][*]:numeric,    输入数据的纬度
    lon2d[*][*]:numeric,    输入数据的经度
    fi:numeric,    输入数据(…,lat,lon)
    lat[*]:numeric,    输出数据的纬度,单调递增
```

```
        lon[ * ]:numeric,   输出数据的经度,单调递增
        Option:numeric   未启用,设为1
)
    return_val:numeric
```

描述:

输入数据一般为采用曲线网格的 RCM、WRF、NARR 等模式产品,其经纬度分别为二维数组。输入数据的经纬度网格之外不做外插。

插值权重为反距离平方。

输入数据最右边两个维度(经纬度)替换为新的两个维度(经纬度)。

16. rgrid2rcm 和 rgrid2rcm_Wrap——将数据从直线网格插值到曲线网格

```
function rgrid2rcm_Wrap(
        lat[ * ]:numeric,   输入数据的纬度
        lon[ * ]:numeric,   输入数据的经度
        fi:numeric,   输入数据(…,lat,lon)
        lat2d[ * ][ * ]:numeric,   输出数据的纬度
        lon2d[ * ][ * ]:numeric,   输出数据的经度
        Option:numeric   未启用,设为1
)
    return_val:numeric
```

描述:

输出数据一般为采用曲线网格的 RCM、WRF、NARR 等模式产品,其经纬度分别为二维数组。

输入数据的经纬度网格之外不做外插。插值权重为反距离平方。

输入数据最右边两个维度(经纬度)替换为新的两个维度(经纬度)。

17. triple2grid 和 triple2grid_Wrap——将不规则站点数据填充到最近的直线网格上

```
function triple2grid_Wrap(
        x[ * ]:numeric,   水平位置坐标
        y[ * ]:numeric,   水平位置坐标
        data:numeric,   最右边一个维度为站点索引,与水平位置相对应
        xgrid[ * ]:numeric,   直线网格坐标
        ygrid[ * ]:numeric,   直线网格坐标
        option[1]:logical
)
    return_val[dimsizes(ygrid)][dimsizes(xgrid)]:float or double
```

描述：

若 option＝False,网格以外的数据被抛弃,网格以内的数据填充到最近的网格点上,所有网格点都将填充数据。若 option＝True,则可设置 option@distmx 搜索半径(单位为 km),使得此半径之内的最近数据才填充到网格点上,超过此半径的格点将以 data@_FillValue 填充。

18. triple2grid2d——将不规则站点数据填充到最近的曲线网格上

```
function triple2grid2d(
    x[ * ]:numeric,      水平位置坐标
    y[ * ]:numeric,      水平位置坐标
    data:numeric,        最右边一个维度为站点索引,与水平位置相对应
    xgrid[ * ][ * ]:numeric,   曲线网格坐标
    ygrid[ * ][ * ]:numeric,   曲线网格坐标
    opt[1]:logical
)
return_val[dimsizes(xgrid)]:typeof(data)
```

描述：

opt＝False 采用默认算法,opt＝True 可设置:opt@mopt＝0 距离计算采用快速估计(默认),opt@mopt＝1 距离计算采用大圆距离方程(较慢);opt@distmx 搜索半径(单位为 km),此半径之内的最近数据才填充到网格点上,超过此半径的格点将以 data@_FillValue 填充。

十六、插值

(一)球面无规则格点(站点)三次样条插值

1. csc2s——将单位球的直角坐标转换成经纬度坐标

```
function csc2s(
    x:numeric,
    y:numeric,
    z:numeric
)
return_val[2,dimsizes(x)]:float or double
```

描述：

源数据直角坐标(x,y,z)转换成经纬度坐标(lon,lat),返回值 return_val(0,:)和 return_val(1,:)分别为纬度和经度。直角坐标(1,0,0)对应经纬度坐标(0,0)。

2. css2c——将单位球的经纬度坐标转换成直角坐标

```
function css2c(
    lat:numeric,
```

```
    lon:numeric
)
return_val[3,dimsizes(lat)]:float or double
```

描述：

源数据经纬度坐标(lon,lat)转换成直角坐标(x,y,z)，返回值 return_val(0,:),return_val(1,:),return_val(2,:)分别为 x、y、z。直角坐标(1,0,0)对应经纬度坐标(0,0)。

3. cssgrid 和 cssgrid_Wrap——单位球面上无结构格点(站点)数据经张力样条插值到曲线网格

```
function cssgrid_Wrap(
    rlat[*]:numeric,      源数据坐标,与源数据最右边一维匹配
    rlon[*]:numeric,      源数据坐标,与源数据最右边一维匹配
    fval:numeric,    源数据
    plat[*]:numeric,    目标网格纬度
    plon[*]:numeric    目标网格经度
)
return_val:float or double    形如(…,plat,plon)
```

描述：

目标网格经纬度(一维数组)交织成二维网格,插值结果将源数据最右边一维(站点)替换成此二维网格,保留左边维度。

4. csstri——计算球面数据点的 Delaunay 三角剖分

```
function csstri(
    rlat[*]:numeric,
    rlon[*]:numeric
)
return_val[*][3]:integer    三角形顶点索引
```

5. csvoro——计算球面数据点的 Voronoi 多边形

```
procedure csvoro(
    rlati[*]:numeric,
    rloni[*]:numeric,
    index:integer,
    cflag:integer,
    rlato[*]:numeric,
    rlono[*]:numeric,
```

```
    alen[ * ]:numeric,
    nca:integer,
    numv:integer,
    nv[ * ]:integer
)
```

6. csgetp,cssetp——查询、设置 Cssgrid 软件包控制参数

```
function csgetp(                    procedure cssetp(
    pnam[1]:string   参数名称            pnam[1]:string,   参数名称
)                                       pval   参数值
return_val[1]   参数值              )
```

(二)改进 Shepard 算法计算三维格点插值

1. shgetnp——查找三维空间中最近格点

```
function shgetnp(
    px[1]:float,   参考点
    py[1]:float,   参考点
    pz[1]:float,   参考点
    x[ * ]:float,   三维空间中的点集
    y[ * ]:float,   三维空间中的点集
    z[ * ]:float,   三维空间中的点集
    flag[1]:integer   重复查找标识
)
return_val[1]:integer
```

描述：

在(x,y,z)点集中查找距离(px,py,pz)最近的点,返回该点的索引。

重复查找标识,在首次调用时设为 0,表示查找最近的点,后续查找设为 1,表示查找下一个最近的点。这样重复查找,可以遍历最近的、第二近的、第三近的……所有点。

2. shgrid——从无结构格点(站点)插值到三维网格

```
function shgrid(
    xi[ * ]:float,   源数据坐标
    yi[ * ]:float,   源数据坐标
```

```
    zi[ * ]:float，    源数据坐标
    ui[ * ]:float，    源数据
    xo[ * ]:float，    目标格点坐标
    yo[ * ]:float，    目标格点坐标
    zo[ * ]:float     目标格点坐标
)
return_val[ * ][ * ][ * ]:float   目标格点的数据(…,xo,yo,zo)
```

描述：

采用改进 Shepard 算法将站点数据插值到三维网格，源数据最右边一维（站点）替换成三维网格，左边维度保留。目标格点的坐标（一维数组），交织形成三维网格。

3. shgetp,shsetp——查询、设置 Shgrid 软件包控制参数

| function shgetp(
　　pnam[1]:string　参数名称
)
return_val[1]　参数值 | procedure shsetp(
　　pnam[1]:string，　参数名称
　　pval　参数值
) |

（三）二维平面的自然邻点插值

1. natgrid 和 natgrid_Wrap——从无结构格点（站点）插值到曲线网格

```
function natgrid_Wrap(
    x[ * ]:numeric，
    y[ * ]:numeric，
    z:numeric，    源数据,最右边一维的长度与 x、y 一致
    xo[ * ]:numeric，   目标格点的坐标,单调递增
    yo[ * ]:numeric    目标格点的坐标,单调递增
)
return_val:float or double   目标格点的数据(…,xo,yo)
```

描述：

采用自然邻点法将站点数据插值到曲线网格，源数据最右边一维（站点）替换成二维网格，左边维度保留。目标格点的坐标（一维数组），交织形成二维网格。

2. nnpntinit，nnpntinitd，nnpntinits——启动并初始化到指定点的插值（通用型、双精度型、单精度型）

procedure nnpntinit(　　x[*]:numeric, 　　y[*]:numeric, 　　z[*]:numeric)	procedure nnpntinitd(　　x[*]:double, 　　y[*]:double, 　　z[*]:double)	procedure nnpntinits(　　x[*]:float, 　　y[*]:float, 　　z[*]:float)

描述：

初始化插值进程，保存(x,y)格点上的数据 z 的自然邻点关系，设置控制参数。

3. nnpnt——从无结构格点（站点）插值到指定点

```
function nnpnt(
    x[ * ]:numeric,    指定点坐标
    y[ * ]:numeric    指定点坐标
)
return_val[dimsizes(x)]:float or double    指定点插值结果
```

描述：

指定点可以是站点或网格点(x,y)。

源数据的获取和插值算法的启动，须先调用 nnpntinit 或 nnpntinitd、nnpntinits 程序。

4. nnpntend，nnpntendd——结束到指定点的插值

procedure nnpntend( )	procedure nnpntendd( )

描述：

结束进程，清理内存。nnpntend 与 nnpntendd 两个接口等价，可以互换。

5. nngetaspectd，nngetaspects——计算指定点的坡向（双精度型、单精度型）

function nngetaspectd(　　i[1]:integer, 　　j[1]:integer) return_val[1]:double	function nngetaspects(　　i[1]:integer, 　　j[1]:integer) return_val[1]:float

描述：
查询最近调用的 natgrid 函数的坡向。

6. nngetsloped, nngetslopes——计算指定点的坡度（双精度型、单精度型）

function nngetsloped(	function nngetslopes(
i[1]:integer,	i[1]:integer,
j[1]:integer	j[1]:integer
)	)
return_val[1]:double	return_val[1]:float

描述：
查询最近调用的 natgrid 函数的坡度。

7. nngetwts, nngetwtsd——计算自然邻点及其权重（双精度型、单精度型）

procedure nngetwtsd(	procedure nngetwts(
numw[1]:integer,　*自然邻点的数量*	numw[1]:integer,
nbrs[*]:integer,　*自然邻点的索引*	nbrs[*]:integer,
wts[*]:double,　*自然邻点的权重*	wts[*]:float,
xe[3]:double,　*外插三角形顶点*	xe[3]:float,
ye[3]:double,　*外插三角形顶点*	ye[3]:float,
ze[3]:double　*外插三角形顶点*	ze[3]:float
)	)

描述：
查询最近调用的 natgrid 函数的自然邻点及其权重。权重之和为1。

8. nngetp, nnsetp——查询、设置 Natgrid 软件包控制参数

function nngetp(	procedure nnsetp(
pnam[1]:string　*参数名称*	pnam[1]:string,　*参数名称*
)	pval　*参数值*
return_val[1]　*参数值*	)

(四)无结构格点(站点)数据的反距离加权插值

1. dsgrid2,dsgrid3——无结构格点(站点)数据到曲线网格的反距离加权插值

```
function dsgrid2(
    x[*]:numeric,
    y[*]:numeric,
    z:numeric,    数据,最右边维度与 x、y 一致
    xo[*]:numeric,
    yo[*]:numeric
)
return_val[dimsizes(x) * dimsizes(y)]:float or double
```

```
function dsgrid3(
    x[*]:numeric,
    y[*]:numeric,
    z[*]:numeric,
    u:numeric,    数据,最右边维度与 x、y、z 一致
    xo[*]:numeric,
    yo[*]:numeric,
    zo[*]:numeric
)
return_val[dimsizes(x) * dimsizes(y) * dimsizes(z)]:float or double
```

描述:

数据的左边维度保留,旧坐标最右边一维(站点)替换为新坐标三个维度(网格),输出坐标(一维数组)交织成二维、三维网格。

2. dspnt2,dspnt3——无结构格点(站点)数据到指定点的反距离加权插值

```
function dspnt2(
    x[*]:numeric,
    y[*]:numeric,
    z:numeric,    数据,最右边维度与 x、y 一致
    xo[*]:numeric,
    yo[*]:numeric
)
return_val[dimsizes(x) * dimsizes(y)]:float or double
```

```
function dspnt3(
    x[ * ]:numeric,
    y[ * ]:numeric,
    z[ * ]:numeric,
    u:numeric,      数据,最右边维度与 x、y、z 一致
    xo[ * ]:numeric,
    yo[ * ]:numeric,
    zo[ * ]:numeric
)
return_val[dimsizes(x) * dimsizes(y) * dimsizes(z)]:float or double
```

描述:

输出指定点上的插值结果,指定点可以是网格点或站点。数据的左边维度保留,旧坐标最右边一维(站点)替换为新坐标一个维度(指定点)。

3. dsgetp,dssetp——查询、设置 Dsgrid 软件包控制参数

```
function dsgetp(                    procedure dssetp(
    pnam[1]:string  参数名称            pnam[1]:string,  参数名称
)                                       pval  参数值
return_val[1]  参数值               )
```

(五)线性插值

1. linint1 和 linint1_Wrap,linint1_n 和 linint1_n_Wrap—— 一维线性插值

```
function linint1_Wrap(              function linint1_n_Wrap(
    xi:numeric,                         xi:numeric,     源坐标,单调递增或递减
    fi:numeric,                         fi:numeric,     源数据,fi(…,xi)
    fiCyclic[1]:logical,                fiCyclic[1]:logical,   源序列是否为周期性
    xo[ * ]:numeric,                    xo[ * ]:numeric,   目标序列,单调递增或递减
    foOption:integer,                   foOption:integer,   尚未启用,设为 0
)                                       dim[1]:integer   指定维度
return_val:float or double          )
                                    return_val:float or double
```

2. linint2 和 linint2_Wrap——二维直线网格的双线性插值

```
function linint2_Wrap(
    xi:numeric,        源坐标,单调递增
    yi:numeric,        源坐标,单调递增
    fi:numeric,        源数据,fi(…,yi,xi)
    fiCyclicX[1]:logical,    源数据最右边维度是否为周期性
    xo[*]:numeric,     目标坐标,单调递增
    yo[*]:numeric,     目标坐标,单调递增
    foOption[1]:integer  尚未启用,设为0
)
return_val:float or double
```

描述:
xi 和 yi 维度尺寸可以不同,交织成二维网格,通常用于网格数据插值到网格。

3. linint2_points 和 linint2_points_Wrap——二维任意坐标格点的双线性插值

```
function linint2_points_Wrap(
    xi:numeric,        源序列,单调递增
    yi:numeric,        源序列,单调递增
    fi:numeric,        源数据,fi(…,yi,xi)
    fiCyclicX[1]:logical,    源数据最右边维度是否为周期性
    xo[*]:numeric,     目标序列,单调递增
    yo[*]:numeric,     目标序列,单调递增
    Option[1]:integer  尚未启用,设为0
)
return_val:float or double
```

描述:
xi 和 yi 维度尺寸相同,构成一对坐标格点(xi,yi),通常用于网格数据插值到站点。

4. linmsg 和 linmsg_n——采用分段线性插值填充缺失值

```
function linmsg(
    x:numeric,        源数据,对最右边一维做插值
    opt:integer   控制参数
)
return_val[dimsizes(x)]:float or double
```

```
function linmsg_n(
    x:numeric，      源数据，对指定维做插值
    opt:integer，     控制参数
    dim[1]:integer    指定插值维度
)
return_val[dimsizes(x)]:float or double
```

描述：

控制参数为标量或两个元素的一维数组。若为标量(只有一个值)，设置首尾端点缺失值的填充方法，大于等于 0 表示保留缺失值，小于 0 表示以最近的有效值填充。若为数组(两个值)，第一个元素与标量相同，第二个元素设置容许插值的连续缺失值的最大数量，超过此数量则不插值。

(六)样条插值

1. ftcurv——样条插值

```
function ftcurv(
    xi:numeric，     单调递增
    yi:numeric，
    xo[ * ]:numeric
)
return_val:float or double
```

描述：

根据 xi 和 yi 样条插值计算 xo 处的 yo。

ftcurv 的行为可在调用前通过 ftsetp 函数修改 sig，sl1，sln，sf1 等参数加以控制。sig 参数是张力因子，小(接近于 0)则为三次样条，大则近似折线，典型值为 1。sl1 和 sln 参数为输入数据在首尾端点处的斜率，单位为弧度，方向为逆时针。sf1 参数控制 sl1 和 sln 参数是启用还是由函数内部计算，0 表示都由用户指定，1 表示 sl1 由用户指定而 sln 由内部计算，2 表示 sl1 由内部计算而 sln 由用户指定，3 表示都由内部计算。

2. ftcurvd——样条插值计算微分

```
function ftcurvd(
    xi:numeric，     单调递增
    yi:numeric，
    xo[ * ]:numeric
```

```
)
return_val:float or double
```

描述：

根据 xi 和 yi 样条插值计算 xo 处的 $\frac{\mathrm{d}y}{\mathrm{d}x}$。

ftcurvd 的行为可在调用前通过 ftsetp 函数修改 sig,sl1,sln,sf1 等参数加以控制。sig 参数是张力因子,小(接近于 0)则为三次样条,大则近似折线,典型值为 1。sl1 和 sln 参数为输入数据在首尾端点处的斜率,单位为弧度,方向为逆时针。sf1 参数控制 sl1 和 sln 参数是启用还是由函数内部计算,0 表示都由用户指定,1 表示 sl1 由用户指定而 sln 由内部计算,2 表示 sl1 由内部计算而 sln 由用户指定,3 表示都由内部计算。

3. ftcurvi——样条插值计算积分

```
function ftcurvi(
    xl[1]:numeric,    积分下限
    xr[1]:numeric,    积分上限
    xi:numeric,    单调递增
    yi:numeric
)
return_val:float or double
```

描述：

根据(xi,yi)样条插值计算 xl 和 xr 之间的积分。

ftcurvi 的行为可在调用前通过 ftsetp 函数修改 sig,sl1,sln,sf1 等参数加以控制。sig 参数是张力因子,小(接近于 0)则为三次样条,大则近似折线,典型值为 1。sl1 和 sln 参数为输入数据在首尾端点处的斜率,单位为弧度,方向为逆时针。sf1 参数控制 sl1 和 sln 参数是启用还是由函数内部计算,0 表示都由用户指定,1 表示 sl1 由用户指定而 sln 由内部计算,2 表示 sl1 由内部计算而 sln 由用户指定,3 表示都由内部计算。

4. ftcurvp——周期函数样条插值

```
function ftcurvp(
    xi:numeric,    单调递增
    yi:numeric,
    p[1]:numeric,    周期,不小于 xi 两个端点之间的距离
    xo[ * ]:numeric
)
return_val:float or double
```

描述：

根据 xi 和 yi 样条插值计算 xo 处的 yo。

ftcurvp 的行为可在调用前通过 ftsetp 函数修改 sig 参数加以控制。sig 参数是张力因子，小(接近于 0)则为三次样条，大则近似折线，典型值为 1。

5. ftcurvpi——周期函数样条插值计算积分

```
function ftcurvpi(
    xl[1]:numeric,    积分下限
    xr[1]:numeric,    积分上限
    p[1]:numeric,     周期,不小于 xi 两个端点之间的距离
    xi:numeric,    单调递增
    yi:numeric
)
return_val:float or double
```

描述：

根据(xi,yi)样条插值计算 xl 和 xr 之间的积分。

ftcurvpi 的行为可在调用前通过 ftsetp 函数修改 sig 参数加以控制。sig 参数是张力因子，小(接近于 0)则为三次样条，大则近似折线，典型值为 1。

6. ftcurvps——计算周期函数平滑样条插值

```
function ftcurvps(
    xi:numeric,    单调递增
    yi:numeric,
    p[1]:numeric,     周期,不小于 xi 两个端点之间的距离
    d[ * ]:numeric,    置信度(节点上误差的标准偏差),标量或与节点一致的一维
数组,大于 0
    xo[ * ]:numeric
)
return_val:float or double
```

描述：

根据 xi 和 yi 样条插值计算 xo 处的 yo。

置信度用来控制平滑曲线与输入数据的密合程度，越小则越密合。

ftcurvps 的行为可在调用前通过 ftsetp 函数修改 sig,smt,eps,sf2 等参数加以控制。sig 是张力因子，小(接近于 0)则为三次样条，大则近似折线，典型值为 1。smt 是全局平滑参数，非负，越小越接近张力样条，越大越平滑，建议的合理值为节点数。eps 参数控制精度，介于 0 和 1 之间，建议的合理值为节点数的倒数的两倍的平方根。参数 sf2 控制 smt 和 eps 开关，sf2＝0 表示 smt 和 eps 都不启用，sf2＝1 表示 smt 和 eps 都启用，sf2＝2 表示只启用 smt，sf2＝3 表示启用 eps，默认值为 3。

7. ftcurvs——计算平滑样条插值

```
function ftcurvs(
     xi:numeric,      单调递增
     yi:numeric,
     d[ * ]:numeric,      置信度(节点上误差的标准偏差),标量或与节点一致的一维
数组,大于0
     xo[ * ]:numeric
)
return_val:float or double
```

描述：

根据 xi 和 yi 样条插值计算 xo 处的 yo。

置信度用来控制平滑曲线与输入数据的密合程度,越小则越密合。

ftcurvs 的行为可在调用前通过 ftsetp 函数修改 sig,smt,eps,sf2 等参数加以控制。sig 参数是张力因子,小(接近于 0)则为三次样条,大则近似折线,典型值为 1。smt 是全局平滑参数,非负,越小越接近张力样条,越大越平滑,建议的合理值为节点数。eps 参数控制精度,介于 0 和 1 之间,建议的合理值为节点数的倒数的两倍的平方根。参数 sf2 控制 smt 和 eps 开关,sf2＝0 表示 smt 和 eps 都不启用,sf2＝1 表示 smt 和 eps 都启用,sf2＝2 表示只启用 smt,sf2＝3 表示启用 eps,默认值为 3。

8. ftkurv——计算参数曲线的样条插值

```
procedure ftkurv(
     xi[ * ]:numeric,      输入
     yi[ * ]:numeric,      输入
     t[ * ]:numeric,      曲线参数,数组尺寸与输出节点一致
     xo[ * ]:float or double,    输出
     yo[ * ]:float or double     输出
)
```

描述：

根据(xi,yi)样条插值计算 xo(t)处的 yo(t),(xo(t),yo(t))为参数曲线,t 范围为[0,1],首尾端点分别为 0 和 1。

ftkurv 的行为可在调用前通过 ftsetp 函数修改 sig,sl1,sln,sf1 等参数加以控制。sig 参数是张力因子,小(接近于 0)则为三次样条,大则近似折线,典型值为 1。sl1 和 sln 参数为输入数据在首尾端点处的斜率,单位为弧度,方向为逆时针。sf1 参数控制 sl1 和 sln 参数是启用还是由函数内部计算,0 表示都由用户指定,1 表示 sl1 由用户指定而 sln 由内部计算,2 表示 sl1 由内部计算而 sln 由用户指定,3 表示都由内部计算。

9. ftkurvd——计算参数曲线的样条插值和一阶、二阶微商

```
procedure ftkurvd(
    xi[ * ]:numeric,    输入
    yi[ * ]:numeric,    输入
    t[ * ]:numeric,     曲线参数,数组尺寸与输出节点一致
    xo[ * ]:float or double,   输出函数值坐标
    yo[ * ]:float or double,   输出函数值
    xd[ * ]:float or double,   输出一阶微商坐标
    yd[ * ]:float or double,   输出一阶微商
    xdd[ * ]:float or double,   输出二阶微商坐标
    ydd[ * ]:float or double   输出二阶微商
)
```

描述:

根据(xi,yi)样条插值计算 xo(t)处的 yo(t)、xd(t)处的 yd(t)、xdd(t)处的 ydd(t),(xo(t),yo(t))为参数曲线,(xd(t),yd(t))为参数曲线的一阶微商,(xdd(t),ydd(t))为参数曲线的二阶微商,t 范围为[0,1],首尾端点分别为 0 和 1。

ftkurvd 的行为可在调用前通过 ftsetp 函数修改 sig,sl1,sln,sf1 等参数加以控制。sig 参数是张力因子,小(接近于 0)则为三次样条,大则近似折线,典型值为 1。sl1 和 sln 参数为输入数据在首尾端点处的斜率,单位为弧度,方向为逆时针。sf1 参数控制 sl1 和 sln 参数是启用还是由函数内部计算,0 表示都由用户指定,1 表示 sl1 由用户指定而 sln 由内部计算,2 表示 sl1 由内部计算而 sln 由用户指定,3 表示都由内部计算。

10. ftkurvp——计算闭合曲线的张力样条插值

```
procedure ftkurvp(
    xi[ * ]:numeric,    输入
    yi[ * ]:numeric,    输入
    t[ * ]:numeric,     曲线参数,数组尺寸与输出节点一致
    xo[ * ]:float or double,   输出
    yo[ * ]:float or double   输出
)
```

描述:

ftkurvp 的行为可在调用前通过 ftsetp 函数修改 sig 参数加以控制。sig 参数是张力因子,小(接近于 0)则为三次样条,大则近似折线,典型值为 1。

11. ftkurvpd——计算闭合曲线的张力样条插值及一阶、二阶微商

```
procedure ftkurvpd(
    xi[ * ]:numeric,    输入
    yi[ * ]:numeric,    输入
    t[ * ]:numeric,    曲线参数,数组尺寸与输出节点一致
    xo[ * ]:float or double,    输出函数值坐标
    yo[ * ]:float or double,    输出函数值
    xd[ * ]:float or double,    输出一阶微商坐标
    yd[ * ]:float or double,    输出一阶微商
    xdd[ * ]:float or double,    输出二阶微商坐标
    ydd[ * ]:float or double    输出二阶微商
)
```

描述:

ftkurvpd 的行为可在调用前通过 ftsetp 函数修改 sig 参数加以控制。sig 参数是张力因子,小(接近于 0)则为三次样条,大则近似折线,典型值为 1。

12. ftgetp,ftsetp——查询、设置 Fitgrid 软件包控制参数

```
function ftgetp(                    procedure ftsetp(
    pnam[1]:string    参数名称        pnam[1]:string,    参数名称
)                                        pval    参数值
return_val[1]    参数值              )
```

(七)一维结构的三次样条插值

csal,csald,csals 只做基本的三次样条插值,csalx,csalxd,csalxs 除做基本的三次样条插值之外,还可以实现:给输入数据加权、计算一阶和二阶微商、处理稀疏数据段。

1. csal,csald,csals——三次样条插值(通用型、双精度型、单精度型)

```
function csal(
    xi:numeric,    坐标,与 yi 维度相同,或与 yi 最右边维度相同的一维数组
    yi:numeric,    函数值
    knots[1]:integer,    每个区间内节点数,大于等于 4,越大则越密合
    xo[ * ]:numeric
)
return_val:float or double
```

续表

function csa1d(　　xi：double, 　　yi：double, 　　knots[1]：integer, 　　xo[*]：double) return_val：double	function csa1s(　　xi：float, 　　yi：float, 　　knots[1]：integer, 　　xo[*]：float) return_val：float

2. csa1x,csa1xd,csa1xs——三次样条插值（通用型、双精度型、单精度型）

```
function csa1x(
    xi：numeric,     坐标,与 yi 维度相同,或与 yi 最右边维度相同的一维数组
    yi：numeric,     函数值
    wts：numeric,     权重,标量或与 yi 最右边维度相同的一维数组,不加权则设
为一1
    knots[1]：integer,     每个区间内节点数,大于等于 4,越大则越密合
    smth[1]：numeric,     平滑系数,控制稀疏数据段的外插,建议首选 1
    nderiv[1]：integer,     输出选项,0 表示函数值,1、2 表示一阶、二阶微商
    xo[ * ]：numeric
)
return_val：float or double
```

function csa1xd(　　xi：double, 　　yi：double, 　　wts：double, 　　knots[1]：integer, 　　smth[1]：double, 　　nderiv[1]：integer, 　　xo[*]：double) return_val：double	function csa1xs(　　xi：float, 　　yi：float, 　　wts：float, 　　knots[1]：integer, 　　smth[1]：float, 　　nderiv[1]：integer, 　　xo[*]：float) return_val：float

（八）二维结构的三次样条插值

网格差异：csa2,csa2d,csa2s,csa2x,csa2xd,csa2xs 计算网格数据,输出坐标 xo 和 yo 为尺

寸不一定一致的一维数组,交织成二维网格,(xo(i),yo(j))对应插值结果 zo(xo(i),yo(j));
csa2l,csa2ld,csa2ls,csa2lx,csa2lxd,csa2lxs 计算站点数据,输出坐标 xo 和 yo 为尺寸一致的
一维数组,一一对应组成站点坐标列表,(xo(k),yo(k))对应插值结果 zo(xo(k),yo(k))。

功能差异:csa2,csa2d,csa2s,csa2l,csa2ld,csa2ls 只做基本的三次样条插值,csa2x,
csa2xd,csa2xs,csa2lx,csa2lxd,csa2lxs 除做基本的三次样条插值之外,还可以实现:给输入数
据加权、计算一阶和二阶微商、处理稀疏数据段。

1. csa2,csa2d,csa2s——三次样条插值(通用型、双精度型、单精度型)

---

function csa2(
    xi[*]:numeric,　*坐标,与 zi 最右边一维的长度相同*
    yi[*]:numeric,　*坐标,与 zi 最右边一维的长度相同*
    zi:numeric,　*函数值*
    knots[2]:integer,　*每个区间内 x、y 方向的节点数,大于等于 4,越大则越*
密合
    xo[*]:numeric,　*输出坐标*
    yo[*]:numeric　*输出坐标*
)
return_val:float or double

---

function csa2d(
    xi[*]:double,
    yi[*]:double,
    zi:double,
    knots[2]:integer,
    xo[*]:double,
    yo[*]:double
)
return_val:double
	function csa2s(
	    xi[*]:float,
	    yi[*]:float,
	    zi:float,
	    knots[2]:integer,
	    xo[*]:float,
	    yo[*]:float
	)
	return_val:float

2. csa2x,csa2xd,csa2xs——三次样条插值(通用型、双精度型、单精度型)

---

function csa2x(
    xi[*]:numeric,　*坐标,与 zi 最右边一维的长度相同*
    yi[*]:numeric,　*坐标,与 zi 最右边一维的长度相同*
    zi:numeric,　*函数值*

---

wts:numeric, *权重,标量或与 zi 最右边维度相同的一维数组,不加权则设为−1*	
knots[2]:integer, *每个区间内 x,y 方向的节点数,大于等于 4,越大则越密合*	
smth[1]:numeric, *平滑系数,控制稀疏数据段的外插,建议首选 1*	
nderiv[2]:integer, *输出选项,0 表示函数值,1、2 表示一阶、二阶微商*	
xo[*]:numeric, *输出坐标*	
yo[*]:numeric *输出坐标*	
)	
return_val:float or double	

function csa2xd(	function csa2xs(
xi[*]:double,	xi[*]:float,
yi[*]:double,	yi[*]:float,
zi:double,	zi:float,
wts:double,	wts:float,
knots[2]:integer,	knots[2]:integer,
smth[1]:double,	smth[1]:float,
nderiv[2]:integer,	nderiv[2]:integer,
xo[*]:double,	xo[*]:float,
yo[*]:double	yo[*]:float
)	)
return_val:double	return_val:float

3. csa2l,csa2ld,csa2ls——三次样条插值(通用型、双精度型、单精度型)

function csa2l(
xi[*]:numeric, *坐标,与 zi 最右边一维的长度相同*
yi[*]:numeric, *坐标,与 zi 最右边一维的长度相同*
zi:numeric, *函数值*
knots[2]:integer, *每个区间内 x,y 方向的节点数,大于等于 4,越大则越密合*
xo[*]:numeric, *输出坐标*
yo[*]:numeric *输出坐标*
)
return_val:float or double

function csa2ld(	function csa2ls(
xi[*]:double,	xi[*]:float,
yi[*]:double,	yi[*]:float,
zi:double,	zi:float,
knots[2]:integer,	knots[2]:integer,
xo[*]:double,	xo[*]:float,
yo[*]:double	yo[*]:float
)	)
return_val:double	return_val:float

4. csa2lx,csa2lxd,csa2lxs——三次样条插值(通用型、双精度型、单精度型)

```
function csa2lx(
    xi[ * ]:numeric,   坐标,与 zi 最右边一维的长度相同
    yi[ * ]:numeric,   坐标,与 zi 最右边一维的长度相同
    zi:numeric,   函数值
    wts:numeric,   权重,标量或与 zi 最右边维度相同的一维数组,不加权则设为-1
    knots[2]:integer,   每个区间内 x、y 方向的节点数,大于等于 4,越大则越密合
    smth[1]:numeric,   平滑系数,控制稀疏数据段的外插,建议首选 1
    nderiv[2]:integer,   输出选项,0 表示函数值,1、2 表示一阶、二阶微商
    xo[ * ]:numeric,   输出坐标
    yo[ * ]:numeric   输出坐标
)
return_val:float or double
```

function csa2lxd(	function csa2lxs(
xi[*]:double,	xi[*]:float,
yi[*]:double,	yi[*]:float,
zi:double,	zi:float,
wts:double,	wts:float,
knots[2]:integer,	knots[2]:integer,
smth[1]:double,	smth[1]:float,
nderiv[2]:integer,	nderiv[2]:integer,
xo[*]:double,	xo[*]:float,
yo[*]:double	yo[*]:float
)	)
return_val:double	return_val:float

(九)三维结构的三次样条插值

网格差异:csa3,csa3d,csa3s,csa3x,csa3xd,csa3xs 计算网格数据,输出坐标 xo 和 yo 为尺寸不一定一致的一维数组,交织成二维网格,(xo(i),yo(j))对应插值结果 zo(xo(i),yo(j));csa3l,csa3ld,csa3ls,csa3lx,csa3lxd,csa3lxs 计算站点数据,输出坐标 xo 和 yo 为尺寸一致的一维数组,一一对应组成站点坐标列表,(xo(k),yo(k))对应插值结果 zo(xo(k),yo(k))。

功能差异:csa3,csa3d,csa3s,csa3l,csa3ld,csa3ls 只做基本的三次样条插值,csa3x,csa3xd,csa3xs,csa3lx,csa3lxd,csa3lxs 除做基本的三次样条插值之外,还可以实现:给输入数据加权、计算一阶和二阶微商、处理稀疏数据段。

1. csa3,csa3d,csa3s——三次样条插值(通用型、双精度型、单精度型)

```
function csa3(
    xi[ * ]:numeric,    坐标,与 ui 最右边一维的长度相同
    yi[ * ]:numeric,    坐标,与 ui 最右边一维的长度相同
    zi[ * ]:numeric,    坐标,与 ui 最右边一维的长度相同
    ui:numeric,    函数值
    knots[3]:integer,    每个区间内 x、y、z 方向的节点数,大于等于4,越大则越密合
    xo[ * ]:numeric,    输出坐标
    yo[ * ]:numeric,    输出坐标
    zo[ * ]:numeric    输出坐标
)
return_val:float or double
```

```
function csa3d(
    xi[ * ]:double,
    yi[ * ]:double,
    zi[ * ]:double,
    ui:double,
    knots[3]:integer,
    xo[ * ]:double,
    yo[ * ]:double,
    zo[ * ]:double
)
return_val:double
```

```
function csa3s(
    xi[ * ]:float,
    yi[ * ]:float,
    zi[ * ]:float,
    ui:float,
    knots[3]:integer,
    xo[ * ]:float,
    yo[ * ]:float,
    zo[ * ]:float
)
return_val:float
```

2. csa3x,csa3xd,csa3xs——加权三次样条插值(通用型、双精度型、单精度型)

```
function csa3x(
    xi[ * ]:numeric,      坐标,与 ui 最右边一维的长度相同
    yi[ * ]:numeric,      坐标,与 ui 最右边一维的长度相同
    zi[ * ]:numeric,      坐标,与 ui 最右边一维的长度相同
    ui:numeric,      函数值
    wts:numeric,      权重,标量或与 ui 最右边维度相同的一维数组,不加权则设为—1
    knots[3]:integer,      每个区间内 x、y、z 方向的节点数,大于等于 4,越大则越密合
    smth[1]:numeric,      平滑系数,控制稀疏数据段的外插,建议首选 1
    nderiv[3]:integer,      输出选项,0 表示函数值,1、2 表示一阶、二阶微商
    xo[ * ]:numeric,      输出坐标
    yo[ * ]:numeric,      输出坐标
    zo[ * ]:numeric      输出坐标
)
return_val:float or double
```

`function csa3xd(`
　　`xi[ * ]:double,`
　　`yi[ * ]:double,`
　　`zi[ * ]:double,`
　　`ui:double,`
　　`wts:double,`
　　`knots[3]:integer,`
　　`smth[1]:double,`
　　`nderiv[3]:integer,`
　　`xo[ * ]:double,`
　　`yo[ * ]:double,`
　　`zo[ * ]:double`
`)`
`return_val:double`
	`function csa3xs(`
	　　`xi[ * ]:float,`
	　　`yi[ * ]:float,`
	　　`zi[ * ]:float,`
	　　`ui:float,`
	　　`wts:float,`
	　　`knots[3]:integer,`
	　　`smth[1]:float,`
	　　`nderiv[3]:integer,`
	　　`xo[ * ]:float,`
	　　`yo[ * ]:float,`
	　　`zo[ * ]:float`
	`)`
	`return_val:float`

3. csa3l,csa3ld,csa3ls——三次样条插值(通用型、双精度型、单精度型)

```
function csa3l(
    xi[ * ]:numeric,      坐标,与 ui 最右边一维的长度相同
```

```
        yi[ * ]:numeric,   坐标,与 ui 最右边一维的长度相同
        zi[ * ]:numeric,   坐标,与 ui 最右边一维的长度相同
        ui:numeric,   函数值
        knots[3]:integer,   每个区间内 x、y、z 方向的节点数,大于等于4,越大则越密合
        xo[ * ]:numeric,   输出坐标
        yo[ * ]:numeric,   输出坐标
        zo[ * ]:numeric   输出坐标
)
return_val:float or double
```

function csa3ld(	function csa3ls(
xi[*]:double, yi[*]:double, zi[*]:double, ui:double, knots[3]:integer, xo[*]:double, yo[*]:double, zo[*]:double) return_val:double	xi[*]:float, yi[*]:float, zi[*]:float, ui:float, knots[3]:integer, xo[*]:float, yo[*]:float, zo[*]:float) return_val:float

4. csa3lx,csa3lxd,csa3lxs——三次样条插值(通用型、双精度型、单精度型)

```
function csa3lx(
        xi[ * ]:numeric,   坐标,与 ui 最右边一维的长度相同
        yi[ * ]:numeric,   坐标,与 ui 最右边一维的长度相同
        zi[ * ]:numeric,   坐标,与 ui 最右边一维的长度相同
        ui:numeric,   函数值
        wts:numeric,   权重,标量或与 ui 最右边维度相同的一维数组,不加权则设
为-1
        knots[3]:integer,   每个区间内 x、y、z 方向的节点数,大于等于4,越大则越
密合
        smth[1]:numeric,   平滑系数,控制稀疏数据段的外插,建议首选1
```

nderiv[3]:integer,　*输出选项,0 表示函数值,1、2 表示一阶、二阶微商* xo[*]:numeric,　*输出坐标* yo[*]:numeric,　*输出坐标* zo[*]:numeric　*输出坐标*) return_val:float or double	
function csa3lxd(　　xi[*]:double, 　　yi[*]:double, 　　zi[*]:double, 　　ui:double, 　　wts:double, 　　knots[3]:integer, 　　smth[1]:double, 　　nderiv[3]:integer, 　　xo[*]:double, 　　yo[*]:double, 　　zo[*]:double) return_val:double	function csa3lxs(　　xi[*]:float, 　　yi[*]:float, 　　zi[*]:float, 　　ui:float, 　　wts:float, 　　knots[3]:integer, 　　smth[1]:float, 　　nderiv[3]:integer, 　　xo[*]:float, 　　yo[*]:float, 　　zo[*]:float) return_val:float

（十）其他

1. idsfft——二维不规则格点（站点）数据插值

```
function idsfft(
    x[ * ]:float,    源数据坐标
    y[ * ]:float,    源数据坐标
    z[ * ]:float,    源数据,形状为(x,y)
    dim[2]:integer   目标网格坐标点数量
)
return_val[dim(0)][dim(1)]:float
```

描述：

以 x 的最小最大值为界,在此范围内插值 dim(0)个点作为目标网格的 x 坐标;以 y 的最小最大值为界,在此范围内插值 dim(1)个点作为目标网格的 y 坐标;二者交织所成的二维网

格,作为目标网格;将源数据插值到目标网格上。

2. int2p 和 int2p_Wrap,int2p_n 和 int2p_n_Wrap——将气压坐标的数据插值到另一套气压坐标

```
function int2p_Wrap(
    pin:numeric,      源坐标,最右边一维为气压坐标
    xin:numeric,      源数据
    pout:numeric,     目标坐标,最右边一维为气压坐标,左边维度与源数据一致
    linlog[1]:integer  插值算法标识,±1 表示线性插值,否则对数插值
)
return_val:numeric
```

```
function int2p_n_Wrap(
    pin:numeric,      源坐标,最右边一维为气压坐标
    xin:numeric,      源数据
    pout:numeric,     目标坐标
    linlog[1]:integer,  插值算法标识,±1 表示线性插值,否则对数插值
    pdim[1]:integer   指定气压坐标所在的维度
)
return_val:numeric
```

3. obj_anal_ic 和 obj_anal_ic_Wrap——不规则格点(站点)数据的迭代改进目标分析

```
function obj_anal_ic_Wrap(
    zlon[*]:numeric,    源数据坐标,与源数据最右边一维相对应
    zlat[*]:numeric,    源数据坐标,与源数据最右边一维相对应
    z:numeric,          源数据
    glon[*]:numeric,    目标网格经度
    glat[*]:numeric,    目标网格纬度
    rscan[*]:numeric,   逐次影响半径
    option[1]:logical   控制参数
)
return_val:float or double   形如(…,glat,glon)
```

描述:

迭代改进技术用来求最优问题的解,它生成一系列使问题的目标函数值不断改进的可行解。这一系列的可行解中,后续解相比前面的解一般总是有些小的、局部的改变。如果目标函数值无法再得到优化,该算法就把最后的可行解作为最优解返回,然后算法就结束了。

目标网格坐标经纬度(一维数组)交织成二维网格,插值结果将源数据最右边一维(站点)替换成此二维网格,保留左边维度。

逐次影响半径以纬度为单位,单调递减,不超过 10 个元素,通常包含 1~4 个元素。

控制参数设为 False 表示启用默认值,设为 True 表示启用自定义设置,只有一个属性@blend_wgt用于控制从后续解的混合权重(局地平滑),范围为[0,1],1 表示后续解采用当前插值获得的估计解。

4. sigma2hybrid——从 σ 坐标插值到混合坐标

```
function sigma2hybrid(
    x:numeric,        源数据,最右边维度为高度,且自顶向底
    sigx[*]:numeric,  源数据的 σ 坐标高度,自顶向底
    hya[*]:numeric,   混合坐标系数 A
    hyb[*]:numeric,   混合坐标系数 B
    p0[1]:numeric,    地面参考气压,单位为 Pa
    ps:numeric,       地面气压,比源数据少最右边维度,单位为 Pa
    intyp:integer     垂直插值方法,1、2、3 分别表示线性插值、对数插值、双对数插值
)
return_val:numeric
```

描述:

混合坐标与 σ 坐标的关系为 sig(k)=p(k)/ps,混合坐标各层气压为 p(k)=hya(k) * p0+hyb(k) * ps,σ 坐标各层气压为 sigx(k)=hya(k) * p0/ps+hyb(k)。

5. trop_wmo——确定热力学对流层顶所在的气压层

```
function trop_wmo(
    p:numeric,            气压,单调递增(自顶向底),不允许缺失值
    t:numeric,            气温,单位为 K,不允许缺失值
    punit[1]:integer,     气压单位标识,0 表示 hPa,1 表示 Pa
    opt[1]:logical        控制参数
)
return_val:numeric
```

描述:

气压和气温的最右边维度为高度层,二者高度层须一致,即:若气压为一维数组,则与气温最右边维度一致;若气压为多维数组,则气压和气温两个数组的形状尺寸一致。计算结果保留气温的左边维度,去掉最右边维度(高度层)。

控制参数 opt 设为 True 才生效,opt@lapsec 用于设置气温垂直递减率,默认值为 2。

根据 1992 年 WMO 的定义,计算方法为:温度垂直递减率下降到≤2℃/km 的最低气层,向上 2000 米及以内的任何高度与该最低高度间的平均温度垂直递减率也均≤2℃/km,则该最低高度定义为第一对流层顶。

十七、经纬度

1. add90LatX, add90LatY——增加南北极点

```
load "$NCARG_ROOT/lib/ncarg/nclscripts/csm/shea_util.ncl"
```

function add90LatX(	function add90LatY(
Data[*][*]:numeric　*数组维度*	Data[*][*]:numeric　*数组维*
(…, lat)	*度(lat, …)*
)	)
return_val[*][*]:typeof(Data)	return_val[*][*]:typeof(Data)

描述：
在纬度维度上增加南北极点两个格点，并赋以填充值。

2. area_poly_sphere——计算球面多边形面积

```
function area_poly_sphere(
    lat[ * ]:numeric,      顶点纬度
    lon[ * ]:numeric,      顶点经度
    rsph[1]:numeric        球半径
)
return_val:numeric
```

描述：
多边形顶点经纬度数组须按顺时针方向排列。

3. bin_avg——利用站点数据计算等距格点上的平均值

```
function bin_avg(
    zlon[ * ]:numeric,     站点经度
    zlat[ * ]:numeric,     站点纬度
    z[ * ]:numeric,        站点数据
    glon[ * ]:numeric,     输出网格的经度
    glat[ * ]:numeric,     输出网格的纬度
    opt[1]:logical         未启用,设为 False
)
return_val[2][dimsizes(glat)][dimsizes(glon)]:float or double
```

描述：
返回值(0,:,:)为平均值,(1,:,:)为计数。

4. bin_sum——利用站点数据计算等距格点上的累积和

```
procedure bin_sum(
    gbin[ * ][ * ]:numeric,   输出数据,和,形状为(glat,glon)
    gknt[ * ][ * ]:integer,   输出数据,计数,形状为(glat,glon)
    glon[ * ]:numeric,   输出网格的经度
    glat[ * ]:numeric,   输出网格的纬度
    zlon[ * ]:numeric,   站点经度
    zlat[ * ]:numeric,   站点纬度
    z[ * ]:numeric   站点数据
)
```

5. gaus——计算高斯网格的纬度和权重

```
function gaus(
    nlat[1]:integer or long   半球高斯网格的纬向格点数量
)
return_val[2 * nlat,2]:double
```

描述:
返回值(:,0)和(:,1)分别为高斯网格的纬度和权重。

6. gaus_lobat——使用高斯－罗巴脱求积法计算高斯网格纬度和权重

```
function gaus_lobat(
    nlat[1]:byte,short,integer or long   纬向格点的数量
)
return_val[nlat,2]:double
```

描述:
return_val(:,0)和 return_val(:,1)分别为高斯－罗巴脱纬度和高斯－罗巴脱权重,权重之和为 2。

7. gaus_lobat_wgt——根据高斯－罗巴脱纬度计算高斯－罗巴脱权重

```
function gaus_lobat_wgt(
    lat[ * ]:numeric
)
return_val[dimsizes(lat)]:double
```

8. gc_aangle——计算两个大圆之间的锐角

```
function gc_aangle(
    lat:numeric,
    lon:numeric
)
return_val:numeric
```

描述:

最右边维度尺寸为 4,决定 2 个大圆,即:(lat(0),lon(0))和(lat(1),lon(1)),(lat(2), lon(2))和(lat(3),lon(3))分别决定一个大圆。

返回值比输入经纬度减少最右边维度(即 4 个顶点)。

9. gc_clkwise——测试球面多边形顶点沿顺时针、逆时针方向排列

```
function gc_clkwise(
    lat:numeric,
    lon:numeric
)
return_val:logical
```

描述:

输入经纬度数组的最右边维度为一组球面多边形顶点,返回值减少这一维度。

返回值 True 表示顺时针方向,False 表示逆时针方向。

10. gc_dangle——计算两个大圆之间的有向角

```
function gc_dangle(
    lat:numeric,
    lon:numeric
)
return_val:numeric
```

描述:

最右边维度尺寸为 3,决定 2 个大圆及其一个交点,即:A(lat(0),lon(0)),B(lat(1), lon(1))、C(lat(2),lon(2))中,AB 和 AC 两个大圆相交于 A 点。

返回值为正,表示 C 点在 AB 大圆的左侧;返回值为负,表示 C 点在 AB 大圆的右侧。

返回值比输入经纬度减少最右边维度(即 A,B,C 三个点)。

11. gc_inout——测试球面上的点是否在指定的多边形内

```
function gc_inout(
    plat:numeric,
    plon:numeric,
    lat:numeric,    多边形顶点纬度
    lon:numeric    多边形顶点经度
)
return_val:logical
```

描述：

数组 lat 和 lon 的最右边维度存放多边形顶点。测试点 plat 和 plon 与顶点数组左边维度相同。

12. gc_latlon——计算球面上点的大圆距离并获取沿大圆的等距内插点

```
function gc_latlon(
    lat1:numeric,
    lon1:numeric,
    lat2:numeric,
    lon2:numeric,
    npts[1]:byte,short,integer or long,    内插点数量
    iu[1]:integer    控制参数
)
return_val[dimsizes(lat2)]:float or double
```

描述：

返回值为(lat1,lon1)和(lat2,lon2)之间的大圆距离。控制参数的绝对值决定返回值的单位,1 表示弧度、2 表示角度、3 表示米、4 表示千米;控制参数的正负号决定返回值的经度范围,正值表示经度返回 0~360,负值表示经度返回−180~180。

返回值包含下列属性:@gclat,内插点纬度;@gclon,内插点经度;@spacing,内插点间距;@units,距离单位。内插点从(lat1,lon1)到(lat2,lon2),包含这两个起止端点,途经两者之间大圆的短圆弧。

13. gc_onarc——测试球面上的点是否在指定的大圆弧上

```
function gc_onarc(
    p_lat:numeric,
    p_lon:numeric,
    lat:numeric,    大圆的纬度
    lon:numeric    大圆的经度
)
return_val:logical
```

描述:

大圆经纬度数组 lat 和 lon 的最右边维度为 2,即每两个点决定一个大圆。点经纬度数组 p_lat 和 p_lon 与大圆经纬度数组的左边维度相同。

14. gc_pnt2gc——计算球面上的点到大圆的角距离

```
function gc_pnt2gc(
    p_lat:numeric,
    p_lon:numeric,
    lat:numeric,    大圆的纬度
    lon:numeric    大圆的经度
)
return_val:numeric
```

描述:

大圆经纬度数组 lat 和 lon 的最右边维度为 2,即每两个点决定一个大圆。点经纬度数组 p_lat 和 p_lon 与大圆经纬度数组的左边维度相同。

15. gc_qarea,gc_tarea——在单位球上寻找四边形、三角形区域

```
function gc_qarea(                    function gc_tarea(
    lat:numeric,    顶点纬度              lat:numeric,
    lon:numeric    顶点经度              lon:numeric
)                                    )
return_val:numeric                   return_val:numeric
```

描述:

经纬度数组最右边维度分别为 4 和 3,表示四边形、三角形的顶点,左边维度须一致。计算结果保留左边维度,最右边维度(顶点)被去除。

计算结果为大圆所围的四边形、三角形面积。若圆球半径为 R,则须将计算结果乘以 R^2。

16. getind_latlon2d——在二维经纬度网格中查找指定位置

```
function getind_latlon2d(
    lat2d[ * ][ * ]:numeric,
    lon2d[ * ][ * ]:numeric,
    lat[ * ]:numeric,
    lon[ * ]:numeric
)
return_val:(dimsizes(lat),2)[integer or long]
```

描述:

在(lat2d,lon2d)网格中查找离(lat,lon)最近的格点,常用于卫星轨道资料。

返回格点维度:第一维为待查格点列表,第二维为该格点在 lat2d、lon2d 中对应的索引。

格点经纬度引用方式:lat2d(id(:,0),id(:,1))和 lon2d(id(:,0),id(:,1))。

17. landsea_mask——设置指定经纬度格点的海陆掩码

```
load"$NCARG_ROOT/lib/ncarg/nclscripts/csm/shea_util.ncl"
function landsea_mask(
    basemap[ * ][ * ]:byte,   海陆掩码基准,1°×1°间距
    lat:numeric,
    lon:numeric
)
return_val[ * ][ * ]:integer   海陆掩码
```

描述:

海陆掩码基准可以从 $NCARG_ROOT/lib/ncarg/data/cdf/landsea.nc 文件中获取。

返回值包括五种掩码:0 海洋,1 陆地,2 湖泊,3 岛屿,4 冰架。

搭配 mask 函数可屏蔽某种地形的数据。

18. latGau,latGauWgt——生成高斯网格的纬度和权重

```
function latGau(                          function latGauWgt(
    nlat[1]:integer or long,   纬向格点         nlat[1]:integer or long,
数量                                           name[1]:string,
    name[1]:string,                            longname[1]:string,
    longname[1]:string,                        units[1]:string
    units[1]:string                        )
)                                          return_val[ * ]:float
return_val[ * ]:float
```

描述:

输出一维数组,数据为高斯网格的纬度或权重,包含三个元数据:return_val!0＝name,return_val@long_name＝longname,return_val@units＝units。通常纬度的单位为 degrees_north,而权重无单位,设为空字符串。

19. latGlobeF，latGlobeFo，lonGlobeF，lonGlobeFo——生成全球固定网格和固定偏移网格的经纬度

function latGlobeF(　　nlat[1]:integer or long, 　　name[1]:string, 　　longname[1]:string, 　　units[1]:string) return_val[*]:float　*固定网格的纬度*	function latGlobeFo(　　nlat[1]:integer or long, 　　name[1]:string, 　　longname[1]:string, 　　units[1]:string) return_val[*]:float　*固定偏移网格* *的纬度*
function lonGlobeF(　　nlon[1]:integer or long, 　　name[1]:string, 　　longname[1]:string, 　　units[1]:string) return_val[*]:float　*固定网格的经度*	function lonGlobeFo(　　nlon[1]:integer or long, 　　name[1]:string, 　　longname[1]:string, 　　units[1]:string) return_val[*]:float　*固定偏移网格* *的经度*

描述：

输出一维数组，数据为高斯网格的纬度或权重，包含三个元数据：return_val! 0＝name，return_val@long_name＝longname，return_val@units＝units。通常纬度和经度的单位为 degrees_north 和 degrees_east。

20. latlon2utm，utm2latlon——经纬度网格坐标和 UTM 网格坐标的互化

function latlon2utm(　　latlon:numeric, 　　datum:integer　*坐标系名称*) return_val[dimsizes(latlon)]:float or double

```
function utm2latlon(
    xy:numeric,
    datum:integer    坐标系名称
)
return_val[dimsizes(xy)]:float or double
```

描述：

坐标系名称包含三种：0 表示 Clarke1866，1 表示 GRS80，2 表示 WGS84。

21. latRegWgt——为全球等距网格创建纬向权重

```
function latRegWgt(
    lat[*]:numeric,
    nType[1]:string,    返回值数据类型
    opt[1]:integer
)
return_val[*]:nType
```

描述：

权重为 $\sin\left(\varphi+\dfrac{\Delta\varphi}{2}\right)-\sin\left(\varphi-\dfrac{\Delta\varphi}{2}\right)$，$\varphi$ 为纬度。权重之和为 2。

22. lonFlip——直线网格数据按照中心经度重排序

```
function lonFlip(
    x:numeric    最右边维度为经度，全球范围，且首尾不重合，经向格点数为奇数
)
return_val[dimsizes(x)]:typeof(x)
```

描述：

通常用于将[0,360)经向格点转化为[-180,180)。

23. lonPivot——直线网格数据按照指定的枢轴经度重排序

```
function lonPivot(
    x:numeric,    最右边维度为经度，全球范围，且首尾不重合
    pivotLon:numeric    枢轴经度
)
return_val[dimsizes(x)]:typeof(x)
```

描述：

重排序的格点经度全部小于或大于指定的枢轴经度

24. nggcog——以指定的圆心和半径计算圆周经纬度

```
procedure nggcog(
    clat[1]:float,    圆心纬度
    clon[1]:float,    圆心经度
    crad[1]:float,    圆半径,即圆心到圆周的大圆距离,单位为度(°)
    alat[ * ]:float,  输出圆周纬度
    alon[ * ]:float   输出圆周经度
)
```

描述：

球心 O、圆心 C 和圆周上任一点 A 的夹角∠AOC 即为圆半径。

25. niceLatLon2D——检查二维经纬度网格是否结构良好

```
function niceLatLon2D(
    lat2d[ * ][ * ]:numeric,
    lon2d[ * ][ * ]:numeric
)
return_val[1]:logical
```

描述：

测试二维经纬度网格是否可被视为一维经纬度的交织。

26. NormCosWgtGlobe——创建规范化的纬向余弦权重

```
function NormCosWgtGlobe(
    lat[ * ]:numeric    纬度,单位为度(°)
)
return_val[ * ]:float
```

描述：

权重之和为 2。

27. region_ind——查找跨越指定区域的经纬度索引

```
function region_ind(
    lat2d[ * ][ * ]:numeric,
    lon2d[ * ][ * ]:numeric,
    latS[1]:numeric,    南界
```

```
    latN[1]:numeric,  北界
    lonW[1]:numeric,  西界
    lonE[1]:numeric   东界
)
return_val[4]:integer or long
```

描述：

返回值为四个索引,return_val(0),return_val(1),return_val(2),return_val(3)分别为起始纬度索引、终止纬度索引、起始经度索引、终止经度索引。计算结果为跨越指定区域的最小区域,可能比指定区域略大。

十八、累积分布

(一)二项分布

1. cdfbin_p——计算二项分布的累积函数

```
function cdfbin_p(
    s:numeric,   试验成功(即出现特定结果)的次数
    xn:numeric,  独立试验的次数
    pr:numeric   一次试验成功的概率,范围为[0,1]
)
return_val:numeric
```

描述：
三个输入数组和计算结果的形状尺寸一样。
计算最多 s 次成功的概率。

2. cdfbin_pr——计算二项分布的一次试验成功概率

```
function cdfbin_pr(
    p:numeric,   二项分布的累积函数,即最多 s 次成功的概率
    s:numeric,   试验成功(即出现特定结果)的次数
    xn:numeric   独立试验的次数
)
return_val:numeric
```

描述：
三个输入数组和计算结果的形状尺寸一样。

3. cdfbin_s——计算二项分布的试验成功次数

```
function cdfbin_s(
    p:numeric,     二项分布的累积函数,即最多 s 次成功的概率
    xn:numeric,    独立试验的次数
    pr:numeric     一次试验成功的概率,范围为[0,1]
)
return_val:numeric
```

描述:

三个输入数组和计算结果的形状尺寸一样。

4. cdfbin_xn——计算二项分布的独立试验次数

```
function cdfbin_xn(
    p:numeric,     二项分布的累积函数,即最多 s 次成功的概率
    s:numeric,     试验成功(即出现特定结果)的次数
    pr:numeric     一次试验成功的概率,范围为[0,1]
)
return_val:numeric
```

描述:

三个输入数组和计算结果的形状尺寸一样。

(二)χ^2 分布

1. cdfchi_p——计算 χ^2 分布的累积函数

```
function cdfchi_p(
    x:numeric,     积分上限
    df:numeric     自由度
)
return_val:numeric
```

描述:

χ^2 分布的累积函数 $p=\dfrac{\gamma\left(\dfrac{k}{2},\dfrac{x}{2}\right)}{\Gamma\left(\dfrac{k}{2}\right)}$,$\Gamma$ 为 Gamma 函数,γ 为不完全 Gamma 函数,输入参数 x、df 对应 x、k,求解 p。

2. cdfchi_x——计算 χ^2 分布累积函数的积分上限

```
function cdfchi_x(
    p:numeric,    累积函数
    df:numeric    自由度
)
return_val:numeric
```

描述：

χ^2 分布累积函数 $p = \dfrac{\gamma\left(\frac{k}{2}, \frac{x}{2}\right)}{\Gamma\left(\frac{k}{2}\right)}$，$\Gamma$ 为 Gamma 函数，γ 为不完全 Gamma 函数，输入参数 p、

df 对应 p、k，求解 x。

(三)Γ 分布

1. cdfgam_p——计算 Γ 分布的累积函数

```
function cdfgam_p(
    x:numeric,       积分上限
    shape:numeric,   形状参数
    scale:numeric    尺度参数
)
return_val:numeric
```

描述：

Γ 分布累积函数 $p = \dfrac{\beta^{-\alpha}}{\Gamma(\alpha)} \displaystyle\int_0^x t^{\alpha-1} \mathrm{e}^{-\frac{t}{\beta}} \mathrm{d}t$，$\Gamma$ 为 Gamma 函数，输入参数 x、shape、scale 分别

对应 x、α、β，求解 p。

2. cdfgam_x——计算 Γ 分布累积函数的积分上限

```
function cdfgam_x(
    p:numeric,       累积函数
    shape:numeric,   形状参数,>0
    scale:numeric    尺度参数,>0
)
return_val:numeric
```

描述：

Γ 分布累积函数 $p = \dfrac{\beta^{-\alpha}}{\Gamma(\alpha)} \displaystyle\int_0^x t^{\alpha-1} \mathrm{e}^{-\frac{t}{\beta}} \mathrm{d}t$，$\Gamma$ 为 Gamma 函数，输入参数 p、shape、scale 分别

对应 p、α、β，求解 x。

（四）正态分布

1. cdfnor_p——计算正态分布的累积函数

```
function cdfnor_p(
    x:numeric,      积分上限
    mean:numeric,   分布均值
    sd:numeric    分布标准差
)
return_val:numeric
```

描述：

正态分布累积函数 $p = \dfrac{1}{\sigma\sqrt{2\pi}}\displaystyle\int_{-\infty}^{x}\exp\left(-\dfrac{(t-\mu)^2}{2\sigma^2}\right)\mathrm{d}t$ ，输入参数 x、mean、sd 分别对应 x、μ、σ，求解 p。

2. cdfnor_x——计算正态分布累积函数的积分上限

```
function cdfnor_x(
    p:numeric,      累积函数
    mean:numeric,   分布均值
    sd:numeric    分布标准差
)
return_val:numeric    积分上限
```

描述：

正态分布累积函数 $p = \dfrac{1}{\sigma\sqrt{2\pi}}\displaystyle\int_{-\infty}^{x}\exp\left(-\dfrac{(t-\mu)^2}{2\sigma^2}\right)\mathrm{d}t$ ，输入参数 p、mean、sd 分别对应 p、μ、σ，求解 x。

十九、经验正交函数（EOF）分解

1. eof2data——从 EOF 时空函数重构数据

```
function eof2data(
    ev:numeric,      空间模态
    ev_ts[*][*]:numeric   时间系数
)
return_val:numeric
```

描述：

所有特征函数理论上能还原原始数据，部分特征函数能够重构具有一定解释方差百分率

的数据。

空间模态和时间系数分别来自原始数据的 eofunc 和 eofunc_ts 函数计算，因此，eof2data 函数可视为 eofunc 和 eofunc_ts 函数的逆运算。EOF 分析一般去除了时间平均态，因此重构数据需要加上时间平均，时间平均存放在 ev_ts@ts_mean 中。EOF 分析之前对经纬度网格数据预先做了加权处理，则在重构数据后须相应地做去权处理。

2. eofunc 和 eofunc_Wrap——计算 EOF 空间模态

```
function eofunc_Wrap(
    data:numeric,     最右边维度为观测数量,通常为时间维
    neval:integer,    模态数量,即奇异值和奇异向量的数量
    optEOF:logical    控制参数
)
return_val:numeric    空间模态
```

描述：

控制参数：①optEOF@jopt 设置 EOF 分析计算方法，默认值 0 表示采用协方差矩阵，1 表示采用相关系数矩阵；②optEOF@pcrit 设置容许的有效值比例，单位为%，默认值 50。

EOF 计算结果在输入数据的基础上，去除了最右边维度（通常为时间维），最左边增加了维度（模态）。EOF 计算结果已经标准化处理，各模态的平方和为 1。

EOF 计算结果包含下列属性：@eval，一维数组，奇异值；@pcvar，一维数组，各奇异值的解释方差百分率；@pcrit，允许的有效值比例；@matrix，字符串，correlation 或 covariance 分别表示 EOF 计算采用了相关系数矩阵或协方差矩阵；@method，字符串，transpose 或 no transpose 表示计算奇异值、奇异向量时是否进行了转置；@eval_transpose，当计算进行了转置时，才有此属性，表示转置协方差矩阵的奇异值。

EOF 分析通常需要对数据预先做纬向加权处理，以符合经线的收敛性（高纬度密集、网格面积小，低纬度稀疏、网格面积大）。通常使用纬度余弦平方根做加权。

EOF 分析基于奇异值和奇异向量，由于奇异向量的数学特性（乘以标量后仍然是奇异向量），因此其正、负号是随意的，对 EOF 计算结果做物理解释不应过度纠缠正、负号。物理意义应结合空间模态和时间系数做解释，从本质上讲，正、负号并不改变 EOF 计算结果的物理解释。

相似的函数 eofcov 和 eofcor 分别使用协方差矩阵和相关系数矩阵计算 EOF 分析，已被废弃，建议使用 eofunc 函数。

3. eofunc_ts 和 eofunc_ts_Wrap——计算 EOF 分析时间系数

```
function eofunc_ts(
    data:numeric,     最右边维度为观测数量,通常为时间维
    evec:numeric,     由 eofunc 函数计算的 EOF 空间模态
    optETS:logical    控制参数
)
return_val:numeric    时间系数,二维数组,模态维和时间维
```

描述：

控制参数：optETS@jopt，计算采用的数据，默认值 0 表示采用 data 和 evec，1 表示采用标准化 data 矩阵。

返回值包含属性@ts_mean，EOF 计算中去除的时间平均值。

4. eofunc_varimax 和 eofunc_varimax_Wrap——使用 Kaiser 行规范化和最大方差标准计算旋转经验正交函数（REOF）

```
function eofunc_varimax_Wrap(
    evec:numeric，  由 eofunc 函数计算的 EOF 空间模态
    optEVX:integer   控制参数
)
return_val[dimsizes(evec)]:numeric
```

描述：

控制参数：0 表示直接使用规范化的奇异向量；1 表示用奇异值的平方根缩放相应的奇异向量并返回规范化的奇异向量；−1 表示用奇异值的平方根缩放相应的奇异向量并返回缩放后的旋转奇异向量。通常使用 1 或−1。

计算结果与输入数据具有相同的数组尺寸和数据类型。此外，还包含两个属性：@pcvar_varimax 解释方差百分率和@variance 方差。

5. eofunc_varimax_reorder——对 REOF 结果按照解释方差百分率做降序排列

```
procedure eofunc_varimax_reorder(
    evec_rot:numeric   由 eofunc_varimax 函数计算的 REOF 空间模态
)
return_val:numeric
```

描述：

按照 REOF 计算结果的各模态解释方差百分率 evec_rot@pcvar_varimax 做降序排列。

6. eofunc_north——使用 North 方程评估奇异值

```
function eofunc_north(
    eval[ * ]:numeric，  奇异值
    N[1]:integerorlong，  奇异值数量的上限
    prinfo[1]:logical   显示控制参数
)
```

注：算法源于文献 North 等(1982)。

奇异值，由 eofunc 函数计算得到，其属性 pcvar，eval_transpose，eval 等都可被本函数测试。

奇异值数量的上限，一般在气候分析中就是时间维长度。

二十、奇异值分解(SVD)

1. dgeevx_lapack——计算不对称实方阵的特征值和左、右特征向量

```
function dgeevx_lapack(
    Q[*][*]:numeric,    不对称实方阵,不允许缺失值
    balanc[1]:string,    对角化或置换标识
    jobvl[1]:string,    左特征向量标识
    jobvr[1]:string,    右特征向量标识
    sense[1]:string,    条件数标识
    opt[1]:logical    未启用
)
return_val[2][2][*][*]:float or double
```

描述:

不对称实方阵 Q 将被覆盖,因此若还要使用该数组,须事先备份。若求解特征向量(左、右特征向量标识设为 V),则此方阵将存放实 Schur 形式。

对角化或置换标识:N 表示不做对角化或转置,P 表示做置换使方阵接近上三角阵、不做对角化,S 表示做对角化、不做置换,B 表示对角化和置换都做。

左、右特征向量标识:N 表示不计算该特征向量,V 表示计算该特征向量。若条件数标识设为 E 或 B,则左、右特征向量标识需设为 V。

条件数标识:N 不计算,E 为特征值计算,V 为由特征向量计算,B 为特征值和右特征向量计算。

返回值(0,0,:,:)、(0,1,:,:)、(1,0,:,:)、(1,1,:,:)分别为左特征向量实部、左特征向量虚部、右特征向量实部、右特征向量虚部,属性 @eigr 和 @eigi 分别为特征值实部、虚部,属性 @eigleft 和 @eigright 分别为左、右特征向量。

2. svd_lapack——计算矩阵的奇异值分解

```
function svd_lapack(
    A:numeric,    矩阵尺寸为(n,m),不允许缺失值
    jobu[1]:string,    未启用,设为 S
    jobv[1]:string,    未启用,设为 S
    optv[1]:integer,    转置标识,0 表示 V 数组转置后输出,1 表示直接输出
    U[*][*]:numeric,    输出左奇异向量,尺寸为 min(m,n)×m
    V[*][*]:numeric    输出右奇异向量,尺寸为 n×n
)
return_val[*]:float or double    奇异值
```

描述:

奇异值分解 $A = U \times S \times V^T$,S 为半正定 n×m 阶对角阵,其对角线上的元素即为 A 的奇

异值,至多有 min(m,n)个不同的奇异值,均为非负实数。

矩阵将被覆盖,因此若还要使用该数组,须事先备份。若数据维度超过二维,则其最右边一维对应 m、左边维度合并成一个维度 n 再进行计算。高维数组的奇异值分解,一般搭配 onedtond 和 ndtooned 函数,变形成二维数组再开展计算。

3. svdcov,svdstd——对两组数据利用奇异值分解计算左右同构、异构数组

```
function svdcov(
    x[ * ][ * ]:numeric,　通常为(nStationX,nTime)数组,不允许缺失值
    y[ * ][ * ]:numeric,　通常为(nStationY,nTime)数组,不允许缺失值
    nSVD:integer,　奇异值分解模态的数量
    homlft[ * ][ * ]:numeric,　输出左同构数组,形如(nSVD,nStationX)
    hetlft[ * ][ * ]:numeric,　输出左异构数组,形如(nSVD,nStationX)
    homrgt[ * ][ * ]:numeric,　输出右同构数组,形如(nSVD,nStationY)
    hetrgt[ * ][ * ]:numeric　输出右异构数组,形如(nSVD,nStationY)
)
return_val[nSVD]:float or double　输出各模态的解释方差百分率
```

```
function svdstd(
    x[ * ][ * ]:numeric,　通常为(nStationX,nTime)数组,不允许缺失值
    y[ * ][ * ]:numeric,　通常为(nStationY,nTime)数组,不允许缺失值
    nSVD:integer,　奇异值分解模态的数量
    homlft[ * ][ * ]:numeric,　输出左同构数组,形如(nSVD,nStationX)
    hetlft[ * ][ * ]:numeric,　输出左异构数组,形如(nSVD,nStationX)
    homrgt[ * ][ * ]:numeric,　输出右同构数组,形如(nSVD,nStationY)
    hetrgt[ * ][ * ]:numeric　输出右异构数组,形如(nSVD,nStationY)
)
return_val[nSVD]:float or double　输出各模态的解释方差百分率
```

描述:

svdcov 和 svdstd 两个函数的区别在于:svdstd 在计算奇异值分解之前会先对 x、y 数组做标准化处理,而 svdcov 不做标准化处理。

返回值包含五个属性:@fnorm 范数,@condn 条件数,@lapack_err 错误码,@ak 左同构数组的解释系数,@bk 右同构数组的解释系数。解释系数以一维数组形式输出,可用 onedtond(return_val@ak,(/nSVD,nTime/))和 onedtond(return_val@bk,(/nSVD,nTime/))转变为易读的二维数组。

4. svdcov_sv, svdstd_sv——对两组数据利用奇异值分解计算左右奇异向量

```
function svdcov_sv(
    x[*][*]:numeric,    通常为(nStationX,nTime)数组,不允许缺失值
    y[*][*]:numeric,    通常为(nStationY,nTime)数组,不允许缺失值
    nSVD:integer,    奇异值分解模态的数量
    svLeft[*][*]:float or double,    输出左奇异向量(nSVD,nStationX)
    svRight[*][*]:float or double,    输出右奇异向量(nSVD,nStationY)
)
return_val:float or double    输出各模态的解释方差百分率

function svdstd_sv(
    x[*][*]:numeric,    通常为(nStationX,nTime)数组,不允许缺失值
    y[*][*]:numeric,    通常为(nStationY,nTime)数组,不允许缺失值
    nSVD:integer,    奇异值分解模态的数量
    svLeft[*][*]:float or double,    输出左奇异向量(nSVD,nStationX)
    svRight[*][*]:float or double,    输出右奇异向量(nSVD,nStationY)
)
return_val:float or double    输出各模态的解释方差百分率
```

描述:

svdcov_sv 和 svdstd_sv 两个函数的区别在于:svdstd_sv 在计算奇异值分解之前会先对 x、y 数组做标准化处理,而 svdcov_sv 不做标准化处理。

返回值包含一个属性@sv,一维数组,奇异值。

二十一、气候分析

1. calcDayAnomTLL 和 calcDayAnomTLLL——逐日资料根据气候态计算逐日距平

```
function calcDayAnomTLL(
    x[*][*][*]:float or double,    逐日资料
    yyyyddd[*]:integer,    日期
    clmDay[366][*][*]:float or double    气候态
)
return_val:dimsizes(x)
```

描述:

逐日资料 x(time,lat,lon)必须有命名维度。

日期 yyyyddd 与逐日资料时间维一致,yyyyddd 为年份加上该日在当年的天数,可用 day _of_year 算得。

clmDay 可由 clmDayTLL 或 smthClmDayTLL 算得。

2. clmDayTLL 和 clmDayTLLL——逐日资料计算气候态逐日平均

```
function clmDayTLL(
    x[ * ][ * ][ * ]:float or double,    逐日资料
    yyyyddd[ * ]:integer    日期
)
return_val[366][ * ][ * ]:typeof(x)
```

描述:

逐日资料 x(time,lat,lon)必须有命名维度。

日期 yyyyddd 与逐日资料时间维一致,yyyyddd 为年份加上该日在当年的天数,可用 day _of_year 算得。

3. smthClmDayTLL,smthClmDayTLLL——平滑气候态逐日平均

```
function smthClmDayTLL(
    clmDay[366][ * ][ * ]:float or double,    气候态
    nHarm[1]:integer    谐波数
)
return_val[366][ * ][ * ]:typeof(clmDay)
```

描述:

气候态 clmDay 可由 clmDayTLL 算得。

谐波数 nHarm 通常为 1、2、3,最常用 2 意为只用整年和半年谐波。

smthClmDayTLL 的基本原理为:利用 fft 对气候态 clmDay 做 Fourier 分析,滤掉大于 nHarm 的谐波后做 Fourier 逆变换。

4. clmMon2clmDay——各月气候态计算逐日气候态

```
function clmMon2clmDay(
    xClmMon:float or double,    各月气候态,二至四维
    retOrder[1]:integer,    时间维位置
    opt[1]:integer    未启用,设为 0
)
```

描述:

各月气候态 xClmMon 最左边一维为时间维,长度为 12。

返回值时间维位置由 retOrder 决定,0 为最左边,1 为最右边。

逐日气候态根据各月中点由线性插值获得。

5. month_to_season——逐月数据计算指定季度的平均值

```
function month_to_season(
    xMon:numeric,    逐月数据
    season:string    指定季节
)
return_val:typeof(x)
```

描述:

逐月数据 xMon 必须有命名维度,维度为一维 xMon(time)、三维 xMon(time,lat,lon)或四维 xMon(time,lev,lat,lon)。最左边一维为时间维,整年(能被 12 个月整除),从 1 月开始。

季节可以指定为 DJF、JFM、FMA、MAM、AMJ、MJJ、JJA、JAS、ASO、SON、OND、NDJ。

返回值维度为(time/12,…),DJF 只计算 JF 两个月,NDJ 只计算 ND 两个月。

返回值保留元数据,增加 NMO 属性以标识指定季节的序号 0~11。

6. month_to_season12——逐月数据计算各季度的平均值

```
function month_to_season12(
    xMon:numeric    逐月数据
)
return_val[dimsizes(xMon)]:typeof(xMon)
```

描述:

逐月数据 xMon 必须有命名维度,维度为一维 xMon(time)、三维 xMon(time,lat,lon)或四维 xMon(time,lev,lat,lon)。最左边一维为时间维,整年(能被 12 个月整除),从 1 月开始。

返回值维度为(time,…),DJF 只计算 JF 两个月,NDJ 只计算 ND 两个月。

元数据保留,增加 season 属性。season 属性为字符串数组 DJF、JFM、FMA、MAM、AMJ、MJJ、JJA、JAS、ASO、SON、OND、NDJ。

7. month_to_seasonN——逐月数据计算多个指定季度的平均值

```
function month_to_seasonN(
    xMon:numeric,    逐月数据
    season[*]:string    指定季节
)
return_val:typeof(x)
```

描述:

逐月数据 xMon 必须有命名维度,维度为一维 xMon(time)、三维 xMon(time,lat,lon)或四维 xMon(time,lev,lat,lon)。最左边一维为时间维,整年(能被 12 个月整除),从 1 月开始。

季节可以指定为 DJF、JFM、FMA、MAM、AMJ、MJJ、JJA、JAS、ASO、SON、OND、NDJ。

返回值维度为(N,time,…),DJF 只计算 JF 两个月,NDJ 只计算 ND 两个月。

返回值保留元数据,更新@long_name 属性;增加维度 N 以保存指定季度,坐标为指定季度的名称字符串。

8. rmAnnCycle1D——一维逐月时间序列移除年周期(去除各月平均)

```
function rmAnnCycle1D(
    x[*]:numeric    一维时间序列,尺寸为12的倍数
)
return_val[dimsizes(x)]:typeof(x)
```

9. rmMonAnnCycLLLT, rmMonAnnCycLLT, rmMonAnnCycTLL——逐月资料 计算逐月距平

function rmMonAnnCycLLLT(	function rmMonAnnCycTLL(
x[*][*][*][*]:numeric	x[*][*][*]:numeric
)	)
return_val[dimsizes(x)]:typeof(x)	return_val[dimsizes(x)]:typeof(x)

描述:

rmMonAnnCyc*()是逐月资料计算逐月距平的不同版本,是 calcMonAnom*()的简化形式。T 指时间维,必须是 12 的倍数;LL 指(Lat,Lon),LLL 指(Lev,Lat,Lon)。

10. clmMonLLLT, clmMonLLT, clmMonTLL, clmMonTLLL——逐月资料 计算各月气候态

function clmMonLLLT(	function clmMonTLL(
x[*][*][*][*]:numeric	x[*][*][*]:numeric
)	)
return_val[*][*][*][12]:numeric	return_val[12][*][*]:numeric

描述:

clmMon*()是逐月资料计算各月气候态的不同版本。T 指时间维,必须是 12 的倍数;LL 指(Lat,Lon),LLL 指(Lev,Lat,Lon)。

11. stdMonLLLT，stdMonLLT，stdMonTLL，stdMonTLLL——逐月资料计
算各月标准差

function stdMonLLLT(　　x[*][*][*][*]:numeric) return_val[*][*][*][12]:typeof(x)	function stdMonTLL(　　x[*][*][*]:numeric) return_val[12][*][*]:typeof(x)

描述：

stdMon * ()是逐月资料计算各月标准差的不同版本。T 指时间维，必须是 12 的倍数；LL
指(Lat,Lon)，LLL 指(Lev,Lat,Lon)。

12. calcMonAnomLLLT，calcMonAnomLLT，calcMonAnomTLL，calcMo-
nAnomTLLL——逐月资料和各月气候态计算逐月距平

function calcMonAnomLLLT(　　x[*][*][*][*]:numeric, 　　xAve[*][*][*][12]:numeric) return_val[dimsizes(x)]:numeric	function calcMonAnomTLL(　　x[*][*][*]:numeric, 　　xAve[12][*][*]:numeric) return_val[dimsizes(x)]:numeric

描述：

calcMonAnom * ()是逐月资料和各月气候态计算逐月距平的不同版本。T 指时间维，必
须是 12 的倍数；LL 指(Lat,Lon)，LLL 指(Lev,Lat,Lon)。

各月气候态可由相应的 clmMon * ()算得。

13. calcMonStandardizeAnomTLL——各月资料计算逐月标准化距平

function calcMonStandardizeAnomTLL(　　x[*][*][*]:numeric,　*各月资料，最左边一维为时间维，必须为 12 的倍数* 　　opt:integer　*标准差选项，1 为总体标准差，否则为样本标准差*)

描述：

各月资料减去该月平均值再除以标准差。

14. calculate_monthly_values——逐日或逐时资料按月计算平均值、总和、最大值或最小值

```
function calculate_monthly_values(
    x:numeric,      必须包含时间维
    arith:string,   计算方法
    nDim[1]:integer,   指定时间维位置
    opt[1]:logical   未启用
)
```

描述:
计算方法可指定为"avg"或"ave","sum","min","max"。

15. sindex_yrmo 和 snindex_yrmo——计算南方涛动指数和噪声指数

```
function sindex_yrmo(
    slpt[ * ][ * ]:numeric,
    slpd[ * ][ * ]:numeric,
    iprnt[1]:integer
)
return_val[dimsizes(slpt)]:float or double
```
```
function snindex_yrmo(
    slpt[ * ][ * ]:numeric,      Tahiti 站的海平面气压场月数据
    slpd[ * ][ * ]:numeric,      Darwin 站的海平面气压场月数据
    iprnt[1]:integer,      是否打印信息(0 表示不打印)
    soi_noise[ * ][ * ]:float or double   输出噪声指数
)
return_val[dimsizes(slpt)]:float or double   输出南方涛动指数
```

描述:
输入输出参量 slpt,slpd,soi_noise,return_val 都是 nYear×nMonth 的二维数组。

16. dim_spi_n——利用月降水资料计算标准化降水指数

```
function dim_spi_n(
    x:numeric,      月降水资料,时间维必须是 12 的倍数并有足够大的样本容量
    nrun[1]:integer,      时间尺度,一般为 3、6、12、24、36 或 48
    opt:logical,      控制参数,True 表示启用自定义属性
```

```
    dims[ * ]:integer    指定维度
)
return_val:float or double
```

描述：

控制参数，opt@spi_type 设置概率分布类型，3 表示采用 Pearson-3 型分布，否则采用 Γ 分布。采用 Pearson-3 型分布和 Γ 分布，一般来说是相当的，在月或季节降水为 0 的情况下，采用 Pearson-3 型分布较好。

二十二、气象分析

1. angmom_atm——计算大气相对角动量

```
function angmom_atm(
    u:numeric,      纬向风,单位 m · s⁻¹,三维(lev,lat,lon)或四维(time,lev,lat,lon)
    dp:numeric,     气压差,单位 Pa
    lat[ * ]:numeric,   纬向风格点纬度,单位 degrees_north
    wgt[ * ]:numeric    权重
)
return_val:typeof(u)   大气相对角动量,单位 kg · m² · s⁻¹
```

描述：

气压差 dp 为一维数组或与纬向风 u 维度相同，若为一维数组则尺寸同纬向风的气压层维 (lev)，各层内格点气压差相同。

权重 wgt 为一维数组或标量，若为一维数组则表示 Gaussian 格点的 Gaussian 权重，若为标量一般取 1.0。

2. dewtemp_trh——气温和相对湿度计算露点温度

```
function dewtemp_trh(
    tk:numeric,     气温,单位 K
    rh:numeric      相对湿度,单位%
)
return_val[dimsizes(tk)]:numeric    露点温度,单位 K
```

描述：

温度、相对湿度和露点温度维度尺寸相同。

3. fluxEddy——计算时间平均涡流通量

```
function fluxEddy(
    x:numeric,
```

```
        y:numeric
)
return_val:numeric
```

描述：

x 和 y 维度尺寸相同，涡流通量的维度为其减少最右边一维（通常为时间维）。

4. hydro——利用静力方程计算位势高度

```
function hydro(
        p:numeric,     气压,单位 hPa
        tkv:numeric，   虚温,单位 K
        zsfc:numeric   地表位势高度,单位 gpm
)
return_val[dimsizes(p)]:numeric   位势高度,单位 gpm
```

描述：

气压、虚温和位势高度维度尺寸相同，最右边一维为自下向上的高度维，地表位势高度为其减少最右边的高度维。

填充值会导致报警告，返回值全部为填充值。

5. hyi2hyo,hyi2hyo_Wrap——将数据从一个混合坐标插值到另一个混合坐标

```
function hyi2hyo(
        p0[1]:numeric,     地表参考气压,气压单位须一致
        hyai[ * ]:numeric,   输入数据垂直坐标的混合系数,无单位,必须是自顶至底
的顺序
        hybi[ * ]:numeric,   输入数据垂直坐标的混合系数,无单位,必须是自顶至底
的顺序
        ps:numeric,   气压,至少两个维度,且比数据少一个维度,垂直方向必须是自顶
至底的顺序
        xi:numeric,   待插值数据(…,lev,lat,lon),垂直方向必须是自顶至底的顺序
        hyao[ * ]:numeric,   输出数据垂直坐标的混合系数,无单位,必须是自顶至底
的顺序
        hybo[ * ]:numeric,   输出数据垂直坐标的混合系数,无单位,必须是自顶至底
的顺序
        intflg[1]:integer   外插方法,0 表示以填充值填充,1 表示用邻近值填充
)
return_val:numeric
```

6. kf_filter——在 Wheeler－Kiladis 波数－频率域中过滤提取赤道波

```
load "$NCARG_ROOT/lib/ncarg/nclscripts/contrib/kf_filter.ncl"
function kf_filter(
    x[*][*]:numeric,
    obsPerDay[1]:integer,
    tMin[1]:numeric,
    tMax[1]:numeric,
    kMin[1]:numeric,
    kMax[1]:numeric,
    hMin[1]:numeric,
    hMax[1]:numeric,
    waveName[1]:string
)
```

7. lclvl——计算抬升凝结高度气压

```
function lclvl(
    p:numeric,      气压,单位 hPa
    tk:numeric,     气温,单位 K
    tdk:numeric     露点温度,单位 K
)
return_val[dimsizes(p)]:numeric      抬升凝结高度气压,单位 hPa
```

描述:
气压、气温、露点温度和抬升凝结高度气压的维度尺寸均相同。

8. mixhum_ptd——气压和露点温度计算水汽混合比或比湿

```
function mixhum_ptd(
    p:numeric,      气压,单位 Pa
    tdk:numeric,    露点温度,单位 K
    iswit[1]:integer
)
return_val[dimsizes(p)]:numeric
```

描述:
iswit 为 1,计算水汽混合比 $kg \cdot kg^{-1}$;iswit 为 2,计算比湿 $kg \cdot kg^{-1}$;iswit 为－1,计算水汽混合比 $g \cdot kg^{-1}$;iswit 为－2,计算比湿 $g \cdot kg^{-1}$。
气压、露点温度和水汽混合比/比湿的维度尺寸相同。

9. mixhum_ptrh——气压、气温和相对湿度计算水汽混合比或比湿

```
function mixhum_ptrh(
    p:numeric,      气压,单位 Pa
    tk:numeric,     气温,单位 K
    rh:numeric,     相对湿度,单位%
    iswit[1]:integer
)
return_val[dimsizes(p)]:numeric
```

描述:

iswit 为 1,计算水汽混合比 $kg \cdot kg^{-1}$;iswit 为 2,计算比湿 $kg \cdot kg^{-1}$;iswit 为 -1,计算水汽混合比 $g \cdot kg^{-1}$;iswit 为 -2,计算比湿 $g \cdot kg^{-1}$。

气压、气温、相对湿度和水汽混合比/比湿的维度尺寸相同。

10. omega_to_w,w_to_omega——垂直速度单位换算

| ```
function omega_to_w(
    omega:numeric,  单位 Pa/s
    p:numeric,      单位 Pa
    t:numeric       单位 K
)
``` | ```
function w_to_omega(
    w:numeric,      单位 m/s
    p:numeric,      单位 Pa
    t:numeric       单位 K
)
``` |
| --- | --- |

描述:

计算中用到的干空气比气体常数 $R_d = 287.058$ J $\cdot kg^{-1} \cdot K^{-1}$、重力加速度 $g = 9.80665$ m $\cdot s^{-2}$、干空气状态方程 $\rho_d = \dfrac{P_d}{R_d T}$、垂直速度换算公式 $\omega = -wg\rho_d$。

输入输出各数组须形状尺寸一致。

11. pot_temp——计算位温

```
function pot_temp(
    p:numeric,          气压
    t:numeric,          气温
    dim[1]:integer,     指定维度
    opt[1]:logical      当前未启用,设为 False
)
return_val[dimsizes(t)]:float or double
```

描述：

指定维度，当气温和气压的形状尺寸不一致时，用于指明气温哪一维度与气压对应，当二者形状尺寸一致时，忽略此参数，建议设为－1 占位。

12. pot_vort_hybrid——计算混合坐标全球网格的位势涡度

```
function pot_vort_hybrid(
    p:numeric,        气压,单位为 Pa
    u:numeric,        经向风速,单位为 m/s
    v:numeric,        纬向风速,单位为 m/s
    t:numeric,        气温,单位为 K
    lat[*]:numeric,
    gridType[1]:integer,   网格类型,0 表示高斯网格,1 表示常规或固定网格
    opt:integer   控制参数
)
return_val[dimsizes(t)]:float or double
```

描述：

输入的气温、气压和风速的形状尺寸须一致，最右边三个维度为(…,lev,lat,lon)。

控制参数,0 表示只输出位势涡度,1 表示输出位势涡度、静力稳定度、位温所组成的列表。

13. pot_vort_isobaric——计算等压坐标全球曲线网格的位势涡度

```
function pot_vort_isobaric(
    p[*]:numeric,     气压,单位为 Pa
    u:numeric,        经向风速,单位为 m/s
    v:numeric,        纬向风速,单位为 m/s
    t:numeric,        气温,单位为 K
    lat[*]:numeric,
    gridType[1]:integer,   网格类型,0 表示高斯网格,1 表示常规或固定网格
    opt[1]:integer   控制参数
)
return_val[dimsizes(t)]:float or double
```

描述：

输入的气温、风速的形状尺寸须一致，最右边三个维度为(…,lev,lat,lon)。各变量的维度均须沿自南向北方向。

控制参数,0 表示只输出位势涡度,1 表示输出位势涡度、静力稳定度、位温所组成的列表。

14. prcwater_dp——计算气柱可降水量

```
function prcwater_dp(
    q:numeric,    比湿,单位 kg·kg⁻¹
    p:numeric    气压,单位 Pa
)
return_val:numeric    气柱可降水量,单位 kg·m⁻²
```

描述:

比湿 q 为标量或任何维度,最右边一维为高度维。

气压 p 维度尺寸同比湿 q,或为比湿 q 高度层对应的一维气压数组。

气柱可降水量比比湿少最右边的高度维。

15. pres2hybrid,pres2hybrid_Wrap——将数据从气压坐标插值到混合坐标

```
function pres2hybrid_Wrap(
    p[*]:numeric,     源气压坐标
    ps:numeric,
    p0[1]:numeric,    地表参考气压
    xi:numeric,    源数据,维度为(…,lev,lat,lon)
    A[*]:numeric,     无单位系数
    B[*]:numeric,     无单位系数
    intflg[1]:integer    外插算法标识
)
return_val:numeric
```

描述:

坐标方向均为自天顶至地表,单位须统一。

外插算法标识:

0:超出 p 的都不做外插,设置为填充值;

1:超出 p 的都设置为最近的有效值;

2:小于 min(p)则设置为最近的有效值,大于 max(p)则做线性外插;

3:小于 min(p)则做线性外插,大于 max(p)则设置为最近的有效值;

4:超出 p 的都做外插。

16. pres_sigma——计算 σ 层的气压

```
function pres_sigma(
    sigma[*]:numeric,    σ层,一维(nsigma)
    ps:numeric    地表气压,至少二维(…,lat,lon)
)
return_val:numeric
```

描述：

返回值维度为$(\cdots,\mathrm{nsigma},\mathrm{lat},\mathrm{lon})$。

17. pslec——利用 ECMWF 方程计算海平面气压

```
function pslec(
    t:numeric,      气温,单位 K
    phis[*][*]:numeric,    地表重力位,单位 m² · s⁻²,维度(Lat,Lon)
    ps[*][*]:numeric,    地表气压,单位 Pa,维度(Lat,Lon)
    pres:numeric    气压,单位 Pa,标量或至少二维(···,Lat,Lon)
)
return_val[dimsizes(ps)]:numeric
```

描述：

返回值维度尺寸同地表气压 ps。

18. pslhor——利用 ECMWF 方程和 Trenberth 水平订正计算海平面气压

```
function pslhor(
    z:numeric,      位势高度,至少三维(...,Lev,Lat,Lon),高度维从下往上
    t:numeric,      气温,单位 K
    phis[*][*]:numeric,    地表重力位,单位 m² · s⁻²,维度(Lat,Lon)
    ps:numeric,      地表气压,单位 Pa,维度(Lat,Lon)
    pres:numeric,      气压,单位 Pa,标量或至少二维(···,Lat,Lon)
    lats:numeric    纬度
)
return_val[dimsizes(ps)]:numeric
```

描述：

位势高度(z)和气温(t)维度尺寸相同,气压(pres)维度同位势高度(z),或为标量。地表气压 ps 最右边三维同位势高度 z$(\cdots,\mathrm{Lev},\mathrm{Lat},\mathrm{Lon})$。

返回值维度尺寸同 ps。

19. pslhyp——利用压高公式计算海平面气压

```
function pslhyp(
    pres:numeric,      气压,单位 Pa,至少二维(···,Lat,Lon)
    z:numeric,      位势高度,单位 gpm
    tv:numeric      虚温,单位 K
)
return_val[dimsizes(pres)]:numeric
```

描述：

位势高度(z)和虚温(tv)的维度同气压 pres，或为标量。

20. relhum——利用气温、水汽混合比和气压计算相对湿度

```
function relhum(
    t:numeric,      气温,单位 K
    w:numeric,      水汽混合比,单位 kg·kg⁻¹
    p:numeric       气压,单位 Pa
)
return_val[dimsizes(t)]:numeric
```

描述：

返回值来源于查算表，低温和非常干燥情况有时可计算得到过饱和结果。

气温 t、水汽混合比 w、气压 p 和相对湿度维度尺寸相同。

21. relhum_ttd——利用气温和露点温度计算相对湿度

```
function relhum_ttd(
    t:numeric,      气温,单位 K
    td:numeric,     露点温度,单位 K
    opt:integer     返回值单位,0 则%,1 则小数
)
return_val[dimsizes(t)]:numeric
```

描述：

气温 t、露点温度 td 和相对湿度维度尺寸相同。

22. static_stability——计算静力稳定度

```
function static_stability(
    p:numeric,          气压,单位为 Pa
    t:numeric,          气温,单位为 K
    dim[1]:integer,     指明气温的气压维度
    sopt[1]:integer     输出控制参数
)
return_val[dimsizes(t)]:float or double
```

描述：

输出控制参数：0 表示只输出静力稳定度，1 表示输出静力稳定度 s、位温 θ、位温垂直梯度 $\dfrac{\mathrm{d}\theta}{\mathrm{d}p}$。

静力稳定度 $s = -T\dfrac{\mathrm{d}\log\theta}{\mathrm{d}p} = -\dfrac{T}{\theta}\dfrac{\mathrm{d}\theta}{\mathrm{d}p}$，单位为 K/Pa。

23. stdatmus_p2tdz——气压根据 1976 年美国标准大气查算气温、密度和高度

```
function stdatmus_p2tdz(
    p:numeric    气压,单位 hPa
)
return_val:[3,[,…]]
```

描述：

返回值维度在气压(p)的最左边附加一维,以存放气温(0,…)、密度(1,…)和高度(2,…)。气温单位℃,密度单位 kg·m⁻³,高度单位 m。

24. stdatmus_z2tdp——高度根据 1976 年美国标准大气查算气温、密度和气压

```
function stdatmus_z2tdp(
    z:numeric    高度,单位 m
)
return_val:[3,[,…]]
```

描述：

返回值维度在高度 z 的最左边附加一维,以存放气温(0,…)、密度(1,…)和气压(2,…)。气温单位℃,密度单位 kg·m⁻³,气压单位 hPa。

25. thornthwaite——使用 Thornthwaite 方法估算蒸散势

```
function thornthwaite(
    t:numeric,      近地面气温月值,单位为℃
    lat:numeric,
    opt[1]:logical,   未启用,设为 False
    dim[1]:integer   指定维度用于计算,通常为时间维
)
return_val:float or double
```

描述：

气温数组时间维长度须为 12 的倍数,从 1 月开始。

26. uv2dv_cfd,uv2vr_cfd——中间有限差分计算散度和相对涡度

function uv2dv_cfd(	function uv2vr_cfd(
u:numeric, *纬向风*	u:numeric, *纬向风*
v:numeric, *经向风*	v:numeric, *经向风*

lat[*]:numeric,　*纬度* lon[*]:numeric,　*经度* boundOpt:integer　*边界条件*) return_val[dimsizes(u)]:numeric　*散度*	lat[*]:numeric,　*纬度* lon[*]:numeric,　*经度* boundOpt:integer　*边界条件*) return_val[dimsizes(u)]:numeric　*相对涡度*

描述：

风速(u)和(v)维度为($\cdots$,Lat,Lon)，纬度维必须为升序。

纬度(lat)和经度(lon)必须为升序，纬度(lat)可以取不等间距，经度(lon)应为等间距。

boundOpt 为 0，边界设为填充值；boundOpt 为 1，左右边界接拢成圆柱状(但输入参数数组不接拢)，上下边界设为填充值；boundOpt 为 2，边界按单侧差分方案估计；boundOpt 为 3，左右边界接拢成圆柱状(但输入参数数组不接拢)，上下边界按单侧差分方案估计。

27. vibeta——使用 β 因子做垂直积分

```
function vibeta(
    p:numeric,      气压,方向为自底至顶
    x:numeric,      积分函数,方向为自底至顶
    linlog[1]:integer,    插值方式标识,1 为线性插值,2 为对数插值
    psfc:numeric,    地表气压
    pbtm[1]:numeric,    积分下限,气柱底气压
    ptop[1]:numeric   积分上限,气柱顶气压
)
return_val[dimsizes(psfc)]:numeric
```

描述：

积分函数 x 最右边一维为气压层，其长度至少为 3；气压(p)维度与积分函数 x 相同，若为一维数组则对应积分函数 x 最右边一维(气压层)；地表气压(psfc)维度为积分函数 x 减少最右边一维(气压层)。

积分除以重力加速度则为质量加权。

积分除以气柱厚度则为规范化，即 $\dfrac{\int_{p_{\text{btm}}}^{p_{\text{top}}} x \mathrm{d}p}{p_{\text{btm}} - p_{\text{top}}}$。

28. wind_component——使用风速、风向计算经向风、纬向风

```
function wind_component(
    wspd:numeric,    风速
```

```
    wdir:numeric,    风向
    opt:integer    控制参数
)
return_val:float or double
```

描述:

控制参数用于设置经向风、纬向风的输出形式:0 表示将二者合并成一个数组,return_val (0,:)和 return_val(1,:)分别表示 u 和 v;1 表示将二者合并成一个列表,return_val[0]和 return_val[1]分别表示 u 和 v。

29. wind_speed,wind_direction——使用经向风、纬向风计算风速、风向

```
function wind_speed(
    u:numeric,
    v:numeric
)
return_val[dimsizes(u)]:float or double

function wind_direction(
    u:numeric,
    v:numeric,
    opt:integer    静风输出控制参数,0 表示输出 0
)
return_val[dimsizes(u)]:float or double
```

30. z2geouv——使用位势高度计算地转风纬向、经向成分

```
function z2geouv(
    z:numeric,    位势高度,维度为(…,lat,lon)
    lat[ * ]:numeric,
    lon[ * ]:numeric,
    iopt:integer
)
```

描述:

经纬度应单调递增或递减。

iopt 为 0 则经度东西不接拢,iopt 为 1 则经度东西接拢。

返回值维度为位势高度 z 最左边增加一维以存放经纬向地转风成分,地转风纬向成分为 (0,…,lat,lon),地转风纬向成分为(1,…,lat,lon)。

31. zonal_mpsi, zonal_mpsi_Wrap——计算纬向平均的经向流函数

```
function zonal_mpsi_Wrap(
    v:numeric,      经向风,维度为(…,lev,lat,lon)
    lat[ * ]:numeric,    纬度,与经向风纬度一致
    p[ * ]:numeric,    气压,单位 Pa,与经向风高度层一致
    ps:numeric    地表气压,单位 Pa
)
return_val[(time),lev,lat]:numeric    单位 kg · s⁻¹
```

描述:

气压(p)由上至下,最高层高度应低于 500 Pa,最低层高度应高于 100500 Pa。

地表气压 ps 维度为(…,lat,lon),经纬度与经向风 v 的经纬度一致,一般与经向风 v 除高度维之外的维度相同。

返回值维度为(…,lev,lat)。

二十三、海洋学分析

1. rho_mwjf——使用位温和盐度计算指定深度的海水密度

```
function rho_mwjf(
    t2d[ * ][ * ]:numeric,    位温,单位 ℃
    s2d[ * ][ * ]:numeric,    盐度,单位 psu
    depth[1]:numeric    深度,单位 m
)
return_val:typeof(t2d)    海水密度
```

描述:

位温(t2d)、盐度(s2d)和密度 return_val 维度相同。

海水位势密度可用于海水质量 T−S 图表。

二十四、随机数生成器

1. generate_2d_array——生成二维伪随机数

```
function generate_2d_array(
    mlow:integer,    近似最小值出现次数
    mhigh:integer,    近似最大值出现次数
    dlow:numeric,    精确最小值
    dhigh:numeric,    精确最大值
    iseed:integer,    伪随机数种子
```

```
        dsizes[2]:integer    二维数组尺寸
)
return_val[dsizes]:float or double
```

描述:

mlow 和 mhigh 应在 1～25,否则设置为 1 或 25。

dlow 和 dhigh 指定数值范围。

iseed 应介于 0 和 100 之间,否则设置为 0。

2. generate_sample_indices——产生重采样索引

```
function generate_sample_indices(
        N:integer or long,    索引数量
        method:integer    产生方法
)
return_val[N]:integer    重采样索引,[0,N−1]的乱序整型数列
```

描述:

产生方法:0 表示不替代原索引,用于重组序列,无重复采样,平均值、标准差等统计量不会发生变化;1 表示替代原索引,自展重采样法,允许重复采样,平均值、标准差等统计量会发生变化。

3. generate_unique_indices——产生随机乱序索引

```
function generate_unique_indices(
        N:integer    索引数量
)
return_val[N]:integer    随机索引,[0,N−1]的乱序整型数列
```

4. rand——伪随机数生成器

```
function rand(
)
return_val[1]:integer    大于等于 0,小于等于 32766
```

描述:

rand() * (high−low)/32766.0+low 生成大于等于 low 小于等于 high 的伪随机数。

5. random_chi——生成服从 χ^2 分布的伪随机数

```
function random_chi(
        df[1]:numeric,    自由度
```

```
    N[ * ]:integer
)
return_val[dimsizes(N)]:float or double
```

6. random_gamma——生成服从 γ 分布的伪随机数

```
function random_gamma(
    locp[1]:numeric,    位置
    shape[1]:numeric,   形状,>1.0
    N[ * ]:integer
)
return_val[dimsizes(N)]:float or double
```

7. random_normal——生成服从正态分布的伪随机数

```
function random_normal(
    av[1]:numeric,     平均值
    sd[1]:numeric,     标准差
    N[ * ]:integer     目标数组维度
)
return_val[N]:float or double
```

8. random_setallseed——指定随机数种子

```
procedure random_setallseed(
    iseed1:integer,    大于等于1,小于等于2147483562,默认 1234567890
    iseed2:integer     大于等于1,小于等于2147483398,默认 123456789
)
```

描述:
种子供 random_ * 使用。

9. random_uniform——生成服从均匀分布的伪随机数

```
function random_uniform(
    low[1]:numeric,     下确界
    high[1]:numeric,    上确界
    N[ * ]:integer
)
return_val[dimsizes(N)]:float or double
```

10. srand——指定伪随机数种子

```
procedure srand(
    seed[1]:integer
)
```

描述：

种子供 rand()使用。

二十五、球谐函数

1. get_sphere_radius,set_sphere_radius——查询、设置地球半径

function get_sphere_radius(	procedure set_sphere_radius(
)	radius:numeric
return_val[1]:double	)

描述：

双精度型地球平均半径，默认值 $6.37122×10^6$ m。

用球谐函数作为基底展开的谱模式，可以圆满解决有限差分法（或称网格法）中存在的极区问题，计算精度高、稳定性好，在大气环流模式中得到了广泛应用。NCL 提供了一些利用球谐函数计算风场、涡度、散度、流函数、速度势等气象要素的函数，如 dv2uvF,dv2uvf,dv2uvF_Wrap,dv2uvG,dv2uvg,dv2uvG_Wrap,exp_tapersh,exp_tapersh_wgts,exp_tapershC,get_sphere_radius,gradsf,gradsg,igradsf,igradsF,igradsg,igradsG,ilapsf,ilapsF,ilapsF_Wrap,ilapsg,ilapsG,ilapsG_Wrap,ilapvf,ilapvg,lapsF,lapsf,lapsG,lapsg,lapvf,lapvg,lderuvf,lderuvg,rhomb_trunc,rhomb_trunC,set_sphere_radius,sfvp2uvf,sfvp2uvg,shaeC,shaec,shagC,shagc,shsec,shseC,shsgc,shsgC,shsgc_R42,shsgc_R42_Wrap,tri_trunC,tri_trunc,uv2dvf,uv2dvF,uv2dvF_Wrap,uv2dvg,uv2dvG,uv2dvG_Wrap,uv2sfvpF,uv2sfvpf,uv2sfvpG,uv2sfvpg,uv2vrdvF,uv2vrdvf,uv2vrdvG,uv2vrdvg,uv2vrF,uv2vrf,uv2vrF_Wrap,uv2vrG,uv2vrg,uv2vrG_Wrap,vhaeC,vhaec,vhagC,vhagc,vhseC,vhsec,vhsgc,vhsgC,vr2uvf,vr2uvF,vr2uvF_Wrap,vr2uvg,vr2uvG,vr2uvG_Wrap,vrdv2uvf,vrdv2uvF,vrdv2uvg,vrdv2uvG 等。

二十六、CESM

CESM(Community Earth System Model)是由美国国家大气中心（National Center for Atmospheric Research,NCAR）于 2010 年发布的新一代地球系统模式，是目前最先进、使用最广泛的地球系统模式之一。CESM 利用耦合器协同大气、海洋、陆面、海冰等分量模式进行气候模拟。

NCL 提供了利用 CESM 计算反照率、大气相对角动量等诊断量的函数，如 albedo_ccm，

band_pass_area_time, band_pass_area_time_plot, band_pass_hovmueller, band_pass_hov-mueller_plot, band_pass_latlon_time, band_pass_latlon_time_plot, cz2ccm, decomposeSymAsym, depth_to_pres, dpres_hybrid_ccm, dpres_plevel, dpres_plevel_Wrap, dz_height, fire_index_haines, kf_filter, mixed_layer_depth, mjo_cross, mjo_cross_coh2pha, mjo_cross_plot, mjo_cross_segment, mjo_phase_background, mjo_space_time_cross, mjo_spectra, mjo_spectra_season, mjo_wavenum_freq_season, mjo_wavenum_freq_season_plot, mjo_xcor_lag_ovly, mjo_xcor_lag_ovly_panel, mjo_xcor_lag_season, moc_globe_atl, omega_ccm, omega_ccm_driver, PopLatLon, PopLatLonV, potmp_insitu_ocn, pres_hybrid_ccm, pres_hybrid_jra55, resolveWavesHayashi, vinth2p, vinth2p_ecmwf, vinth2p_ecmwf_nodes, vinth2p_nodes, vintp2p_ecmwf, wgt_vert_avg_beta, wkSpaceTime, wkSpaceTime_cam 等。

二十七、WRF

WRF(Weather Research & Forecasting Model)是由多个单位联合开发构建的融合数值天气预报和大气系统模拟的新一代中尺度数值预报模式。WRF 模式代码追求模块化、灵活性、先进性和可移植性，在大到大规模并行的超级计算机和小至笔记本电脑上均能高效运行，其所包含的模块可支持科研模式和业务应用模式，在天气预报、大气化学、区域气候、数值模拟研究等领域有着广泛的应用。

NCL 提供了利用 WRF 计算绝对涡度、对流有效位能、对流抑制能量、抬升凝结高度、自由对流高度、雷达反射率因子、相对螺旋度、相当位温等气象要素及用于诊断分析的函数，如 wrf_avo, wrf_cape_2d, wrf_cape_3d, wrf_contour, wrf_dbz, wrf_eth, wrf_ij_to_ll, wrf_interp_1d, wrf_interp_2d_xy, wrf_interp_3d_z, wrf_latlon_to_ij, wrf_ll_to_ij, wrf_map, wrf_map_overlay, wrf_map_overlays, wrf_map_zoom, wrf_mapres_c, wrf_overlay, wrf_overlays, wrf_pvo, wrf_rh, wrf_slp, wrf_smooth_2d, wrf_td, wrf_times_c, wrf_tk, wrf_user_getvar, wrf_user_ij_to_ll, wrf_user_intrp2d, wrf_user_intrp3d, wrf_user_latlon_to_ij, wrf_user_list_times, wrf_user_ll_to_ij, wrf_user_unstagger, wrf_uvmet, wrf_vector 等。

第七章　图形属性简介

一、图形属性命名规律

On 结尾,表示某个属性开关,取值 True 为开启,取值 False 为关闭。

F 结尾,表示取值为浮点型数据。

s 结尾,某些图形属性有 s 结尾和无 s 结尾两种形式,功能相同,分别用于设置多样化风格和统一风格的情形。有 s 结尾的图形属性视为相应的无 s 结尾的图形属性的复数形式,取值需为数组,每个元素控制该类图形对象的每个元素。而相应的无 s 结尾的图形属性,取值只能是一个数据,不能是数组,其将该类图形对象的每个元素设置为统一风格。

Mono,单一风格开关,取值 False 表示相关属性允许单独设置以呈现多样化风格,取值 True 表示相关属性不允许单独设置以实现统一风格。

Margin,边距,取值为浮点型数据,表示纸张、图例等图形对象与周边上下左右的空白宽度。

Orientation,定向,取值为字符串。整个图形(纸张)的放置方向,"portrait"表示纵向、"landscape"表示横向。或指图例、色标、参考箭头的放置方向,"horizontal"表示水平放置,"vertical"表示垂直放置。

Height,高度,图例、色标、文本等图形对象的高度,取值为浮点型数据。

Width,宽度,图例、色标、箭头等图形对象的宽度,取值为浮点型数据。

String,表示取值为字符串,通常为绘制到图形上的文本内容。

Color,颜色,文本、线条、填充区域等图形对象的颜色,取值为当前颜色表的枚举索引或颜色的名称。图形属性 BackgroundColor 取值－1 可实现透明效果,即露出下层图形对象,取值 0 通常为白色,会遮住下层图形对象。

Thickness,宽度,文字、线条、符号等图形对象的笔画粗细,取值为浮点型数据。

Font,字体,取值为字体名称,除设置英文字符的斜体、粗体等不同字型风格以外,还可通过更改字体名称将英文字符(通常为 String 图形属性的文本内容)映射为希腊字符、天气符号、数学符号等特殊符号绘制到图形中。

FontHeight,字体高度,图形中字符的大小。

DashPattern,线型,实线、虚线、点划线等不同的线条样式,取值为线型表的枚举索引。

Aspect,高宽比,图形元素的高度、宽度之比。多用于字符,FontAspectF,取值为浮点型数据。

DrawOrder,绘制顺序,取值为" Draw "" PreDraw "" PostDraw " 三者之一。" PreDraw " " PostDraw " 分别表示相对于"Draw"而提前或推迟绘制,以实现不同图形元素谁上谁下的叠压效果。

OrthogonalPos 和 ParallelPos,垂直偏移坐标和水平偏移坐标,用于移动图例、色标等图形对象。与 PosXF 和 PosYF 表示定位坐标不同,OrthogonalPos 和 ParallelPos 表示偏移量。

Opacity,不透明度,取值为 0～1 间的浮点型数据,越大则越不透明,用于控制不同图形对象叠压效果。

二、页面控制

表 7.1　页面控制常用属性

属性名称	功能	默认值	备用值
gsnDraw	绘图	True	False(若不绘图,后续图形元素绘制在当前图形内,可实现图形叠加效果,完成后须用 draw()实现绘图)
gsnFrame	翻页	True	False(若不翻页,后续图形绘制在当前页内,可实现图形拼接效果,完成后须用 frame()实现翻页)
gsnMaximize	图形最大化	False	True
gsnBoxMargin	页边距	0.02	对 X11、NCGM
gsnPaperMargin		0.5 英寸	对 PS、EPS、EPSI、PDF
gsnPaperOrientation	页面方向	"auto"（自动）	"portrait"(纵向)　"landscape"(横向)
gsnPaperHeight	页面高度	11.0 英寸	
gsnPaperWidth	页面宽度	8.5 英寸	
gsnScale	x/y 轴标注统一尺寸	False	True
gsnShape	x/y 轴统一量度	False	True(x/y 单位长度一致)
gsnDebugWriteFileName	调试信息输出文件名		文件名

表 7.2　视图常用属性

属性名称	功能	默认值	备用值
vpOn	显隐开关	True	False
vpClipOn	各元素限制在本视图内不越界	True	False
vpHeightF	高度	0.6	
vpWidthF	宽度	0.6	
vpXF	左边界坐标	0.2	
vpYF	上边界坐标	0.8	
vpKeepAspect	保持高宽比	False	True

三、拼图控制

表 7.3　拼图公共色标常用属性

属性名称	功能	默认值	备用值	备注
gsnPanelLabelBar	拼图公共色标开关	False	True	若启用公共色标,则各子图色标自动隐藏,利用最后一幅子图的色阶绘制公共色标,通常用于色阶统一设置的等值线填色图

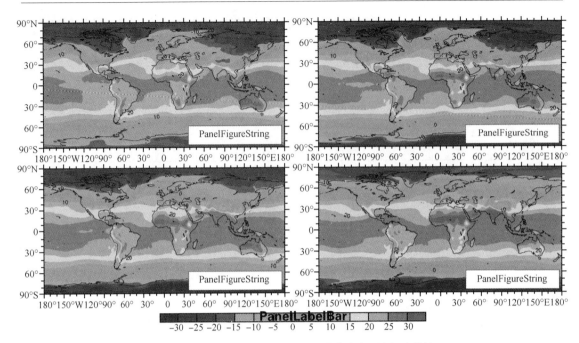

图 7.1　拼图控制元素:子图标注和公共色标(见文后彩插)

表 7.4　拼图标题常用属性

属性名称	功能	默认值	备用值
gsnPanelMainFont	字体	"helvetica"	查询字体表
gsnPanelMainFontColor	字体颜色	"black"	
gsnPanelMainFontHeightF	字号		
gsnPanelMainString	文本		

表 7.5　拼图整体位置、尺寸和排列方式常用属性

属性名称	功能	默认值	备用值
gsnPanelBottom	拼图下边界位置	0.0	
gsnPanelTop	拼图上边界位置	1.0	
gsnPanelLeft	拼图左边界位置	0.0	
gsnPanelRight	拼图右边界位置	1.0	
gsnPanelDebug	显示拼图程序调试信息(各子图位置、尺寸等)	False	True
gsnPanelRowSpec	拼图排列方式	False 按行×列的方阵拼接	True 按每行子图数量拼接
gsnPanelScalePlotIndex	定义拼图尺寸的子图索引	0	建议使用尺寸最大的子图的索引
gsnAttachBorderOn	子图贴附开关	True 子图有边框,子图间有空隙	False 子图无边框,子图间无空隙,相邻子图贴附
gsnAttachPlotsXAxis	子图贴附方向	False(左右贴附)	True(上下贴附)

表 7.6 子图位置、尺寸和对齐方式常用属性

属性名称	功能	默认值	备用值
gsnPanelXF gsnPanelYF	各子图左上角位置		〔0,1)
gsnPanelXWhiteSpacePercent gsnPanelYWhiteSpacePercent	各子图周边留白	1.0	〔0,1)
gsnPanelCenter	子图居中对齐 （最后一行子图数量不足）	True （居中）	False （左对齐）

表 7.7 子图标注常用属性

属性名称	功能	默认值	备用值
gsnPanelFigureStrings	文本		
gsnPanelFigureStringsBackgroundFillColor	背景填充色	0(背景色,白)	查询颜色表 一1 为透明背景
gsnPanelFigureStringsFontHeightF	字号		
gsnPanelFigureStringsJust	位置	"BottomRight"	"TopRight" "TopLeft" "BottomLeft"
gsnPanelFigureStringsPerimOn	边框	True	False

四、折线图和散点图常用属性

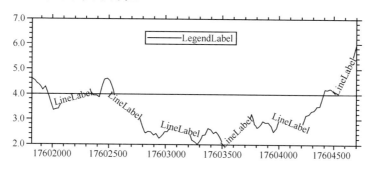

图 7.2 折线图控制元素:线条标注、图形标注和参考线

表 7.8 折线图坐标和风格常用属性

属性名称	功能	默认值	备用值
xyComputeXMax xyComputeXMin xyComputeYMax xyComputeYMin	是否每次都重算坐标范围		
xyCurveDrawOrder	折线图绘制顺序 （影响叠加顺序）	"Draw"	"PreDraw"（在下层） "PostDraw"（在上层）

属性名称	功能	默认值	备用值
xyMarkLineMode xyMarkLineModes	折线图样式	"Lines" (折线)	"Markers"(数据点) "MarkLines"(数据点＋折线)
xyXIrregularPoints xyYIrregularPoints	不规则坐标点		单调递增或递减数组 需@xyXStyle="Irregular"或@xyYStyle="Irregular"
xyXIrrTensionF xyYIrrTensionF	张力参数,用于不规则 坐标的样条插值	2.0	
xyXStyle xyYStyle	坐标样式	"Linear" (线性坐标)	"Log"(对数坐标) "Irregular"(不规则坐标)

表 7.9　折线图单一风格开关常用属性

属性名称	功能	默认值	备用值
xyMonoDashPattern xyMonoLineColor xyMonoLineLabelFontColor xyMonoLineThickness xyMonoMarker xyMonoMarkerColor xyMonoMarkerSize xyMonoMarkerThickness xyMonoMarkLineMode	各条折线的线型、颜色、字号 等属性是否允许单独设置	False 允许单独设置 多样化风格 以 s 结尾的相应属性生效	True 不允许单独设置 全图单一风格 不以 s 结尾的相应属性生效

表 7.10　折线常用属性

属性名称	功能	默认值	备用值
xyDashPattern xyDashPatterns	线型	0(实线)	查询线型表
xyLineColor xyLineColors	折线颜色	1(前景色,黑)	查询颜色表
xyLineThicknessF xyLineThicknesses	折线宽度	1.0	
xyLineDashSegLenF	虚线每段长度		

表 7.11　数据点常用属性

属性名称	功能	默认值	备用值
xyMarkerColor xyMarkerColors	颜色	前景色(黑)	
xyMarker xyMarkers	符号	0(星号)	
xyMarkerSizeF xyMarkerSizes	大小	0.01	

续表

属性名称	功能	默认值	备用值
xyMarkLineMode xyMarkLineModes	折线图样式	0("Lines")	1("Markers") 2("MarkLines")
xyMarkerThicknessF xyMarkerThicknesses	线宽	1.0	

表 7.12　线条标注常用属性

属性名称	功能	默认值	备用值
xyLabelMode	标注方式	"NoLabels" （无标注）	"Lettered"（大写字母编号） "Custom"（自定义）
xyExplicitLabels	文本内容		字符串数组 每条折线一个标注文本 需@xyLabelMode="Custom"
xyLineLabelConstantSpacingF	字体间距	0.0	
xyLineLabelFont	字体	"pwritx"	查询字体表
xyLineLabelFontAspectF	高宽比	1.3125	
xyLineLabelFontColor xyLineLabelFontColors	颜色	1(前景色,黑)	
xyLineLabelFontHeightF	字号		
xyLineLabelFontQuality	字体质量		
xyLineLabelFontThicknessF	字重	1.0	
xyLineLabelFuncCode	控制代码分隔符（以 此标识控制代码）	"～"	

表 7.13　折线图参考线常用属性

属性名称	功能	默认值	备用值
gsnXRefLine gsnYRefLine	参考线数值		可以为数组,每个数值对应一条参考线
gsnXRefLineColor gsnYRefLineColor gsnXRefLineColors gsnYRefLineColors	参考线颜色	1(前景色,黑)	查询颜色表
gsnXRefLineDashPattern gsnYRefLineDashPattern gsnXRefLineDashPatterns gsnYRefLineDashPatterns	参考线线型	0(实线)	查询线型表
gsnXRefLineThicknessF gsnYRefLineThicknessF	参考线线宽	1.0	
gsnXRefLineThicknesses gsnYRefLineThicknesses	参考线线宽 （可分别指定多条参考线）	1.0	

表 7.14　折线所围面积填色常用属性

属性名称	功能	默认值	备用值
gsnAboveYRefLineColor gsnBelowYRefLineColor	参考线和上方/下方折线所围面积填色		查询颜色表
gsnXYFillColors	两条折线所围面积填色		查询颜色表
gsnXYFillOpacities	两条折线所围面积填色的不透明度	1.0	[0,1]
gsnXYAboveFillColors gsnXYBelowFillColors gsnXYLeftFillColors gsnXYRightFillColors	两条折线所围面积填色 (上下左右由两条曲线相对位置决定)		查询颜色表

五、柱状图和直方图控制

表 7.15　柱状图常用属性

属性名称	功能	默认值	备用值
gsnXYBarChart	柱状图开关	False 折线图	True 柱状图
gsnXYBarChartOutlineOnly	只绘制轮廓,形如阶梯状折线图	Falsc	True
gsnXYBarChartOutlineThicknessF	轮廓线宽	1.0	
gsnXYBarChartBarWidth	各柱宽度		可用数组分别设置各组柱(数据集)不同宽度
gsnXYBarChartColors	颜色(无参考线的情况)		查询颜色表
gsnXYBarChartColors2	颜色		查询颜色表
gsnXYBarChartPatterns	填充阴影样式(无参考线的情况)		查询填充阴影表
gsnXYBarChartPatterns2	填充阴影样式		查询填充阴影表
gsnXYBarChartFillDotSizeF	填充散点尺寸	0.0	大值则大点
gsnXYBarChartFillLineThicknessF	填充线条宽带	1.0	大值则粗线
gsnXYBarChartFillOpacityF	填充阴影不透明度	1.0	[0,1]越大则越不透明
gsnXYBarChartFillScaleF	填充阴影密度	1.0	小值产生较密阴影
gsnAboveYRefLineBarColors gsnBelowYRefLineBarColors	参考线上/下方的颜色		查询颜色表
gsnAboveYRefLineBarFillScales gsnBelowYRefLineBarFillScales	参考线上/下方的填充阴影密度	1.0	小值产生较密阴影
gsnAboveYRefLineBarPatterns gsnBelowYRefLineBarPatterns	参考线上/下方填充阴影样式		查询填充阴影表

表 7.16　统计直方图常用属性(用于 gsn_histogram( )绘制频率直方图)

属性名称	功能	默认值	备用值
gsnHistogramBarColors	颜色		
gsnHistogramBarWidthPercent	直方占区间的宽度比例	一组数据 66 两组数据 50	(0,100)

续表

属性名称	功能	默认值	备用值
gsnHistogramBinIntervals gsnHistogramClassIntervals	区间端点		数组
gsnHistogramBinMissing	是否统计缺失值	False	True(单独绘制缺失值区间)
gsnHistogramBinWidth	区间宽度		受 gsnHistogramSelectNiceIntervals 影响，其为 False 时区间宽度采用此精确值,其为 True 时区间宽度采用此近似值以获取合理区间
gsnHistogramCompare	对比模式	False	True(两组数据)
gsnHistogramComputePercentages	计算并标注频率百分比 (右/上坐标轴)	False	True
gsnHistogramComputePercentagesNoMissing	计算频率百分比是否忽略缺失值	False	True(总数统计忽略缺失值,对比模式需两组数据均无缺失值或等量缺失值)
gsnHistogramDiscreteBinValues gsnHistogramDiscreteClassValues	区间中点		数组(输入数据已分配到各区间,数值即为区间中点)
gsnHistogramHorizontal	直方横放/纵放切换	False	True
gsnHistogramMinMaxBinsOn	小值/大值区间显隐开关	False	True 须设置 gsnHistogramBinIntervals 或 gsnHistogramClassIntervals
gsnHistogramNumberOfBins	区间数量	10	
gsnHistogramPercentSign	频率标注增加"%"符号	False	True 须 gsnHistogramComputePercentages＝True
gsnHistogramSelectNiceIntervals	自动选择合理区间	True	False

六、矢量场图常用属性

表 7.17　矢量场图绘制方法常用属性

属性名称	功能	默认值	备用值
vcVectorDrawOrder	绘制顺序	"Draw"	"PreDraw" "PostDraw"
vcGlyphOpacityF	箭头不透明度	1.0	[0,1] 大值更不透明
vcGlyphStyle	箭头样式	"LineArrow" (线条箭头)	"FillArrow"(填充箭头) "WindBarb"(风矢) "CurlyVector"(弯曲箭头)
vcPositionMode	箭头定位方式	"ArrowCenter"	"ArrowHead" "ArrowTail"
vcMapDirection	地图方向	True(地图坐标)	False(局地均匀直角坐标)
vcMinDistanceF	最小距离	0.0	正数 越小越密集,越大越稀疏
vcMinFracLengthF	箭杆最小长度	0.0	1.0(所有箭杆长度一致) (0,1)(根据矢量强度绘制不同长度)

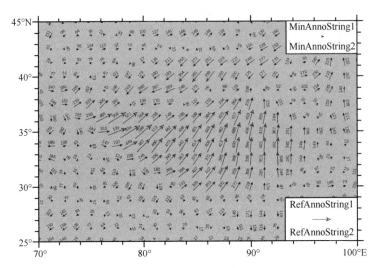

图 7.3　矢量图控制元素：箭头、箭头标注（蓝色）、参考矢量、最小矢量（见文后彩插）

表 7.18　矢量图填充箭头常用属性（**vcGlyphStyle** 须设置为"**FillArrow**"时生效）

属性名称	功能	默认值	备用值
vcMonoFillArrowEdgeColor	轮廓单色开关	True	False
vcMonoFillArrowFillColor	填充单色开关		
vcFillArrowsOn	显隐开关	False	True
vcFillArrowEdgeColor	轮廓颜色	0（后景色，白）	查询颜色表
vcFillArrowEdgeThicknessF	轮廓线宽	2.0	
vcFillArrowFillColor	填充颜色	1（前景色，黑）	查询颜色表
vcFillOverEdge	填充色叠压轮廓色	True（轮廓较细）	False（轮廓较粗）
vcFillArrowHeadInteriorXF	箭头尾部位置	0.33	等于 vcFillArrowHeadXF 则绘制三角形箭头 大于 vcFillArrowHeadXF 则绘制菱形箭头 小于 vcFillArrowHeadXF 则绘制燕尾形箭头
vcFillArrowHeadXF	箭头长度	0.36	数值为箭杆长度的比例
vcFillArrowHeadYF	箭头宽度	0.12	
vcFillArrowWidthF	箭杆宽度	0.1	
vcFillArrowHeadMinFracXF	最小矢量的箭头、 箭杆尺寸	0.25	(0,1]，会影响小值的箭头尺寸 1 表示所有矢量的箭头、箭杆尺寸一致
vcFillArrowHeadMinFracYF			
vcFillArrowMinFracWidthF			

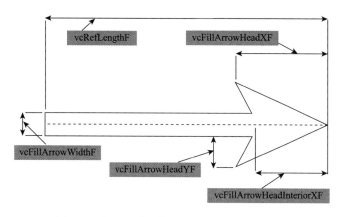

图 7.4　矢量图填充箭头形状尺寸属性示意图

表 7.19　矢量图线条箭头常用属性

属性名称	功能	默认值	备用值
vcMonoLineArrowColor	箭头线条单色开关	True	False
vcLineArrowColor	箭头线条颜色	1(前景色,黑)	查询颜色表
vcLineArrowHeadMaxSizeF	箭头最大/最小尺寸	0.05(LineArrow) 0.012(CurlyVector)	
vcLineArrowHeadMinSizeF		0.005	
vcLineArrowThicknessF	箭头线宽	1.0	

表 7.20　矢量图箭头标注常用属性

属性名称	功能	默认值	备用值
vcLabelsOn	显隐开关	False	True
vcLabelFontColor	颜色	1(前景色,黑)	查询颜色表
vcLabelFontHeightF	字号		
vcLabelsUseVectorColor	标注使用矢量箭头颜色	False	True
vcMagnitudeFormat	格式	"*+˜sg"	
vcMagnitudeScaleFactorF	数据缩放倍率 （可用于单位换算）	1.0	
vcMagnitudeScaleValueF	标注数据数量级	1.0	
vcMagnitudeScalingMode	数据缩放方式	"ScaleFactor"	"ConfineToRange" "TrimZeros" "MaxSigDigitsLeft" "AllIntegers"
vcMaxMagnitudeF	矢量最大强度	0.0	大于此强度者被屏蔽
vcMinMagnitudeF	矢量最小强度	0.0	小于此强度者被屏蔽

表 7.21　矢量图等级着色常用属性

属性名称	功能	默认值	备用值
vcLevelColors	颜色		查询颜色表
vcLevelPalette	颜色表		预定义的颜色表名称
vcSpanLevelPalette	矢量场箭头选色方式	True(间隔选色)	False(按顺序逐个选色)
vcLevelSelectionMode	等级取值方式	"AutomaticLevels"	"ManualLevels" "ExplicitLevels" "EqualSpacedLevels"
vcLevels	等级取值		
vcLevelCount	数量	16	
vcLevelSpacingF	等级间距	5.0	
vcMaxLevelCount	等级最大数量	16	
vcMaxLevelValF	最高/最低等级		取值方式为"ManualLevels"时生效
vcMinLevelValF			
gsnScalarContour	矢量图着色/叠加等值线 (第一、二数组绘制矢量图)	False 第三数组用于矢量图着色	True 第三数组用于叠加等值线图

表 7.22　矢量图参考矢量常用属性

属性名称	功能	默认值	备用值
vcRefAnnoOn	显隐开关	True	False
vcRefAnnoAngleF	标注旋转角度	0.0	
vcRefAnnoArrowAngleF	箭头旋转角度		
vcRefAnnoArrowEdgeColor	箭头轮廓颜色		vcGlyphStyle 设置为"FillArrow"时生效
vcRefAnnoArrowFillColor	箭头填充颜色	1(前景色,黑)	
vcRefAnnoArrowLineColor	箭头线条颜色		
vcRefAnnoArrowMinOffsetF	箭头与标注之间的最小空白	0.25	
vcRefAnnoArrowSpaceF	箭头所占高度	2.0	
vcRefAnnoArrowUseVecColor	参考矢量使用矢量场属性	True (参考矢量与矢量场一致)	False (参考矢量可单独设置)
vcRefAnnoBackgroundColor	背景色	0(背景色,白)	查询颜色表
vcRefAnnoConstantSpacingF	字体间距	0.0	
vcRefAnnoExplicitMagnitudeF	参考矢量强度显式设置(参考矢量按此属性绘制,但矢量长度与强度的比例关系仍由 vcRefLengthF、vcRefMagnitudeF 定义)	0.0	正值
vcRefAnnoFont	字体	"pwritx"	
vcRefAnnoFontAspectF	高宽比	1.3125	
vcRefAnnoFontColor	颜色	1(前景色,黑)	查询颜色表
vcRefAnnoFontHeightF	字号		
vcRefAnnoFontQuality	字体质量	"High"	"Medium" "Low"

续表

属性名称	功能	默认值	备用值
vcRefAnnoFontThicknessF	线宽	1.0	
vcRefAnnoFuncCode	控制代码分隔符(以此标识控制代码)	"~"	
vcRefAnnoJust	对齐(靠上靠下居中靠左靠右)	"TopRight"	"TopLeft" "CenterLeft" "BottomLeft" "TopCenter" "BottomCenter" "CenterCenter" "CenterRight" "BottomRight"
vcRefAnnoOrientation	放置方向	"Vertical"	"Horizontal"
vcRefAnnoOrthogonalPosF	垂直偏移坐标	0.02	正值远离图像中心 负值靠近图像中心
vcRefAnnoParallelPosF	水平偏移坐标	1.0	小值左移 大值右移
vcRefAnnoPerimOn	边框显隐开关	True	
vcRefAnnoPerimColor	边框颜色	1(前景色,黑)	查询颜色表
vcRefAnnoPerimSpaceF	边框和参考矢量之间的空白	0.33	
vcRefAnnoPerimThicknessF	线宽	1.0	
vcRefAnnoSide	放置位置 靠哪条坐标轴	"Bottom"	"Top" "Right" "Left"
vcRefAnnoString1On	参考矢量上方标注显隐开关	True	False
vcRefAnnoString2On	参考矢量下方标注显隐开关	False	True
vcRefAnnoString1	参考矢量上方标注文本	"VMG"(参考矢量强度)	
vcRefAnnoString2	参考矢量下方标注文本	"Reference Vector"	
vcRefAnnoTextDirection	书写方向	"Across"	"Down"
vcRefAnnoZone	区号	3	
vcRefLengthF	参考矢量长度		二者定义了矢量长度与强度的比例关系
vcRefMagnitudeF	参考矢量强度	0.0(矢量场中最大矢量)	

表 7.23　矢量图最小矢量常用属性

属性名称	功能	默认值	备用值
vcMinAnnoOn	显隐开关	False	True
vcMinAnnoAngleF	标注旋转角度	0.0	
vcMinAnnoArrowAngleF	箭头旋转角度		

属性名称	功能	默认值	备用值
vcMinAnnoArrowEdgeColor	箭头轮廓颜色	1(前景色,黑)	vcGlyphStyle 设置为"Fil-lArrow"时生效
vcMinAnnoArrowFillColor	箭头填充颜色		
vcMinAnnoArrowLineColor	箭头线条颜色		
vcMinAnnoArrowMinOffsetF	箭头与标注之间的最小空白	0.25	
vcMinAnnoArrowSpaceF	箭头所占高度	2.0	
vcMinAnnoArrowUseVecColor	最小矢量使用矢量场属性	True (最小矢量与矢量场一致)	False (最小矢量可单独设置)
vcMinAnnoBackgroundColor	背景色	0(背景色,白)	查询颜色表
vcMinAnnoConstantSpacingF	字体间距	0.0	
vcMinAnnoExplicitMagnitudeF	最小矢量强度显式设置(最小矢量按此属性绘制,但矢量长度与强度的比例关系仍由 vcRefLengthF、vcRefMagnitudeF 定义)	0.0	正值
vcMinAnnoFont	字体	"pwritx"	
vcMinAnnoFontAspectF	高宽比	1.3125	
vcMinAnnoFontColor	颜色	1(前景色,黑)	查询颜色表
vcMinAnnoFontHeightF	字号		
vcMinAnnoFontQuality	字体质量	"High"	"Medium" "Low"
vcMinAnnoFontThicknessF	线宽	1.0	
vcMinAnnoFuncCode	控制代码分隔符(以此标识控制代码)	"～"	
vcMinAnnoJust	对齐(靠上靠下居中靠左靠右)	"TopRight"	"TopLeft" "CenterLeft" "BottomLeft" "TopCenter" "BottomCenter" "CenterCenter" "CenterRight" "BottomRight"
vcMinAnnoOrientation	放置方向	"Vertical"	"Horizontal"
vcMinAnnoOrthogonalPosF	垂直偏移坐标	0.02	正值远离图像中心 负值靠近图像中心
vcMinAnnoParallelPosF	水平偏移坐标	1.0	小值左移 大值右移
vcMinAnnoPerimOn	边框显隐开关	True	
vcMinAnnoPerimColor	边框颜色	1(前景色,黑)	查询颜色表
vcMinAnnoPerimSpaceF	边框和最小矢量之间的空白	0.33	
vcMinAnnoPerimThicknessF	线宽	1.0	

续表

属性名称	功能	默认值	备用值
vcMinAnnoSide	放置位置 靠哪条坐标轴	"Bottom"	"Top" "Right" "Left"
vcMinAnnoString1On	最小矢量上方标注显隐开关	True	False
vcMinAnnoString2On	最小矢量下方标注显隐开关	False	True
vcMinAnnoString1	最小矢量上方标注文本	"VMG"（最小矢量强度）	
vcMinAnnoString2	最小矢量下方标注文本	"Minimum Vector"	
vcMinAnnoTextDirection	书写方向	"Across"	"Down"
vcMinAnnoZone	区号	3	
vcUseRefAnnoRes	使用参考矢量属性	False	True

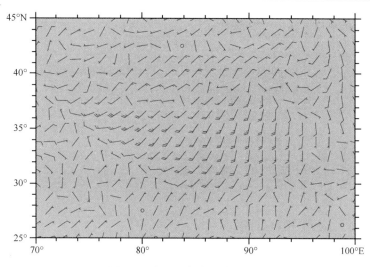

图 7.5 矢量图控制元素：风矢

表 7.24 矢量图风矢符号常用属性（须 vcGlyphStyle＝"WindBarb"）

属性名称	功能	默认值	备用值
vcMonoWindBarbColor	单一颜色开关	True(单色图)	False(彩色图)
vcWindBarbCalmCircleSizeF	静风圆圈尺寸	0.25	
vcWindBarbColor	颜色	1(前景色,黑)	查询颜色表
vcWindBarbLineThicknessF	线宽	1.0	
vcWindBarbScaleFactorF	数据缩放倍率 （可用于单位换算）	1.0	
vcWindBarbTickAngleF	风向杆和风羽的夹角	62.0	
vcWindBarbTickLengthF	风羽长度	0.3	
vcWindBarbTickSpacingF	相邻风羽的间距	0.125	

表 7.25　矢量图无数据警示标注常用属性

属性名称	功能	默认值	备用值
vcNoDataLabelOn	显隐开关	True	False
vcNoDataLabelString	文本	"NOVECTOR DATA"	

表 7.26　矢量图零场警示标注常用属性

属性名称	功能	默认值	备用值
vcZeroFLabelOn	显隐开关	True	False
vcZeroFLabelAngleF	整体旋转角度	0.0	
vcZeroFLabelBackgroundColor	背景色	0(背景色,白)	查询颜色表
vcZeroFLabelConstantSpacingF	字体间距	0.0	
vcZeroFLabelFont	字体	"pwritx"	查询字体表
vcZeroFLabelFontAspectF	高宽比	1.3125	
vcZeroFLabelFontColor	颜色	1(前景色,黑)	查询颜色表
vcZeroFLabelFontHeightF	字号		
vcZeroFLabelFontQuality	字体质量	"High"	"Medium" "Low"
vcZeroFLabelFontThicknessF	字重	1.0	
vcZeroFLabelFuncCode	控制代码分隔符(以此标识控制代码)	"~"	
vcZeroFLabelJust	对齐(靠上靠下居中靠左靠右)	"CenterCenter"	"TopLeft" "CenterLeft" "BottomLeft" "TopCenter" "BottomCenter" "TopRight" "CenterRight" "BottomRight"
vcZeroFLabelOrthogonalPosF	纵向偏移坐标	0.0	正值上移 负值下移
vcZeroFLabelParallelPosF	横向偏移坐标	0.0	正值右移 负值左移
vcZeroFLabelSide	放置位置 靠哪条坐标轴	"Bottom"	"Top" "Right" "Left"
vcZeroFLabelString	文本	"ZERO FIELD"	
vcZeroFLabelTextDirection	书写方向	"Across"	"Down"
vcZeroFLabelZone	区号	0	
vcZeroFLabelPerimOn	边框显隐开关	True	False
vcZeroFLabelPerimColor	边框颜色	1(前景色,黑)	查询颜色表
vcZeroFLabelPerimSpaceF	文本和边框间的空白	0.33	
vcZeroFLabelPerimThicknessF	边框线宽	1.0	
vcUseRefAnnoRes	使用参考矢量属性	False	True

七、流场图常用属性

表 7.27　流场图箭头常用属性

属性名称	功能	默认值	备用值
stArrowLengthF	箭头尺寸	0.0	
stArrowStride	箭头间隔（间隔 n 个位置显示一个箭头）	2	
stMinArrowSpacingF	箭头最小间距（同一流线上相邻箭头的距离）		

表 7.28　流场图流线常用属性

属性名称	功能	默认值	备用值
stMonoLineColor	单一颜色开关	True（流线颜色由 stLineColor 控制，单色流场）	False（流线颜色由 stLevelColors 控制，彩色流场）
stLineColor	颜色	1（前景色，黑）	查询颜色表
stLineOpacityF	不透明度	1.0	[0,1]越大则越不透明
stLineStartStride	间隔	2	正整数，越小越密集，越大越稀疏
stLineThicknessF	线宽	1.0	
stStreamlineDrawOrder	绘制顺序	"Draw"	"PreDraw" "PostDraw"
stMinLineSpacingF	相邻流线间空白		负值、零值为连续 正值为间断
stMinDistanceF	最小距离	0.0	正数 越小越密集，越大越稀疏

表 7.29　流场图流线等级常用属性

属性名称	功能	默认值	备用值
stLevelColors	颜色		查询颜色表
stLevelCount	数量		
stLevelPalette	颜色表		预定义的颜色表名称
stSpanLevelPalette	流线线条选色方式	True（间隔选色）	False（按顺序逐个选色）
stLevels	等级取值		
stLevelSelectionMode	等级取值方式	"AutomaticLevels"	"ManualLevels" "ExplicitLevels" "EqualSpacedLevels"
stLevelSpacingF	等级间距	5.0	
stMaxLevelValF stMinLevelValF	最高/最低等级		取值方式为"ManualLevels"时生效
stMaxLevelCount	等级最大数量	16	

表 7.30   流场图无数据警示标注常用属性

属性名称	功能	默认值	备用值
stNoDataLabelOn	显隐开关	True	False
stNoDataLabelString	文本	"NO STREAMLINE DATA"	

表 7.31   流场图零场警示标注常用属性

属性名称	功能	默认值	备用值
stZeroFLabelOn	显隐开关	True	False
stZeroFLabelAngleF	整体旋转角度	0.0	
stZeroFLabelBackgroundColor	背景色	0(背景色,白)	查询颜色表
stZeroFLabelConstantSpacingF	字体间距	0.0	
stZeroFLabelFont	字体	"pwritx"	查询字体表
stZeroFLabelFontAspectF	高宽比	1.3125	
stZeroFLabelFontColor	颜色	1(前景色,黑)	查询颜色表
stZeroFLabelFontHeightF	字号		
stZeroFLabelFontQuality	字体质量	"High"	"Medium" "Low"
stZeroFLabelFontThicknessF	字重	1.0	
stZeroFLabelFuncCode	控制代码分隔符(以此标识控制代码)	"~"	
stZeroFLabelJust	对齐(靠上靠下居中靠左靠右)	"CenterCenter"	"TopLeft" "CenterLeft" "BottomLeft" "TopCenter" "BottomCenter" "TopRight" "CenterRight" "BottomRight"
stZeroFLabelOrthogonalPosF	纵向偏移坐标	0.0	正值上移 负值下移
stZeroFLabelParallelPosF	横向偏移坐标	0.0	正值右移 负值左移
stZeroFLabelSide	放置位置 靠哪条坐标轴	"Bottom"	"Top" "Right" "Left"
stZeroFLabelString	文本	"ZERO FIELD"	
stZeroFLabelTextDirection	书写方向	"Across"	"Down"
stZeroFLabelZone	区号	0	
stZeroFLabelPerimOn	边框显隐开关	True	False
stZeroFLabelPerimColor	边框颜色	1(前景色,黑)	查询颜色表
stZeroFLabelPerimSpaceF	文本和边框间的空白	0.33	
stZeroFLabelPerimThicknessF	边框线宽	1.0	

八、等值线图常用属性

表 7.32　等值线图绘制方式常用属性

属性名称	功能	默认值	备用值
cnConpackParams	Conpack 软件包参数		
cnCellFillEdgeColor	马赛克色块边界颜色	−1(透明)	CellFill 时生效
cnCellFillMissingValEdgeColor	马赛克缺失值边界颜色	−1(透明)	CellFill 时生效
cnRasterModeOn	栅格模式开关	False	True
cnRasterSmoothingOn	栅格平滑开关	False	True
cnRasterCellSizeF	栅格尺寸		
cnRasterMinCellSizeF	栅格最小尺寸	0.001	
cnRasterSampleFactorF	栅格采样因子	1.0	
cnSmoothingOn	等值线平滑开关	False	True
cnSmoothingDistanceF	等值线平滑距离	0.01	
cnSmoothingTensionF	等值线平滑张力因子	−2.5	0.0(不平滑) 负值为平滑先于空间变换 正值为平滑后于空间变换

表 7.33　等值线取值常用属性

属性名称	功能	默认值	备用值
cnLevelSelectionMode	取值方式	"AutomaticLevels"	"ManualLevels" "ExplicitLevels" "EqualSpacedLevels"
cnLevels	等值线数值		取值方式需"ExplicitLevels"
cnMaxLevelValF cnMinLevelValF cnLevelSpacingF	最大/最小/间隔值		取值方式需"ManualLevels"
cnLevelCount	等值线数量		
cnMaxLevelCount	等值线数量上限	16	
cnLevelFlag cnLevelFlags	取值表现形式	"LineOnly"	"NoLine" "LabelOnly" "LineAndLabel"

表 7.34　等值线图单一风格常用属性

属性名称	功能	默认值	备用值
cnMonoFillColor	填充颜色	False	True
cnMonoFillPattern	填充样式	True	False
cnMonoFillScale	填充密度	True	False
cnMonoLevelFlag	等值线取值表现形式	False	True

续表

属性名称	功能	默认值	备用值
cnMonoLineColor	等值线颜色	True	False
cnMonoLineDashPattern	等值线线型	True	False
cnMonoLineThickness	等值线线宽	True	False
cnMonoLineLabelFontColor	等值线标注颜色	True	False

表 7.35　等值线填充常用属性

属性名称	功能	默认值	备用值
cnFillOn	显隐开关	False	True
cnFillMode	填充方式	"AreaFill"	"RasterFill" "CellFill"
cnFillBackgroundColor	背景色	−1(透明)	查询颜色表
cnFillDrawOrder	绘制顺序	"Draw"	"PreDraw" "PostDraw"
cnFillOpacityF	不透明度	1.0	[0,1] 大值更不透明
cnFillColor cnFillColors	填充颜色	1(前景色,黑)	查询颜色表
cnFillPattern cnFillPatterns	填充样式	0(填满)	查询填充样式表
cnFillDotSizeF	填充散点尺寸	0.0	
cnFillScaleF cnFillScales	填充阴影密度	1.0	
cnFillPalette	颜色表		预定义的颜色表名称
cnSpanFillPalette	等值线填充选色方式	True(间隔选色)	False(按顺序逐个选色)
gsnSpreadColors	等值线选色方式	False(按顺序逐个选色)	True(间隔选色)
gsnSpreadColorStart gsnSpreadColorEnd	等值线选色起止索引范围	2 −1	

表 7.36　等值线常用属性

属性名称	功能	默认值	备用值
cnLinesOn	显隐开关	True	False
cnLineColor cnLineColors	颜色	1(前景色,黑)	查询颜色表
cnLineDashPattern cnLineDashPatterns	线型	0(实线)	查询线型表
gsnContourNegLineDashPattern	负等值线线型		
gsnContourPosLineDashPattern	正等值线线型		
cnLineDashSegLenF	虚线每段长度	0.15	
cnLineDrawOrder	绘制顺序	"Draw"	"PreDraw" "PostDraw"

续表

属性名称	功能	默认值	备用值
cnLineThicknessF	线宽	1.0	
cnLineThicknesses			
gsnContourZeroLineThicknessF	零等值线线宽		
gsnContourLineThicknessesScale	等值线线宽		
cnLinePalette	颜色表		预定义的颜色表名称
cnSpanLinePalette	等值线线条选色方式	True(间隔选色)	False(按顺序逐个选色)
gsnSpreadColors	等值线选色方式	False(按顺序逐个选色)	True(间隔选色)
gsnSpreadColorStart	等值线选色起止索引	2	
gsnSpreadColorEnd	范围	−1	

表 7.37　等值线图缺失值绘制常用属性

属性名称	功能	默认值	备用值
cnMissingValFillColor	填充颜色	−1(透明)	查询颜色表
cnMissingValFillPattern	填充样式	0(填满)	查询填充样式表
cnMissingValFillScaleF	填充密度	1.0	
cnMissingValPerimOn	边框显隐开关	False	True
cnMissingValPerimGridBoundOn	边框网格开关,影响缺失值边界绘制方式	False	True
cnMissingValPerimColor	边框颜色	1(前景色,黑)	查询颜色表
cnMissingValPerimDashPattern	边框线型	0(实线)	查询线型表
cnMissingValPerimThicknessF	边框线宽	1.0	

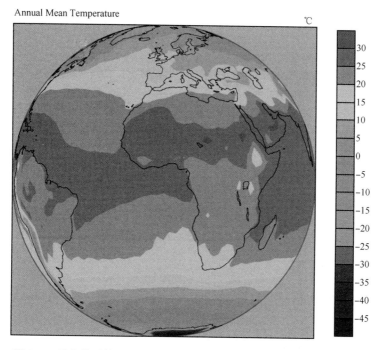

图 7.6　等值线图控制元素:地图外范围(灰色填充区域)(见文后彩插)

表 7.38　等值线图地图外范围常用属性(绘图区域内、地图投影外的页面范围)

属性名称	功能	默认值	备用值
cnOutOfRangeFillColor	填充颜色	−1(透明)	查询颜色表
cnOutOfRangeFillPattern	填充样式	0(填满)	查询填充样式表
cnOutOfRangeFillScaleF	填充密度	1.0	
cnOutOfRangePerimOn	边框显隐开关	False	True
cnOutOfRangePerimColor	边框颜色	1(前景色,黑)	查询颜色表
cnOutOfRangePerimDashPattern	边框线型	0(实线)	查询线型表
cnOutOfRangePerimThicknessF	边框线宽	1.0	

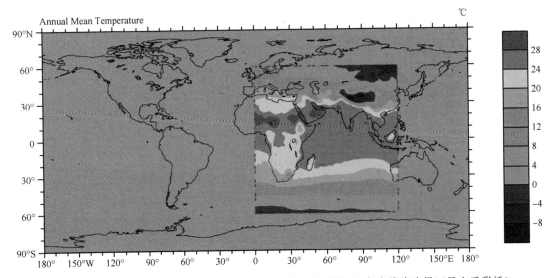

图 7.7　等值线图控制元素:数据区域范围(橙色填充为外部,红色虚线为边界)(见文后彩插)

表 7.39　等值线图数据区域范围常用属性

属性名称	功能	默认值	备用值
cnGridBoundFillColor	填充颜色	−1(透明)	查询颜色表
cnGridBoundFillPattern	填充样式	0(填满)	查询填充样式表
cnGridBoundFillScaleF	填充密度	1.0	
cnGridBoundPerimOn	边框显隐开关	False	True
cnGridBoundPerimColor	边框颜色	1(前景色,黑)	查询颜色表
cnGridBoundPerimDashPattern	边框线型	0(实线)	查询线型表
cnGridBoundPerimThicknessF	边框线宽	1.0	

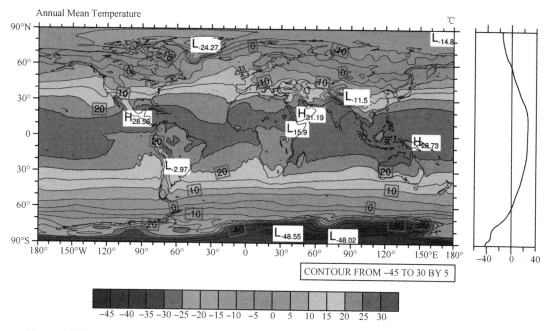

图 7.8　等值线图控制元素:信息标注框(蓝色实线框)、线条标注框(红色实线框)、高值/低值中心(白色背景框)、纬向平均图(右侧)(见文后彩插)

表 7.40　纬向平均图常用属性

属性名称	功能	默认值	备用值
gsnZonalMean	是否给等值线图添加纬向平均图 (地图投影通常为等距圆柱投影)	False	True
gsnZonalMeanXMaxF gsnZonalMeanXMinF	纬向平均图 x 轴范围		
gsnZonalMeanYRefLine	垂直参考线取值		

表 7.41　等值线图信息标注常用属性

属性名称	功能	默认值	备用值
cnInfoLabelOn	显隐开关	True	False
cnInfoLabelAngleF	整体旋转角度	0.0	
cnInfoLabelBackgroundColor	背景色	0(背景色,白)	查询颜色表
cnInfoLabelConstantSpacingF	字体间距	0.0	
cnInfoLabelFont	字体	"pwritx"	查询字体表
cnInfoLabelFontAspectF	高宽比	1.3125	
cnInfoLabelFontColor	颜色	1(前景色,黑)	查询颜色表
cnInfoLabelFontHeightF	字号	0.02	
cnInfoLabelFontQuality	字体质量	"High"	"Medium" "Low"
cnInfoLabelFontThicknessF	字重	1.0	
cnInfoLabelFormat	格式	" * + ˜sg"	

续表

属性名称	功能	默认值	备用值
cnInfoLabelFuncCode	控制代码分隔符（以此标识控制代码）	"∼"	
cnInfoLabelJust	对齐（靠上靠下居中靠左靠右）	"TopRight"	"topLeft" "CenterLeft" "BottomLeft" "TopCenter" "BottomCenter" "CenterCenter" "CenterRight" "BottomRight"
cnInfoLabelOrthogonalPosF	纵向偏移坐标	0.02	正值上移 负值下移
cnInfoLabelParallelPosF	横向偏移坐标	0	正值右移 负值左移
cnInfoLabelSide	放置位置 靠哪条坐标轴	"Bottom"	"Top" "Right" "Left"
cnInfoLabelString	文本		
cnInfoLabelTextDirection	书写方向	Across	Down
cnInfoLabelZone	区号	3	
cnInfoLabelPerimOn	边框显隐开关	True	False
cnInfoLabelPerimColor	边框颜色	1(前景色,黑)	查询颜色表
cnInfoLabelPerimSpaceF	文本和边框间的空白	0.33	
cnInfoLabelPerimThicknessF	边框线宽	1.0	

表 7.42　等值线标注常用属性

属性名称	功能	默认值	备用值
cnLineLabelsOn	显隐开关	False	True
cnLineLabelAngleF	整体旋转角度	−1.0 负值表示切线方向	
cnLineLabelBackgroundColor	背景色	0(背景色,白)	查询颜色表
cnLineLabelConstantSpacingF	字体间距	0.0	
cnLineLabelCount	数量	0	
cnLineLabelDensityF	标注密度	0.0	须 cnLineLabelPlacementMode = "Computed"或"Randomized"
cnLineLabelFont	字体	"pwritx"	查询字体表
cnLineLabelFontAspectF	高宽比	1.3125	
cnLineLabelFontColor cnLineLabelFontColors	颜色	1(前景色,黑)	查询颜色表
cnLineLabelFontHeightF	字号	0.012	

续表

属性名称	功能	默认值	备用值
cnLineLabelFontQuality	字体质量	"High"	"Medium" "Low"
cnLineLabelFontThicknessF	字重	1.0	
cnLineLabelFormat	格式	" * + ˜sg"	
cnLineLabelFuncCode	控制代码分隔符 (以此标识控制代码)	"～"	
cnLineLabelInterval	间隔 每隔 n 条等值线才标注	2	
cnLineLabelPlacementMode	放置方式,会影响放置密度 和位置	"Randomized"	"Constant" "Computed"
cnLineLabelStrings	文本		
cnExplicitLineLabelsOn	等值线标注显式控制开关	False 标注与等值线自动匹配	True 允许手工设置
cnLineLabelPerimOn	边框显隐开关	True	False
cnLineLabelPerimColor	边框颜色	1(前景色,黑)	查询颜色表
cnLineLabelPerimSpaceF	文本和边框间的空白	0.33	
cnLineLabelPerimThicknessF	边框线宽	1.0	
cnLabelMasking	等值线标注遮盖	False 等值线完整 标注压在等值线上	True 等值线被标注遮蔽,形同断裂
cnLabelDrawOrder	绘制顺序	"Draw"	"PreDraw" "PostDraw"
cnLabelScaleFactorF	标注数据数量级控制因子		
cnLabelScaleValueF	标注数据数量级	1.0	当 cnLabelScalingMode＝"Scale-Factor" 或 "ConfineToRange" 时生效
cnLabelScalingMode	标注数据数量级控制方式	"ScaleFactor"	"ConfineToRange" "TrimZeros" "MaxSigDigitsLeft" "AllIntegers"

表 7.43　等值线图高值/低值中心标注常用属性

属性名称	功能	默认值	备用值
cnHighLabelsOn cnLowLabelsOn	显隐开关	False	True
cnHighLabelAngleF cnLowLabelAngleF	整体旋转角度	0.0 负值表示切线方向	
cnHighLabelBackgroundColor cnLowLabelBackgroundColor	背景色	0(背景色,白)	查询颜色表

属性名称	功能	默认值	备用值
cnHighLabelConstantSpacingF cnLowLabelConstantSpacingF	字体间距	0.0	
cnHighLabelCount cnLowLabelCount	数量	0	
cnHighLabelFont cnLowLabelFont	字体	"pwritx"	查询字体表
cnHighLabelFontAspectF cnLowLabelFontAspectF	高宽比	1.3125	
cnHighLabelFontColor cnLowLabelFontColor	颜色	1(前景色,黑)	查询颜色表
cnHighLabelFontHeightF cnLowLabelFontHeightF	字号	0.012	
cnHighLabelFontQuality cnLowLabelFontQuality	字体质量	"High"	"Medium" "Low"
cnHighLabelFontThicknessF cnLowLabelFontThicknessF	字重	1.0	
cnHighLabelFormat cnLowLabelFormat	格式	"*+˙sg"	
cnHighLabelFuncCode cnLowLabelFuncCode	控制代码分隔符 (以此标识控制代码)	"~"	
cnHighLabelString cnLowLabelString	文本	"H~B~ZDV~E~" "L~B~ZDV~E~" H 或 L,下标标注数值	
cnHighLabelPerimOn cnLowLabelPerimOn	边框显隐开关	True	False
cnHighLabelPerimColor cnLowLabelPerimColor	边框颜色	1(前景色,黑)	查询颜色表
cnHighLabelPerimSpaceF cnLowLabelPerimSpaceF	文本和边框间的空白	0.33	
cnHighLabelPerimThicknessF cnLowLabelPerimThicknessF	边框线宽	1.0	
cnHighUseLineLabelRes	高值中心是否使用等值线标注属性	False	True
cnLowUseHighLabelRes	低值中心是否使用高值中心标注属性	False	True
cnHighLowLabelOverlapMode	叠压方式	"IgnoreOverlap"	"OmitOverHL" "OmitOverVP" "OmitOverVPAndHL" "AdjustVP" "AdjustVPOmitOverHL"

表 7.44　等值线图标量场标注常用属性(显示标注而不绘制等值线)

属性名称	功能	默认值	备用值
cnConstFLabelOn	显隐开关	True	False
cnConstFLabelAngleF	整体旋转角度	0.0	
cnConstFLabelBackgroundColor	背景色	0(背景色,白)	查询颜色表
cnConstFLabelConstantSpacingF	字体间距	0.0	
cnConstFLabelFont	字体	"pwritx"	查询字体表
cnConstFLabelFontAspectF	高宽比	1.3125	
cnConstFLabelFontColor	颜色	1(前景色,黑)	查询颜色表
cnConstFLabelFontHeightF	字号	0.012	
cnConstFLabelFontQuality	字体质量	"High"	"Medium" "Low"
cnConstFLabelFontThicknessF	字重	1.0	
cnConstFLabelFormat	格式	" * +`sg"	
cnConstFLabelFuncCode	控制代码分隔符(以此标识控制代码)	"~"	
cnConstFLabelJust	对齐(靠上靠下居中靠左靠右)	"CenterCenter"	"TopLeft" "CenterLeft" "BottomLeft" "TopCenter" "BottomCenter" "TopRight" "CenterRight" "BottomRight"
cnConstFLabelOrthogonalPosF	纵向偏移坐标	0.0	正值上移 负值下移
cnConstFLabelParallelPosF	横向偏移坐标	0.0	正值右移 负值左移
cnConstFLabelSide	放置位置 靠哪条坐标轴	"Bottom"	"Top" "Right" "Left"
cnConstFLabelString	文本	"CONSTANT FIELD— VALUE IS ZDV"	
cnConstFLabelTextDirection	书写方向	Across	Down
cnConstFLabelZone	区号	3	
cnConstFLabelPerimOn	边框显隐开关	True	False
cnConstFLabelPerimColor	边框颜色	1(前景色,黑)	查询颜色表
cnConstFLabelPerimSpaceF	文本和边框间的空白	0.33	
cnConstFLabelPerimThicknessF	边框线宽	1.0	
cnConstFEnableFill	填充开关	False	True
cnConstFUseInfoLabelRes	标量场标注是否使用信息标注属性	False	True

表 7.45　等值线图无数据警示标注常用属性

属性名称	功能	默认值	备用值
cnNoDataLabelOn	显隐开关	True	False
cnNoDataLabelString	文本	"NO CONTOUR DATA"	

九、地图设置常用属性

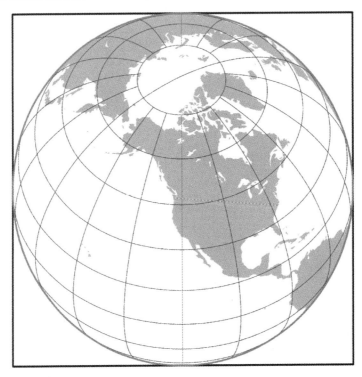

图 7.9　地图控制元素:边框(蓝色)、网格(红色)、临边圆周(橙色)(见文后彩插)

表 7.46　地图数据常用属性

属性名称	功能	默认值	备用值
mpDataBaseVersion	地图数据版本	"Ncarg4_0"(低分辨率)	"Ncarg4_1"(中分辨率) "RANGS_GSHHS"(高分辨率)
mpDataSetName	地图数据版本 Ncarg4_1 的数据集	"Earth..2"	"Earth..1" "Earth..3" "Earth..4"
mpDataResolution	地图分辨率	"UnspecifiedResolution"	"FinestResolution" "FineResolution" "MediumResolution" "CoarseResolution" "CoarsestResolution"
mpAreaGroupCount	受控区域数量	10	[10,255]
mpAreaNames	受控区域名称		

续表

属性名称	功能	默认值	备用值
mpAreaTypes	受控区域类型		
mpFixedAreaGroups	固定区域组		
mpDynamicAreaGroups	动态区域组		

表 7.47 地图标注常用属性

属性名称	功能	默认值	备用值
mpLabelsOn	显隐开关 显示标注包括： EQ(赤道) GM(本初子午线) SP(南极点) NP(北极点) ID(国际日期变更线)	False	True
mpLabelDrawOrder	绘制顺序	"PostDraw"	"PreDraw" "Draw"
mpLabelFontColor	颜色	1(前景色,黑)	查询颜色表
mpLabelFontHeightF	字号		

表 7.48 地图投影常用设置

属性名称	功能	默认值	备用值
mpProjection	投影方式	"CylindricalEquidistant"	"AzimuthalEquidistant" "CylindricalEqualArea" "Gnomonic" "LambertConformal" "LambertEqualArea" "Mercator" "Mollweide" "Orthographic" "Robinson" "RotatedMercator" "Satellite" "Stereographic"
mpLambertMeridianF mpLambertParallel1F mpLambertParallel2F	Lambert 投影设置		须 mpLimitMode="Lambert"
gsnMaskLambertConformal	Lambert 投影遮蔽开关	False 绘制完整的数据区域(全球)	True 须 mpProjection="LambertConformal" 显示范围由 mpMinLonF、mpMaxLonF、mpMinLatF、mpMaxLatF 定义

属性名称	功能	默认值	备用值
gsnMaskLambertCon-formalOutlineOn	Lambert 投影遮蔽边框开关	True	False
mpSatelliteAngle1F mpSatelliteAngle2F	卫星视角	0.0	须 mpLimitMode="Satellite"
mpSatelliteDistF	卫星距离,地球半径的倍数	1.0	须 mpLimitMode="Satellite"
mpRelativeCenterLat mpRelativeCenterLon	投影中心解释方式	False	True(解释为偏移量,须 mpLimit-Mode="LatLon")
mpCenterLatF mpCenterLonF	投影中心经纬度	0.0	
mpCenterRotF	旋转角度	0.0	
mpShapeMode	形状控制模式	"FixedAspectFitBB"	"FreeAspect" "FixedAspectNoFitBB"
mpEllipticalBoundary	投影内切椭圆	False(方形)	True(椭圆形)
gsnAddCyclic	球体经度重合		False True(经度首尾相接,360°)

表 7.49　地图范围限制常用属性

属性名称	功能	默认值	备用值
mpLimitMode	限制方式	"MaximalArea"	"Angles" "Corners" "LatLon" "NDC" "NPC" "Points" "Window"
mpLeftCornerLatF mpLeftCornerLonF mpRightCornerLatF mpRightCornerLonF	地图范围 左下角/右上角经纬度 须@mpLimitMode="Corners"		
mpLeftPointLatF mpLeftPointLonF mpRightPointLatF mpRightPointLonF mpBottomPointLatF mpBottomPointLonF mpTopPointLatF mpTopPointLonF	地图范围 须@mpLimitMode="Points"		

续表

属性名称	功能	默认值	备用值
mpMaxLatF mpMaxLonF mpMinLatF mpMinLonF	地图范围 须@mpLimitMode="LatLon"		
mpLeftWindowF mpRightWindowF mpTopWindowF mpBottomWindowF	地图范围 须@mpLimitMode="Window"		
mpBottomAngleF mpLeftAngleF mpTopAngleF mpRightAngleF	地图范围 须@mpLimitMode="Angles"		
mpBottomMapPosF mpTopMapPosF mpLeftMapPosF mpRightMapPosF	地图上下左右位置		
mpBottomNDCF mpTopNDCF mpLeftNDCF mpRightNDCF	地图范围 须@mpLimitMode="NDC"		
mpBottomNPCF mpTopNPCF mpLeftNPCF mpRightNPCF	地图范围 须@mpLimitMode="NPC"		

表 7.50　极区图常用属性

属性名称	功能	默认值	备用值
gsnPolar	南/北极区切换	"NH"	"SH"
gsnPolarLabelDistance	经度标注到极点的距离	1.04	
gsnPolarLabelFont	经度/地方时标注字体		
gsnPolarLabelFontHeightF	经度/地方时标注字号		
gsnPolarLabelSpacing	经度/地方时标注间隔	30°	
gsnPolarTime	经度/地方时标注切换	False(经度)	True(地方时)
gsnPolarUT	世界时	0	须 gsnPolarTime=True 地方时标注始终以 0 在最下方,地球相应旋转

表 7.51　地图自然轮廓、行政边界常用属性

属性名称	功能	默认值	备用值
mpOutlineOn	显隐开关	True	False
mpOutlineBoundarySets	轮廓类型	"Geophysical"	"NoBoundaries" "National" "USStates" "GeophysicalAndUSStates" "AllBoundaries"
mpOutlineDrawOrder	轮廓绘制顺序	"PostDraw"	"PreDraw" "Draw"
mpOutlineMaskingOn	轮廓遮蔽开关	False	True
mpOutlineSpecifiers	绘制轮廓名称		轮廓名称,通常为国家(地区)名称,须 mpDataBaseVersion 和 mpDataSetName 预定义地图数据集
mpMaskOutlineSpecifiers	遮蔽轮廓名称		轮廓名称,通常为国家(地区)名称,须 mpDataBaseVersion 和 mpDataSetName 预定义地图数据集。方便起见,此属性自动开启 mpOutlineMaskingOn＝True
mpGeophysicalLineColor	自然轮廓颜色	1(前景色,黑)	查询颜色表
mpGeophysicalLineDashPattern	自然轮廓线型	0(实线)	查询线型表
mpGeophysicalLineDashSegLenF	自然轮廓虚线每段长度	0.15	
mpGeophysicalLineThicknessF	自然轮廓线宽	1.0	
mpUSStateLineColor	美国州界颜色	1(前景色,黑)	查询颜色表
mpUSStateLineDashPattern	美国州界线型	0(实线)	查询线型表
mpUSStateLineDashSegLenF	美国州界虚线每段长度	0.15	
mpUSStateLineThicknessF	美国州界线宽	1.0	
mpNationalLineColor	各国国界颜色	1(前景色,黑)	查询颜色表
mpNationalLineDashPattern	各国国界线型	0(实线)	查询线型表
mpNationalLineDashSegLenF	各国国界虚线每段长度	0.15	
mpNationalLineThicknessF	各国国界线宽	1.0	
mpProvincialLineColor	省界颜色	1(前景色,黑)	查询颜色表
mpProvincialLineDashPattern	省界线型	0(实线)	查询线型表
mpProvincialLineDashSegLenF	省界虚线每段长度	0.15	
mpProvincialLineThicknessF	省界线宽	1.0	
mpCountyLineColor	县界颜色	1(前景色,黑)	查询颜色表
mpCountyLineDashPattern	县界线型	0(实线)	查询线型表
mpCountyLineDashSegLenF	县界虚线每段长度	0.15	
mpCountyLineThicknessF	县界线宽	1.0	
mpGreatCircleLinesOn	球面上两点间连线是否沿大圆	False	True

表 7.52 地图填充常用属性

属性名称	功能	默认值	备用值
mpFillOn	总开关	True	False
mpFillDrawOrder	绘制顺序	"Draw"	"PreDraw" "PostDraw"
mpFillAreaSpecifiers	填充区域名称		区域名称,通常为国家(地区)名称,须 mpDataBaseVersion 和 mpDataSetName 预定义地图数据集
mpMaskAreaSpecifiers	遮蔽区域名称		区域名称,通常为国家(地区)名称,须 mpDataBaseVersion 和 mpDataSetName 预定义地图数据集。 方便起见,此属性自动开启 mpArea-MaskingOn=True
mpAreaMaskingOn	区域遮蔽开关	False	True
mpFillBoundarySets	区域类型	"Geophysical"	"NoBoundaries" "National" "USStates" "GeophysicalAndUSStates" "AllBoundaries"
mpFillColor mpFillColors	填充颜色		
mpFillPattern mpFillPatterns	填充样式		
mpFillScaleF mpFillScales	填充密度		
mpFillDotSizeF	填充散点尺寸	0.0	
mpFillPatternBackground	填充背景色		
mpSpecifiedFillDirectIndexing	区域填充属性解释方式	True	False
mpSpecifiedFillPriority	区域填充顺序(影响叠加层次)	"GeophysicalPriority"	"PoliticalPriority"
mpSpecifiedFillColors	区域填充颜色		与 mpFillAreaSpecifiers 一一对应
mpSpecifiedFillPatterns	区域填充样式		与 mpFillAreaSpecifiers 一一对应
mpSpecifiedFillScales	区域填充密度		与 mpFillAreaSpecifiers 一一对应
mpDefaultFillColor	默认填充颜色		
mpDefaultFillPattern	默认填充样式	0(填满)	查询填充样式表
mpDefaultFillScaleF	默认填充密度	1.0	小值密集 大值稀疏
mpInlandWaterFillColor	内陆水域颜色		
mpInlandWaterFillPattern	内陆水域填充样式	0(填满)	查询填充样式表
mpInlandWaterFillScaleF	内陆水域填充密度	1.0	小值密集 大值稀疏

续表

属性名称	功能	默认值	备用值
mpLandFillColor	陆地颜色		
mpLandFillPattern	陆地填充样式	0(填满)	查询填充样式表
mpLandFillScaleF	陆地填充密度	1.0	小值密集 大值稀疏
mpOceanFillColor	海洋颜色		
mpOceanFillPattern	海洋填充样式	0(填满)	查询填充样式表
mpOceanFillScaleF	海洋填充密度	1.0	小值密集 大值稀疏
mpMonoFillColor	单一风格:颜色	False	True
mpMonoFillPattern	单一风格:填充样式	True	False
mpMonoFillScale	单一风格:填充密度	True	False

表 7.53 地图边框常用属性

属性名称	功能	默认值	备用值
mpPerimOn	显隐开关	False	True
mpPerimDrawOrder	绘制顺序,影响叠压层次	"Draw"	"PreDraw"(先画,在下层) "PostDraw"(后画,在上层)
mpPerimLineColor	线条颜色	1(前景色,黑)	查询颜色表
mpPerimLineDashPattern	线型	0(实线)	查询线型表
mpPerimLineDashSegLenF	虚线每段长度	0.15	
mpPerimLineThicknessF	线宽	1.0	

表 7.54 地图网格常用属性

属性名称	功能	默认值	备用值
mpGridAndLimbOn	显隐开关	False	True
mpGridAndLimbDrawOrder	绘制顺序	"PostDraw"	"PreDraw" "Draw"
mpGridSpacingF	网格间距,经纬度统一控制	15.0°	
mpGridLatSpacingF mpGridLonSpacingF	网格间距,经纬度单独控制	15.0°	
mpGridLineColor	颜色	1(前景色,黑)	查询颜色表
mpGridLineDashPattern	线型	0(实线)	查询线型表
mpGridLineDashSegLenF	虚线每段长度	0.15	
mpGridLineThicknessF	线宽	1.0	
mpGridMaskMode	遮蔽方式	"MaskNone"	"MaskOcean" "MaskNotOcean" "MaskLand" "MaskNotLand" "MaskFillArea" "MaskMaskArea"

续表

属性名称	功能	默认值	备用值
mpGridMaxLatF	网格纬度范围 绘制其正负值之间的网格	90.0	
mpGridPolarLonSpacingF	极点附近经线间距（极点以单点的形式出现时才生效,避免过度拥挤）	15.0	mpGridLonSpacingF 的整数倍
mpLimbLineColor	临边圆周颜色	1(前景色,黑)	查询颜色表
mpLimbLineDashPattern	临边圆周线型	0(实线)	查询线型表
mpLimbLineDashSegLenF	临边圆周虚线每段长度	0.15	
mpLimbLineThicknessF	临边圆周线宽	1.0	

十、图形标注和标题控制

标题包括图形标题和坐标轴标题,图像上方可以在左上角、正中和右上角标注三个字符串,位置如图 7.10 所示。

标注通常在等值线图、流场图、矢量图中可自动显示,左上角、右上角分别显示变量名和变量单位,即引用数据变量的属性@long_name 和@units。相关属性用于控制标注字符串的显示形式。

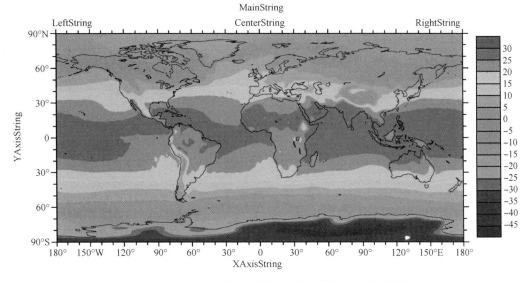

图 7.10　通用控制元素:图形标注和标题位置(见文后彩插)

表 7.55　图形标注控制属性

属性名称	功能	默认值	备用值
gsnCenterString gsnLeftString gsnRightString	文本	用于绘制图形的数据变量的属性 plot@gsnLeftString=data@long_name plot@gsnRightString=data@units	

属性名称	功能	默认值	备用值
gsnCenterStringFontColor gsnLeftStringFontColor gsnRightStringFontColor	颜色	前景色(黑色)	
gsnCenterStringFontHeightF gsnLeftStringFontHeightF gsnRightStringFontHeightF	字号		
gsnCenterStringFuncCode gsnLeftStringFuncCode gsnRightStringFuncCode	控制代码分隔符 (以此标识控制代码)	"～"	
gsnCenterStringOrthogonalPosF gsnLeftStringOrthogonalPosF gsnRightStringOrthogonalPosF	纵向偏移坐标	0	正值上移 负值下移
gsnCenterStringParallelPosF gsnLeftStringParallelPosF gsnRightStringParallelPosF	横向偏移坐标	0	正值右移 负值左移

表 7.56　图形标题控制属性

属性名称	功能	默认值	备用值
tiDeltaF	设置默认偏移量	1.5	
tiUseMainAttributes	将主标题属性复制给坐标轴标题	False	True
tiMainAngleF tiXAxisAngleF	文字旋转角度	0	
tiYAxisAngleF	文字旋转角度	90	
tiMainConstantSpacingF tiXAxisConstantSpacingF tiYAxisConstantSpacingF	字体间距	0.0	
tiMainDirection tiXAxisDirection tiYAxisDirection	书写方向	"Across"	"Down"
tiMainFont tiXAxisFont tiYAxisFont	字体编号	0	查询字体表
tiMainFontAspectF tiXAxisFontAspectF tiYAxisFontAspectF	高宽比	1.3125	小则矮胖 大则瘦长
tiMainFontColor tiXAxisFontColor tiYAxisFontColor	字体颜色	1(前景色,黑)	
tiMainFontHeightF tiXAxisFontHeightF tiYAxisFontHeightF	字号	0.025	

续表

属性名称	功能	默认值	备用值
tiMainFontQuality tiXAxisFontQuality tiYAxisFontQuality	字体质量	"High"	
tiMainFontThicknessF tiXAxisFontThicknessF tiYAxisFontThicknessF	字重	1.0	
tiMainFuncCode tiXAxisFuncCode tiYAxisFuncCode	控制代码分隔符（以此标识控制代码）	"～"	
tiMainJust tiXAxisJust tiYAxisJust	对齐（靠上靠下居中靠左靠右）	"CenterCenter"	"topLeft" "CenterLeft" "BottomLeft" "TopCenter" "BottomCenter" "TopRight" "CenterRight" "BottomRight"
tiMainOffsetXF tiXAxisOffsetXF tiYAxisOffsetXF	横向偏移坐标	0.0	正值右移 负值左移
tiMainOffsetYF tiXAxisOffsetYF tiYAxisOffsetYF	纵向偏移坐标	0.0	正值上移 负值下移
tiMainOn tiXAxisOn tiYAxisOn	标题开关		
tiMainPosition tiXAxisPosition	标题位置	"Center"	"Left" "Center"
tiYAxisPosition	标题位置	"Center"	"Bottom" "Top"
tiMainSide	标题靠边	"Top" （上边那条 x 轴）	"Bottom" （下边那条 x 轴）
tiXAxisSide	标题靠边	"Bottom" （下边那条 x 轴）	"Top" （上边那条 x 轴）
tiYAxisSide	标题靠边	"Left" （左边那条 y 轴）	"Right" （右边那条 y 轴）
tiMainString tiXAxisString tiYAxisString	标题文本		
pmTitleDisplayMode	显示方式	"NoCreate"	"Always" "Never" "Conditional"
pmTitleZone	区号	4	

十一、坐标轴常用属性

表 7.57　坐标系常用属性

属性名称	功能	默认值	备用值
trGridType	坐标网格类型		"Map" "LogLin" "Irregular" "Curvilinear" "Spherical" "TriangularMesh"
trLineInterpolationOn	坐标线插值开关	False	True
trXAxisType trYAxisType	坐标轴类型	"LinearAxis" (线性坐标)	"IrregularAxis" (不规则坐标) "LogAxis" (对数坐标)
gsnXAxisIrregular2Linear gsnYAxisIrregular2Linear	不规则坐标线性化	False	True
gsnXAxisIrregular2Log gsnYAxisIrregular2Log	不规则坐标对数化		
trXLog trYLog	对数坐标开关	False	True
trXMaxF trYMaxF	设置坐标轴最大值	1.0	
trXMinF trYMinF	设置坐标轴最小值	0.0	
trXReverse trYReverse	坐标轴翻转	False	True
trXSamples trYSamples	坐标轴采样数	9	
trXTensionF trYTensionF	张力参数,用于不规则坐标的样条插值	2.0	

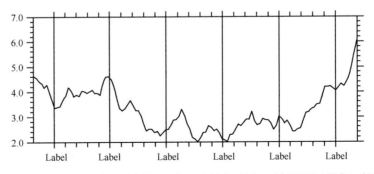

图 7.11　坐标轴控制元素:轴线(蓝色)、大刻度(红色)、小刻度(绿色)、刻度网格(橙色)、标注(见文后彩插)

表 7.58　坐标轴常用属性

属性名称	功能	默认值	备用值
gsnTickMarksOn	显隐开关（包括轴线、刻度、标注等）	True	False
pmTickMarkDisplayMode	显示方式	"Always"	"NoCreate" "Never" "Conditional"
pmTickMarkZone	区号	2	

表 7.59　坐标轴轴线常用属性

属性名称	功能	默认值	备用值
tmBorderLineColor	颜色	1(前景色,黑)	查询颜色表
tmBorderThicknessF	线宽	2.0	
tmXBBorderOn tmXTBorderOn tmYLBorderOn tmYRBorderOn	显隐开关	True	False
tmEqualizeXYSizes	四条轴线的刻度和标注使用统一尺寸	False	True
tmXUseBottom	x 上边轴线使用 x 下边轴线属性	True	False
tmYUseLeft	y 右边轴线使用 y 左边轴线属性	True	False

表 7.60　坐标轴刻度常用属性

属性名称	功能	默认值	备用值
tmXMajorGrid tmXMinorGrid tmYMajorGrid tmYMinorGrid	刻度网格显隐开关	False	True
tmXMajorGridLineColor tmXMinorGridLineColor tmYMajorGridLineColor tmYMinorGridLineColor	刻度网格颜色	1(前景色,黑)	查询颜色表
tmXMajorGridLineDashPattern tmXMinorGridLineDashPattern tmYMajorGridLineDashPattern tmYMinorGridLineDashPattern	刻度网格线型	0(实线)	查询线型表
tmXMajorGridThicknessF tmYMajorGridThicknessF	大刻度网格线宽	2.0	
tmXMinorGridThicknessF tmYMinorGridThicknessF	小刻度网格线宽	1.0	
tmXBMajorLengthF tmXTMajorLengthF tmYLMajorLengthF tmYRMajorLengthF	大刻度长度		正值朝内 负值朝外

续表

属性名称	功能	默认值	备用值
tmXBMajorLineColor tmXTMajorLineColor tmYLMajorLineColor tmYRMajorLineColor	大刻度颜色	1(前景色,黑)	查询颜色表
tmXBMajorOutwardLengthF tmXTMajorOutwardLengthF tmYLMajorOutwardLengthF tmYRMajorOutwardLengthF	大刻度偏离轴线的距离	0.0	
tmXBMajorThicknessF tmXTMajorThicknessF tmYLMajorThicknessF tmYRMajorThicknessF	大刻度线宽	2.0	
tmXBMinorOn tmXTMinorOn tmYLMinorOn tmYRMinorOn	小刻度显隐开关	True	False
tmXBMinorLengthF tmXTMinorLengthF tmYLMinorLengthF tmYRMinorLengthF	小刻度长度		正值朝内 负值朝外
tmXBMinorLineColor tmXTMinorLineColor tmYLMinorLineColor tmYRMinorLineColor	小刻度颜色	1(前景色,黑)	查询颜色表
tmXBMinorOutwardLengthF tmXTMinorOutwardLengthF tmYLMinorOutwardLengthF tmYRMinorOutwardLengthF	小刻度偏离轴线的距离	0.0	
tmXBMinorPerMajor tmXTMinorPerMajor tmYLMinorPerMajor tmYRMinorPerMajor	相邻大刻度间的小刻度数量		
tmXBMinorThicknessF tmXTMinorThicknessF tmYLMinorThicknessF tmYRMinorThicknessF	小刻度线宽	1.0	
tmXBMinorValues tmXTMinorValues tmYLMinorValues tmYRMinorValues	小刻度取值		相应的 tmXBMode, tmXTMode, tmYLMode, tmYRMode 设置为 "Explicit"时生效

续表

属性名称	功能	默认值	备用值
gsnMajorLatSpacing gsnMajorLonSpacing	地图大刻度间距		地图投影为"CylindricalEquidistant"
gsnMinorLatSpacing gsnMinorLonSpacing	地图小刻度间距		

表 7.61　坐标轴标注常用属性

属性名称	功能	默认值	备用值
tmLabelAutoStride	自动选择间隔标注	False	True(可避免叠压)
tmXBAutoPrecision tmXTAutoPrecision tmYLAutoPrecision tmYRAutoPrecision	自动选择精度	True	False(相应的 tmXBPrecision,tmXTPre-cision,tmYLPrecision,tmYRPrecision 生效)
tmXBDataLeftF tmXBDataRightF tmXTDataLeftF tmXTDataRightF tmYLDataBottomF tmYLDataTopF tmYRDataBottomF tmYRDataTopF	坐标端点取值	0.0	
tmXBFormat tmXTFormat tmYLFormat tmYRFormat	格式控制	"0@ * +ˆsg"	
tmXBIrregularPoints tmXTIrregularPoints tmYLIrregularPoints tmYRIrregularPoints	不规则坐标点(单调递增或递减)		须相应的 tmXBStyle,tmXTStyle,tmYL-Style,tmYRStyle 设置为"Irregular"时生效
tmXBIrrTensionF tmXTIrrTensionF tmYLIrrTensionF tmYRIrrTensionF	不规则坐标样条插值张力系数	2.0	
tmXBLabelAngleF tmXTLabelAngleF tmYLLabelAngleF tmYRLabelAngleF	整体旋转角度	0.0	
tmXBLabelConstantSpacingF tmXTLabelConstantSpacingF tmYLLabelConstantSpacingF tmYRLabelConstantSpacingF	字符间距	0.0	

续表

属性名称	功能	默认值	备用值
tmXBLabelDeltaF tmXTLabelDeltaF tmYLLabelDeltaF tmYRLabelDeltaF	标注与刻度的距离	0.0	正值远离 负值靠近
tmXBLabelDirection tmXTLabelDirection tmYLLabelDirection tmYRLabelDirection	书写方向	"Across"	"Down"
tmXBLabelFont tmXTLabelFont tmYLLabelFont tmYRLabelFont	字体	"pwritx"	查询字体表
tmXBLabelFontAspectF tmXTLabelFontAspectF tmYLLabelFontAspectF tmYRLabelFontAspectF	高宽比	1.3125	
tmXBLabelFontColor tmXTLabelFontColor tmYLLabelFontColor tmYRLabelFontColor	字体颜色	1(前景色,黑)	查询颜色表
tmXBLabelFontHeightF tmXTLabelFontHeightF tmYLLabelFontHeightF tmYRLabelFontHeightF	字号		
tmXBLabelFontQuality tmXTLabelFontQuality tmYLLabelFontQuality tmYRLabelFontQuality	字体质量	"High"	"Medium" "Low"
tmXBLabelFontThicknessF tmXTLabelFontThicknessF tmYLLabelFontThicknessF tmYRLabelFontThicknessF	字重	1.0	
tmXBLabelFuncCode tmXTLabelFuncCode tmYLLabelFuncCode tmYRLabelFuncCode	控制代码分隔符(以此标识控制代码)	"~"	

续表

属性名称	功能	默认值	备用值
tmXBLabelJust tmXTLabelJust tmYLLabelJust tmYRLabelJust	对齐(靠上靠下居中靠左靠右)	"CenterCenter"	"topLeft" "CenterLeft" "BottomLeft" "TopCenter" "BottomCenter" "TopRight" "CenterRight" "BottomRight"
tmXBLabelsOn tmYLLabelsOn	显隐开关	True	False
tmXTLabelsOn tmYRLabelsOn		False	True
tmXBLabelStride tmXTLabelStride tmYLLabelStride tmYRLabelStride	标注间隔	0(每个大刻度显式对应标注)	间隔 n 个大刻度显式对应标注
tmXBMaxLabelLenF tmXTMaxLabelLenF tmYLMaxLabelLenF tmYRMaxLabelLenF	标注文本最大长度		
tmXBOn tmXTOn tmYLOn tmYROn	刻度和标注显隐开关	True	
tmXBPrecision tmXTPrecision tmYLPrecision tmYRPrecision	精度(有效数字)	4	
tmXBStyle tmXTStyle tmYLStyle tmYRStyle	风格	"Linear"	"Log" "Irregular" "Time" "Geographic"
tmXBMode tmXTMode tmYLMode tmYRMode	标注方式	"Automatic"	"Manual" "Explicit"
tmXBMaxTicks tmXTMaxTicks tmYLMaxTicks tmYRMaxTicks	标注最大数量	7	相应的 tmXBMode,tmXTMode,tmYLMode,tmYRMode 设置为 "Automatic" 时生效

续表

属性名称	功能	默认值	备用值
tmXBTickEndF tmXTTickEndF tmYLTickEndF tmYRTickEndF	标注终止坐标	0.0	相应的 tmXBMode,tmXTMode,tmYLMode,tmYRMode 设置为"Manual"时生效
tmXBTickSpacingF tmXTTickSpacingF tmYLTickSpacingF tmYRTickSpacingF	标注间距		
tmXBTickStartF tmXTTickStartF tmYLTickStartF tmYRTickStartF	标注起始坐标	0.0	
tmXBValues tmXTValues tmYLValues tmYRValues	标注坐标		相应的 tmXBMode,tmXTMode,tmYLMode,tmYRMode 设置为"Explicit"时生效;坐标和文本应一一对应
tmXBLabels tmXTLabels tmYLLabels tmYRLabels	标注文本		

十二、色标常用属性

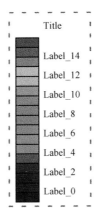

图 7.12　色标控制元素:标题、标注、边框(红色虚线)、色块、色块边框(黑色实线)(见文后彩插)

表 7.62　色标整体常用属性

属性名称	功能	默认值	备用值
lbLabelBarOn	显隐开关	True	False
lbOrientation	放置方向	"horizontal"	"vertical"

续表

属性名称	功能	默认值	备用值
pmLabelBarDisplayMode	显示方式	"Always"	"NoCreate" "Never" "Conditional"
pmLabelBarKeepAspect	保持高宽比	False	True
pmLabelBarHeightF	高度	0.6	
pmLabelBarWidthF	宽度	0.15	
pmLabelBarOrthogonalPosF	垂直偏移坐标	0.02	正值上移 负值下移
pmLabelBarParallelPosF	水平偏移坐标	0.5	正值右移 负值左移
pmLabelBarSide	放置位置 靠哪条坐标轴	"Bottom"	"Top" "Right" "Left"
pmLabelBarZone	区号	6	
lbAutoManage	是否自动设置标题和标注的属性	True	False
lbJustification	对齐(靠上靠下居中靠左靠右)	"BottomLeft"	"topLeft" "CenterLeft" "TopCenter" "BottomCenter" "TopRight" "CenterRight" "BottomRight" "CenterCenter"
lbTopMarginF lbBottomMarginF lbLeftMarginF lbRightMarginF	色标与周边的空白宽度	0.05	

表 7.63　色标标题常用属性

属性名称	功能	默认值	备用值
lbTitleOn	显隐开关	True	False
lbTitleString	文本		
lbTitleAngleF	整体旋转角度	0.0	
lbTitleConstantSpacingF	字体间距	0.0	
lbTitleDirection	书写方向	"Across"	"Down"
lbTitleFont	字体	"pwritx"	查询字体表
lbTitleFontAspectF	高宽比	1.0	
lbTitleFontColor	颜色	1(前景色,黑)	查询颜色表
lbTitleFontHeightF	字号	0.025	

续表

属性名称	功能	默认值	备用值
lbTitleFontQuality	字体质量	"High"	"Medium" "Low"
lbTitleFontThicknessF	字重	1.0	
lbTitleFuncCode	控制代码分隔符(以此标识控制代码)	"~"	
lbTitleJust	对齐(靠上靠下居中靠左靠右)	"CenterCenter"	"topLeft" "CenterLeft" "BottomLeft" "TopCenter" "BottomCenter" "TopRight" "CenterRight" "BottomRight"
lbTitleExtentF	标题相对于色标的体量	0.15	lbTitleExtentF 与 lbTitleOffsetF 之和不超过 0.5
lbTitleOffsetF	标题位置相对于色标的偏移量	0.03	lbTitleExtentF 与 lbTitleOffsetF 之和不超过 0.5
lbTitlePosition	标题相对于色标的位置	"Top"	"Bottom" "Left" "Right"

表 7.64　色标色块常用属性

属性名称	功能	默认值	备用值
lbBoxLinesOn	所有边框显隐开关	True	False
lbBoxSeparatorLinesOn	内部边框显隐开关	True	False
lbBoxCount	色块数量	16	
lbBoxEndCapStyle	上下边框形状	"RectangleEnds" (上下都为矩形)	"TriangleLowEnd" "TriangleHighEnd" "TriangleBothEnds"
lbBoxLineColor	边框颜色	1(前景色,黑)	查询颜色表
lbBoxLineDashPattern	边框线型	0(实线)	查询线型表
lbBoxLineDashSegLenF	边框虚线每段长度	0.15	
lbBoxLineThicknessF	边框线宽	1.0	
lbBoxMajorExtentF	每个色块所占比例	1.0(最大,相邻色块紧挨)	0(无色块) (0,1)(色块间有缝隙)
lbBoxMinorExtentF	每个色块宽度	0.33	
lbBoxSizing	每个色块长度设置方式	"UniformSizing" (统一长度)	"ExplicitSizing"(利用 @lbBoxFractions 显式定义长度)
lbBoxFractions	每个色块位置		每个数据对应一个色块,从 0 到 1 递增; 须 lbBoxSizing = "ExplicitSizing"

表 7.65　色标填色常用属性

属性名称	功能	默认值	备用值
lbFillBackground	填充背景色	-1(透明)	查询颜色表
lbFillDotSizeF	填充散点尺寸	0.0	
lbFillLineThicknessF	填充阴影线宽	1.0	
lbRasterFillOn	填充方式	False	True
lbFillColor lbFillColors	填充颜色	1(前景色,黑)	查询颜色表
lbFillPattern lbFillPatterns	填充阴影样式	0("SolidFill")	查询填充阴影样式表
lbFillScaleF lbFillScales	填充阴影密度	1.0	小值产生较密阴影
lbMonoFillColor lbMonoFillPattern lbMonoFillScale	单一风格开关	False	True

表 7.66　色标标注常用属性

属性名称	功能	默认值	备用值
lbLabelsOn	显隐开关	True	False
lbLabelAlignment	标注位置(相对于色块)	"InteriorEdges"(对应于色块间边界,数量比色块少一个)	"BoxCenters"(对应于色块,数量与色块相同) "ExternalEdges"(对应于色块间边界和上下外边界,数量比色块多一个)
lbLabelAutoStride	自动间隔	True	False(标注太多会叠压,不便于辨识)
lbLabelAngleF	整体旋转角度	0.0	
lbLabelConstantSpacingF	字体间距	0.0	
lbLabelDirection	书写方向	"Across"	"Down"
lbLabelFont	字体	"pwritx"	查询字体表
lbLabelFontAspectF	高宽比	1.0	
lbLabelFontColor	颜色	1(前景色,黑)	查询颜色表
lbLabelFontHeightF	字号	0.02	
lbLabelFontQuality	字体质量	"High"	"Medium" "Low"
lbLabelFontThicknessF	字重	1.0	
lbLabelFuncCode	控制代码分隔符(以此标识控制代码)	"~"	

属性名称	功能	默认值	备用值
lbLabelJust	对齐(靠上靠下居中靠左靠右)	"CenterCenter"	"topLeft" "CenterLeft" "BottomLeft" "TopCenter" "BottomCenter" "TopRight" "CenterRight" "BottomRight"
lbLabelOffsetF	标注位置相对于色标的偏移量	0.1	
lbLabelPosition	标注相对于色标的位置	"Top"/"Right"	"Bottom"/"Left" "Center"
lbLabelStride	标注间隔	1	整数 n,每 n 个色块显示 1 个对应标注
lbLabelStrings	标注文本		
cnLabelBarEndLabelsOn stLabelBarEndLabelsOn vcLabelBarEndLabelsOn	标注最大/最小值开关	False	True
cnLabelBarEndStyle	色标两端标注风格	"IncludeOuterBoxes"(色标两端色块无标注)	"IncludeMinMaxLabels"(色标两端显示最大/最小值) "ExcludeOuterBoxes"(去除色标两端色块)
cnExplicitLabelBarLabelsOn stExplicitLabelBarLabelsOn vcExplicitLabelBarLabelsOn	色标标注显式控制开关	False(与等值线图、流场图自动匹配)	True(允许手工设置)

表 7.67　色标边框常用属性

属性名称	功能	默认值	备用值
lbPerimOn	显隐开关	False	True
lbPerimColor	颜色	1(前景色,黑)	查询颜色表
lbPerimDashPattern	线型	0(实线)	
lbPerimDashSegLenF	虚线每段长度	0.15	
lbPerimFill	填色样式	"HollowFill"	@lbPerimFill 和@lbPerimFillColor 都大于等于 0 才生效
lbPerimFillColor	填充颜色	0(背景色,白)	查询颜色表
lbPerimThicknessF	线宽	1.0	

十三、图例常用属性

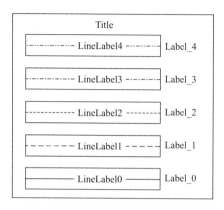

图 7.13　图例控制元素:标题、边框(红色)、数据项边框(蓝色)、数据项线条(橙色)、数据项标注、数据线线条标注(见文后彩插)

表 7.68　图例整体常用属性

属性名称	功能	默认值	备用值
lgLegendOn	显隐开关	True	False
lgOrientation	放置方向	"horizontal"	"vertical"
pmLegendDisplayMode	显示方式	"NoCreate"	"Never" "Always" "Conditional"
pmLegendKeepAspect	保持高宽比	False	True
pmLegendHeightF	高度	0.18	
pmLegendWidthF	宽度	0.55	
pmLegendOrthogonalPosF	垂直移动	0.02	
pmLegendParallelPosF	水平移动	0.5	
pmLegendSide	放置位置 靠哪条坐标轴	"Bottom"	"Top" "Right" "Left"
pmLegendZone	区号	7	
xyExplicitLegendLabels	标注	null	
lgAutoManage	是否自动设置标题和标注的属性	True	False
lgJustification	对齐(靠上靠下居中靠左靠右)	"BottomLeft"	"topLeft" "CenterLeft" "TopCenter" "BottomCenter" "TopRight" "CenterRight" "BottomRight" "CenterCenter"

属性名称	功能	默认值	备用值
lgMonoDashIndex lgMonoLineColor lgMonoLineLabelFontColor lgMonoMarkerColor lgMonoMarkerIndex	单一风格开关	False	True
lgMonoItemType lgMonoLineDashSegLen lgMonoLineLabelFontHeight lgMonoLineThickness lgMonoMarkerSize lgMonoMarkerThickness	单一风格开关	True	False
lgTopMarginF lgBottomMarginF lgLeftMarginF lgRightMarginF	图例与周边的空白宽度	0.05	

表 7.69　图例数据项边框常用属性

属性名称	功能	默认值	备用值
lgBoxLinesOn	显隐开关	False	True
lgBoxBackground	背景色	−1(透明)	查询颜色表
lgBoxLineColor	边框颜色	1(前景色,黑)	查询颜色表
lgBoxLineDashPattern	边框线型	0(实线)	查询线型表
lgBoxLineDashSegLenF	边框虚线每段长度	0.15	
lgBoxLineThicknessF	边框线宽	1.0	
lgBoxMajorExtentF	每个数据项所占比例	0.5	0(无色块) 1(相邻数据项紧挨) (0,1)(数据项间有缝隙)
lgBoxMinorExtentF	每个数据项宽度	0.6	大值会导致挤占数据项标注的宽度

表 7.70　图例数据项常用属性

属性名称	功能	默认值	备用值
lgItemCount	数量	16	
lgItemOrder	排列顺序		数据项索引数组
lgItemPlacement	布局方式	"UniformPlacement"(统一间距,均匀布局)	"ExplicitPlacement"(利用 lgItemPositions 定义间距)
lgItemPositions	每个数据项位置		每个数据对应一个数据项,从 0 到 1 递增;须 lgItemPlacement="ExplicitPlacement"
lgItemType lgItemTypes	样式	"Lines"(折线)	"Markers"(数据点) "MarkLines"(数据点+折线)

表 7.71　图例数据项标注常用属性

属性名称	功能	默认值	备用值
lgLabelsOn	显隐开关	True	False
lgLabelAlignment	标注位置（相对于数据项）	"ItemCenters"	"AboveItems" "BelowItems"
lgLabelAngleF	整体旋转角度	0.0	
lgLabelAutoStride	自动间隔	False	True
lgLabelConstantSpacingF	字体间距	0.0	
lgLabelDirection	书写方向	"Across"	"Down"
lgLabelFont	字体	"pwritx"	查询字体表
lgLabelFontAspectF	高宽比	1.0	
lgLabelFontColor	颜色	1(前景色,黑)	查询颜色表
lgLabelFontHeightF	字号	0.02	
lgLabelFontQuality	字体质量	"High"	"Medium" "Low"
lgLabelFontThicknessF	字重	1.0	
lgLabelFuncCode	控制代码分隔符（以此标识控制代码）	"~"	
lgLabelJust	对齐（靠上靠下居中靠左靠右）	"CenterCenter"	"topLeft" "CenterLeft" "BottomLeft" "TopCenter" "BottomCenter" "TopRight" "CenterRight" "BottomRight"
lgLabelOffsetF	标注位置相对于色标的偏移量	0.02	
lgLabelPosition	标注相对于色标的位置	"Top"/"Right"	"Bottom"/"Left" "Center"
lgLabelStride	标注间隔	1	整数 n,每 n 个色块显示 1 个对应标注
lgLabelStrings	标注文本		
cnExplicitLegendLabelsOn	图例标注显式控制开关	False 与等值线自动匹配	True 允许手工设置
cnLegendLevelFlags	图例标注表现形式	"LineOnly"	"NoLine" "LabelOnly" "LineAndLabel"
xyExplicitLegendLabels	文本		字符串数组 每条折线一个标注文本 须@pmLegendDisplayMode＝"Always"

表 7.72   图例数据项线条常用属性

属性名称	功能	默认值	备用值
lgLineColor lgLineColors	颜色	1(前景色,黑)	查询颜色表
lgLineDashSegLenF lgLineDashSegLens	虚线每段长度	0.15	
lgLineThicknesses lgLineThicknessF	线宽	1.0	
lgDashIndex lgDashIndexes	线型	0(实线)	查询线型表

表 7.73   图例数据项线条标注常用属性

属性名称	功能	默认值	备用值
lgLineLabelsOn	显隐开关	True	False
lgLineLabelConstantSpacingF	字体间距	0.0	
lgLineLabelFont	字体	"pwritx"	查询字体表
lgLineLabelFontAspectF	高宽比	1.0	
lgLineLabelFontColor lgLineLabelFontColors	颜色	1(前景色,黑)	查询颜色表
lgLineLabelFontHeightF lgLineLabelFontHeights	字号	0.02	
lgLineLabelFontQuality	字体质量	"High"	"Medium" "Low"
lgLineLabelFontThicknessF	字重	1.0	
lgLineLabelFuncCode	控制代码分隔符(以此标识控制代码)	"~"	
lgLineLabelStrings	文本		

表 7.74   图例数据项符号常用属性

属性名称	功能	默认值	备用值
lgMarkerColor lgMarkerColors	颜色	1(前景色,黑)	查询颜色表
lgMarkerIndex lgMarkerIndexes	符号样式		查询符号样式表
lgMarkerSizeF lgMarkerSizes	尺寸	0.01	
lgMarkerThicknessF lgMarkerThicknesses	线宽		

表 7.75　图例边框常用符号

属性名称	功能	默认值	备用值
lgPerimOn	显隐开关	True	False
lgPerimColor	颜色	1(前景色,黑)	查询颜色表
lgPerimDashPattern	线型	0(实线)	
lgPerimDashSegLenF	虚线每段长度	0.15	
lgPerimFill	填色样式	"HollowFill"	@lbPerimFill 和@lbPerimFillColor 都大于等于 0 才生效
lgPerimFillColor	填充颜色	0(背景色,白)	查询颜色表
lgPerimThicknessF	线宽	1.0	

表 7.76　图例标题常用属性

属性名称	功能	默认值	备用值
lgTitleOn	显隐开关	True	False
lgTitleString	文本		
lgTitleAngleF	整体旋转角度	0.0	
lgTitleConstantSpacingF	字体间距	0.0	
lgTitleDirection	书写方向	"Across"	"Down"
lgTitleFont	字体	"pwritx"	查询字体表
lgTitleFontAspectF	高宽比	1.0	
lgTitleFontColor	颜色	1(前景色,黑)	查询颜色表
lgTitleFontHeightF	字号	0.025	
lgTitleFontQuality	字体质量	"High"	"Medium" "Low"
lgTitleFontThicknessF	字重	1.0	
lgTitleFuncCode	控制代码分隔符(以此标识控制代码)	"~"	
lgTitleJust	对齐(靠上靠下居中靠左靠右)	"CenterCenter"	"topLeft" "CenterLeft" "BottomLeft" "TopCenter" "BottomCenter" "TopRight" "CenterRight" "BottomRight"
lgTitleExtentF	标题相对于色标的体量	0.15	lgTitleExtentF 与 lgTitleOffsetF 之和不超过 0.5
lgTitleOffsetF	标题位置相对于色标的偏移量	0.03	lgTitleExtentF 与 lgTitleOffsetF 之和不超过 0.5
lgTitlePosition	标题相对于色标的位置	"Top"	"Bottom" "Left" "Right"

十四、图形符号常用属性

表 7.77　多边形填充常用属性

属性名称	功能	默认值	备用值
gsFillColor	颜色	1(前景色,黑)	查询颜色表
gsFillBackgroundColor	填充背景色	−1(透明)	查询颜色表
gsFillDotSizeF	填充散点尺寸	0.0	
gsFillIndex	填充阴影样式	0(填满)	查询填充阴影样式表
gsFillLineThicknessF	填充阴影线宽	1.0	
gsFillOpacityF	不透明度	1.0	[0,1]越大越不透明
gsFillScaleF	填充阴影密度	1.0	小值产生较密阴影

表 7.78　多边形线条常用属性

属性名称	功能	默认值	备用值
gsLineColor	颜色	1(前景色,黑)	查询颜色表
gsLineThicknessF	线宽	1.0	
gsLineDashPattern	线型	0(实线)	查询线型表
gsLineDashSegLenF	虚线每段长度	0.15	
gsLineOpacityF	不透明度	1.0	[0,1]越大越不透明

表 7.79　多边形线条标注常用属性

属性名称	功能	默认值	备用值
gsLineLabelConstantSpacingF	字体间距	0.0	
gsLineLabelFont	字体	"pwritx"	查询字体表
gsLineLabelFontAspectF	高宽比	1.3125	
gsLineLabelFontColor	颜色	1(前景色,黑)	
gsLineLabelFontHeightF	字号	0.0125	
gsLineLabelFontQuality	字体质量		
gsLineLabelFontThicknessF	字重	1.0	
gsLineLabelFuncCode	控制代码分隔符(以此标识控制代码)	"~"	
gsLineLabelString	文本		

表 7.80　图形符号常用属性

属性名称	功能	默认值	备用值
gsMarkerColor	颜色	1(前景色,黑)	查询颜色表
gsMarkerIndex	图形符号索引	0(星号)	查询图形符号表
gsMarkerSizeF	尺寸	0.007	
gsMarkerOpacityF	不透明度	1.0	[0,1]越大越不透明
gsMarkerThicknessF	线宽	1.0	

表 7.81 图形符号边框常用属性

属性名称	功能	默认值	备用值
gsEdgesOn	显隐开关	False	True
gsEdgeColor	颜色	1(前景色,黑)	查询颜色表
gsEdgeDashPattern	线型	0(实线)	查询线型表
gsEdgeDashSegLenF	虚线每段长度	0.15	
gsEdgeThicknessF	线宽	1.0	

十五、文本常用属性

表 7.82 文本常用属性

属性名称	功能	默认值	备用值
txAngleF gsTextAngleF	整体旋转角度	0.0	
txBackgroundFillColor	背景填充色	−1(透明)	
txConstantSpacingF gsTextConstantSpacingF	字体间距	0.0	
txDirection gsTextDirection	书写方向	"Across"	"Down"
txFont gsFont gsnStringFont	字体	"pwritx"	查询字体表
txFontAspectF gsFontAspectF	高宽比	1.3125	
txFontColor gsFontColor gsnStringFontColor	颜色	1(前景色,黑)	查询颜色表
txFontHeightF gsFontHeightF gsnStringFontHeightF	字号	0.05 0.015 自动调整	
txFontOpacityF gsFontOpacityF	不透明度	1.0	[0,1] 越大越不透明
txFontQuality gsFontQuality	字体质量	"High"	"Medium" "Low"
txFontThicknessF gsFontThicknessF	字重	1.0	
txFuncCode gsTextFuncCode gsnStringFuncCode	控制代码分隔符(以此标识控制代码)	"~"	

续表

属性名称	功能	默认值	备用值
txJust gsTextJustification	对齐(靠上靠下居中靠左靠右)	"CenterCenter"	"topLeft" "CenterLeft" "BottomLeft" "TopCenter" "BottomCenter" "TopRight" "CenterRight" "BottomRight"
txPosXF txPosYF	位置		
txString	文本		

表 7.83　文本框常用属性

属性名称	功能	默认值	备用值
txPerimColor	线条颜色	1(前景色,黑)	查询颜色表
txPerimDashLengthF	虚线每段长度	0.15	
txPerimDashPattern	线型	0(实线)	查询线型表
txPerimOn	显隐开关	False(无文本框)	True
txPerimSpaceF	文本框和文本之间的空白尺寸	0.5	
txPerimThicknessF	线宽	1.0	

第八章 应用技巧专题

一、安装和运行

NCL 提供了 Windows、Linux 和 MacOS 操作系统下的安装包，当前最新版本为 6.4.0，通过 NCAR 的 Earth System Grid 网站分发。下载网址为 https://www.earthsystemgrid.org/dataset/ncl.640.html，包含 OPeNDAP-enabled 和 nonOPeNDAP-enabled 两个分支。

OPeNDAP 是网络数据访问协议开源项目（Open-source Project for a Network Data Access Protocol）的缩写。它是一个可以专门应用于本地客户端系统透明的访问远程服务器端数据的协议，现在已在地球科学研究界得到广泛应用。NCL 下载安装一般选择 OPeNDAP-enabled 分支，支持 OPeNDAP 网络数据访问。

1. Windows 操作系统下安装

Windows 操作系统下使用 NCL，依赖于 CYGWin 提供的类 UNIX 模拟环境。CYGWin 有 32 位和 64 位两个版本，NCL 运行需 32 位版本 CYGWin，兼容于 32 位和 64 位版本 Windows。

（1）如图 8.1 所示，CYGWin 官方网站下载 32 位版本安装程序 setup-x86.exe。64 位版本为 setup-x86_64.exe。运行即开始从网络下载所需组件。

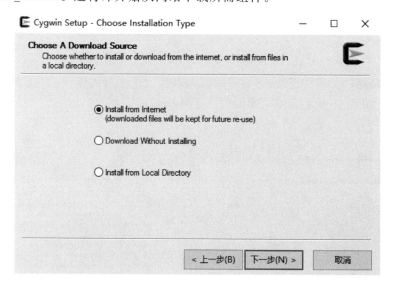

图 8.1　从网络下载 NCL 安装所需组件

（2）安装路径建议设置在 Windows 分区根目录下，一般不包含空格、中文、特殊符号。临时路径用于存放安装过程中下载的临时文件，安装完毕后可删除。见图 8.2。

（3）设置本机网络连接方式，一般直连。如需使用代理，有采用 IE 代理设置和自定义设置

两种方式,详询网络管理员或系统管理员。下载站点一般选择国内镜像网站,即以 cn 结尾的
网址,以获得较快较稳定的网络连接。见图 8.3。

图 8.2　NCL 安装路径

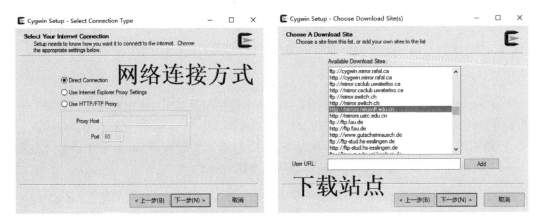

图 8.3　设置本机网络连接方式

(4)选择安装组件。组件庞杂,可在搜索框内查找。点击所需组件的当前最新版本号,可
切换升级、维持、卸载、重新安装等几种操作。见图 8.4。

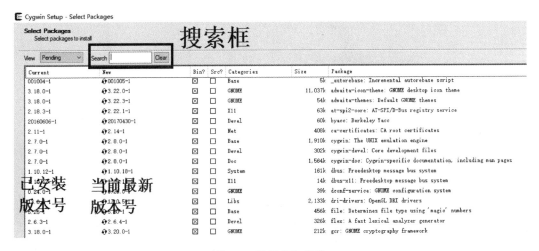

图 8.4　选择安装组件

安装 NCL 所需的运行库：autoconf，binutils，bison，byacc，flex，gcc，gcc4，gcc4-fortran，gcc-g＋＋，gdb，make，makedepend，openssl-devel，expat，libcurl3，libexpat-devel，libgfortran3，libidn-devel，libxml2，libtirpc，zlib，libcurl-devel，libcurl4，openssh，bash，sh-utils，pdsh，tcsh，libX11-devel，libX11-6，libXaw-devel，libXaw6，libXaw7，libXm2，libXmu-devel，libXpm4，libXt-devel，libcairo-devel，libcairo2，libfontconfig-devel，libfontconfig1，libfreetype-devel，libfreetype6，libxcb-devel，xauth，xclock，xinit，xorg-server，xterm，X-start-menu-icons，X-startup-scripts。

此外，可选安装编辑器 nedit，emacs，vim 和图形软件 ghostscript，ImageMagick，非必需。

（5）安装程序会自动解决组件依赖关系（图 8.5）。如非必要，选择默认安装，否则很容易自行了断。

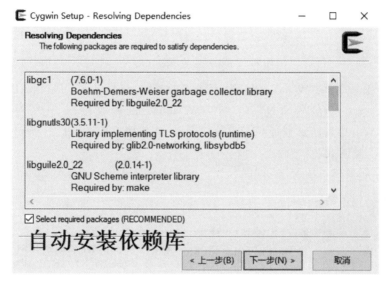

图 8.5　自动安装依赖库

（6）安装桌面和开始菜单快捷方式（图 8.6）。

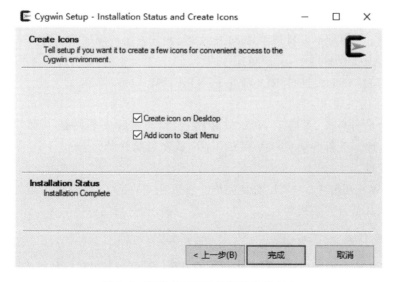

图 8.6　安装桌面和开始菜单快捷方式

至此,包含 NCL 运行库的 CYGWin 软件包安装完毕。在安装路径下,应包含如图 8.7 所示内容。

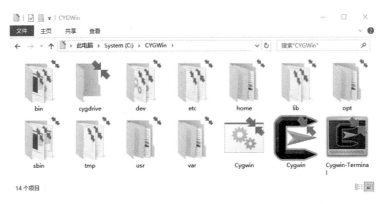

图 8.7　NCL 安装所包含内容

(7)下载 NCL 安装包。Windows 操作系统下的 NCL 只提供了 OPeNDAP-enabled 分支,下载 ncl_ncarg-6.4.0-CYGWIN_NT-10.0-WOW_i686.tar.gz 文件。

(8)在 CYGWin 中解压。通过 CYGWin-Terminal 快捷方式启动 CYGWin,先后以 gunzip 和 tar 命令解压。见图 8.8。

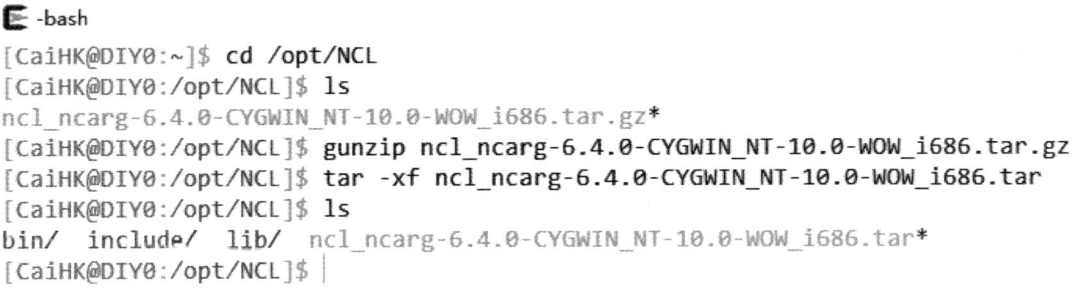

```
 -bash
[CaiHK@DIY0:~]$ cd /opt/NCL
[CaiHK@DIY0:/opt/NCL]$ ls
ncl_ncarg-6.4.0-CYGWIN_NT-10.0-WOW_i686.tar.gz*
[CaiHK@DIY0:/opt/NCL]$ gunzip ncl_ncarg-6.4.0-CYGWIN_NT-10.0-WOW_i686.tar.gz
[CaiHK@DIY0:/opt/NCL]$ tar -xf ncl_ncarg-6.4.0-CYGWIN_NT-10.0-WOW_i686.tar
[CaiHK@DIY0:/opt/NCL]$ ls
bin/  include/  lib/  ncl_ncarg-6.4.0-CYGWIN_NT-10.0-WOW_i686.tar*
[CaiHK@DIY0:/opt/NCL]$
```

图 8.8　在 CYGWin 中解压 NLC 安装包

(9)配置 NCL。修改个人目录中.bashrc 文件,在其末尾增加如下三行:

export NCARG_ROOT＝/opt/NCL

export PATH＝＄NCARG_ROOT/bin:＄PATH

export DISPLAY＝:0.0

尤为重要的是前两行,指明了 NCL 安装路径,须与实际安装路径一致。第三行指明了 X11 图形输出地址。重新登录 CYGWin 的 bash,或在当前登录的 bash 下运行 source.bashrc 命令即可激活配置。

至此,CYGWin 环境中的 NCL 安装完毕。可以在 CYGWin 命令行中运行 ncl-V 命令显示版本号以测试其是否安装成功。

2.Linux 操作系统下安装

Linux 操作系统中安装 NCL 的方法与 CYGWin 环境下类似。一般已包含所需运行库,可以只执行(7)下载、(8)解压、(9)配置这三个步骤。

Linux 系统适用的 NCL 安装包如下,也可选择 NCL 的 not OPeNDAP-enabled 分支下载使用。

ncl_ncarg-6.4.0-CentOS6.8_64bit_gnu447.tar.gz

ncl_ncarg-6.4.0-CentOS7.3_64bit_gnu485.tar.gz

ncl_ncarg-6.4.0-Debian7.11_32bit_gnu472.tar.gz

ncl_ncarg-6.4.0-Debian7.11_64bit_gnu472.tar.gz

ncl_ncarg-6.4.0-Debian8.6_64bit_gnu492.tar.gz

ncl_ncarg-6.4.0-RHEL6.4_64bit_gnu447.tar.gz

ncl_ncarg-6.4.0-RHEL6.4_64bit_intel1215.tar.gz

ncl_ncarg-6.4.0-SUSE12.1_64bit_intel1603.tar.gz

下载 NCL 安装包,须注意与操作系统、C 语言运行库匹配。当前 NCL 最新版本 6.4.0 提供了 CentOS、Debian、RHEL、SUSE 四个 Linux 发行版,Debian7.11 下有 32 位和 64 位,其余只有 64 位版本。各版本 C 语言运行库不同,有 IntelC 和 gcc 区别,也有版本号区别。须根据实际的 Linux 环境选择下载对应的 NCL 版本。在常见发行版中,Ubuntu 系统沿用 Debian 系统版本,Fedora 系统沿用 RHEL 系统版本。

Linux 操作系统多用于服务器供多用户使用,系统管理员可配置 NCL 公用。建议将 NCL 软件包解压到/opt/NCL/路径下,既便于管理,也便于用户获取权限。建议搜索路径的配置增加在/etc/bashrc 文件中以定义全局 bash 环境。这样,各用户登录 bash 即可使用 NCL,无需个人再行配置。

Linux 操作系统 Fedora 发行版,通过 yum 软件包管理器提供了 NCL 安装源。可使用 yum search NCAR 搜索相关软件包,使用 yum install ncl.x86_64ncl-common.noarch 安装 NCL。这种安装方法较简单,但仍建议采用自行下载、解压、配置的方法安装,以获得 NCL 最新版本。

3. 编辑器及相关软件安装

不同于 VisualStudio 等常见的 C/C++集成开发环境(IDE,Integrated Development Environment)提供图形界面的编辑、编译、调试等一条龙功能,NCL 软件包只是解释器,不包含编辑器。编辑 NCL 脚本须自行选用编辑器。NCL 全称 NCAR Command Language,顾名思义,命令行语言也不提供图形界面。

代码编辑器至少应具有显示行号、语法高亮、代码提示等功能,还可集成源码控制、FTP/SFTP 连接等功能以方便使用。NCL 官方网站发布了 GNU Emacs,vi/vim,gedit,NetBeans,Kate,SublimeText,Notepad++等编辑器强化工具,提供 NCL 语法支持,且均为免费开源软件。用户也可自行配置 UltraEdit 等编辑器。Windows 操作系统下推荐使用 Notepad++编辑器。代码编译还应配置等宽字体,获得更好的可读性。

若 NCL 运行环境部署在远程服务器上,数据文件通过 FTP/SFTP 等方式上传下载,推荐使用 FileZilla 等 FTP 客户端。FileZilla 是一个免费开源的 FTP 软件,有 Windows 和 Linux 版本,具备所有的 FTP 软件功能,方便高效小巧可靠。

NCL 数据输入输出多使用 HDF,NetCDF 等自描述文件。数据查看推荐使用 HDFView(图 8.9),其安装和使用均须在英文路径下,打开数据文件也须在英文路径下。

NCL 图形输出支持 PNG(文件后缀. png)、PDF(文件后缀. pdf)、PostScript(文件后缀. ps 或. eps)等多种文件格式。PNG 文件以常见的图片查看软件或浏览器即可打开,PDF 文件以 Adobe Acrobat 或 Adobe AcrobatReader 打开,PostScript 文件以 GSview 打开。GSview 的安装,须先安装 Ghostscript。图形文件推荐使用 PostScript(文件后缀. ps),矢量图输出,支持多页。

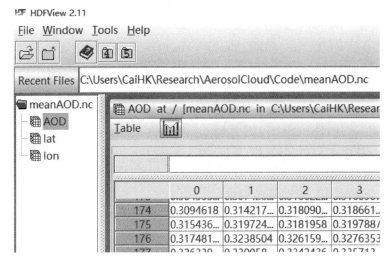

图 8.9　HDF 文件浏览器 HDFView 查看数据

4. NCL 运行方法

(1)登录运行环境

Windows 操作系统下通过 CYGWin-Terminal 快捷方式启动 CYGWin,或 Linux 操作系统下启动 bash,或 Windows 操作系统下通过 XShell、PuTTY 等连接软件登录远程 Linux 操作系统。

Windows 操作系统下连接 Linux 操作系统,建议使用 XShell,其对教育/个人用户提供了免费许可,功能充足、使用便捷。

(2)命令行交互式运行

在终端中运行 ncl 命令即启动 NCL,逐条语句输入并执行,如图 8.10 所示。较为繁琐,一般不采用此方法。

(3)运行 NCL 脚本

预先写好 NCL 脚本,以 ncl Script. NCL 命令执行,其中 Script. NCL 为脚本文件名。

须注意大小写敏感。"ncl"这一命令全部为小写。脚本文件名在写 NCL 脚本时可自定义,但必须以. ncl 为后缀,大小写均可,执行脚本的命令中脚本文件名大小写与文件实际情况一致。

这种运行方式方便灵活,便于编辑、便于维护、便于分发,一般都采用这种运行方式。

图 8.10　以命令行交互方式运行 NCL

二、Linux 系统操作技巧

1. Linux 基本概念

（1）家目录

用户初始登录的目录，用于存储用户的个人文件。一般来说，用户对本人的家目录拥有充分的读、写、执行权限。

Linux 操作系统默认的家目录为/home/ $ USER。

（2）绝对路径和相对路径

绝对路径从根目录（即/）开始，表明文件相对于文件树的根的搜索路径。

相对路径不从根目录开始，表明文件相对于当前工作目录的搜索路径。

绝对路径和相对路径各有优点。绝对路径较直观而又确切，对于数据存放路径固定的情况较为有利，如公共数据文件。无论 NCL 脚本文件存放路径如何变化，绝对路径所指向的读写文件位置始终保持不变。相对路径更适用于 NCL 脚本文件与数据文件的存放路径有较高粘度的情况，如脚本与数据放在同一目录下。此时，保持脚本与数据的相对位置不变而整体移动，有助于提高程序的可移植性，便于在不同机器间迁移而无需修改脚本中数据文件存放路径。

"～"表示当前用户的家目录，"."表示当前用户的当前目录，".."表示当前用户的当前目录的上级目录。

以当前工作目录"/home/CaiHK/Downloads/2016/"为例。"/home/CaiHK/Downloads/2016/"为绝对路径，可以写作"～/Downloads/2016/"，"../2017/"即"/home/CaiHK/Downloads/2017/"目录，"./20160101. nc"即"/home/CaiHK/Downloads/2016/20160101. nc"文

件,也可直接写作"20160101.nc"。

(3)重定向输出

Linux 操作系统命令输出默认显示在终端屏幕上,可以用＞或＞＞将结果输出到文件中,以便于保存、分析,或处理大容量运行结果。"＞"新建或覆盖更新,"＞＞"追加到文件末尾,1 为标准输出,2 为错误输出。

常用 ncl Script.NCL 1＞Result.txt 2＞Error.log,运行 Script.NCL 脚本,结果输出到 Result.txt 文件,错误提示输出到 Error.log 文件,终端屏幕不显示运行结果。若不需要错误提示,可将其输出到/dev/null。

2. Linux 系统常用命令

各命令可以－－help 选项查看帮助信息,如 ls－－help 可查看 ls 命令帮助。

(1)cd

功能:切换至目录。

用法:cd dirName。

dirName 为目标目录,可为绝对路径或相对路径。若 dirName 省略,则切换至用户家目录。

(2)mkdir

功能:创建目录。

用法:mkdir dirName。

要求创建目录的用户在目标目录中具有写权限,并且指定的目录名不能是当前目录中已有的目录。

(3)pwd

功能:查看当前工作目录。

用法:pwd。

(4)ls

功能:显示文件列表。

用法:ls［OPTION］…［FILE］…。

FILE 为待查看信息的目标文件或文件夹,若省略,则显示当前目录信息。

常用选项:

选项	功能
－a	列出目录下的所有文件,包括以"."开头的隐含文件
－A	列出除"."和".."外的所有文件
－l	列出文件的详细信息
－R	递归列出所有子目录下的文件
－t	以时间排序
－S	以文件大小排序
－X	以文件的扩展名排序

(5)rm

功能:删除文件和目录。

用法：rm［OPTION］… FILE …。

FILE 为待删除的目标文件或文件夹。

常用选项：

选项	功能
－f	强制删除,不予提示,忽略不存在的文件
－r －R	递归删除指定的全部目录和子目录

（6）cp

功能：复制文件和目录。

用法：cp［OPTION］… SOURCE … DIRECTORY。

可以将一个文件以原名或改名复制到另一位置。可以将多个文件进行复制,但目的地只能是一个。

（7）mv

功能：移动文件和目录。

用法：mv［OPTION］… SOURCE … DIRECTORY。

可以将一个文件以原名或改名移动到另一位置。可以将多个文件进行移动,但目的地只能是一个。

（8）top

功能：监控 linux 的系统状况。

用法：top［OPTION］…。

Linux 操作系统下常用的性能分析工具,能够实时显示系统中各进程的资源占用状况,类似于 Windows 的任务管理器。内容包括：PID 进程号、USER 用户名、CPU 占用率、内存占用率、运行时间、命令等。

常用选项：

选项	功能
－c	显示完整命令
－u<UserName>	指定用户名

（9）kill

功能：终止进程。

用法：kill PID。

PID 为进程号,可由 top 等命令查询。

通常,终止一个前台进程可以使用 Ctrl＋C 组合键,但是,对于一个后台进程就须用 kill 命令来终止。

（10）date

功能：查询当前时间。

用法：date［OPTION］… ［＋FORMAT］。

FORMAT 为格式控制符,常用格式控制符如下：

选项	功能
%Y	年(0000~9999)
%y	年(00~99)
%m	月(01~12)
%d	日(00~31)
%H	时(00~23)
%I	时(01~12)
%M	分(00~59)
%S	秒(00~60)
%N	纳秒(000000000~999999999)
%F	年月日,即%y-%m-%d
%D	月日年,即%m/%d/%y
%R	时分,即%H:%M
%T	时分秒,即%H:%M:%S
%a	星期缩写
%A	星期全写
%b	月缩写
%B	月全写
%Z	时区
%n	换行符
%t	制表符

(11)df

功能:查询磁盘使用情况。

用法:df [OPTION] … [FILE] …

FILE 为待查看信息的目标文件或文件夹,若省略,则显示当前目录信息。

常用选项:

选项	功能
-h	以用户友好方式自动选择 B、kB、MB 为单位
-l	只显示本地文件系统

(12)du

功能:查询文件和目录的磁盘使用空间。

用法:du [OPTION] … [FILE] …

FILE 为待查看信息的目标文件或文件夹,若省略,则显示当前目录信息。

常用选项:

选项	功能
-b	以 B(byte) 为单位
-k	以 kB(kilobytes) 为单位
-m	以 MB(megabytes) 为单位
-h	以用户友好方式自动选择 B、kB、MB 为单位
-s	仅显示总计,不显示各文件的磁盘使用空间
-a	显示各文件的磁盘使用空间

3. NCL 与 Linux 交互

NCL 与 Linux 的交互,一般表现为 Linux 命令行向 NCL 输入运行参数和 NCL 调用 Linux 系统命令两种形式。

(1)Linux 命令行向 NCL 输入运行参数

Linux 命令行向 NCL 输入运行参数,通过单引号封装,通常用于为 NCL 提供运行控制参数。一般形式为:ncl Script. NCL 'Var1=…' 'Var2=…' …

NCL 预留运行控制接口,可以实现更灵活的运行方式。如以 NCL 计算年平均气温为例,定义 Year=1997 则计算 1997 年的平均气温,定义 Year=1998 则计算 1998 年的平均气温……即可采用这种运行方式。脚本内预留 Year 变量,运行 ncl Script. NCL 'Year=1997'和 ncl Script. NCL 'Year=1998'。这样方便灵活,不用每算一次都修改脚本代码。其优势还在于可以同时运行同一脚本,从而实现并行计算,挖掘系统计算资源。尤其是对于单个任务耗时较长的串行计算,改为并行计算可以显著缩短计算时间。一般并行数量不超过可用的 CPU 线程数量。

(2)NCL 调用 Linux 系统命令

NCL 调用 Linux 系统命令,通过 system 或 systemfunc 实现,常用于文件操作。如需从系统获取运行结果,采用 systemfunc,不需要运行结果则采用 system。其参数即 Linux 命令构成的字符串。NCL 接收到的 systemfunc 返回结果为字符串,一般还应结合字符串函数进一步处理。

删除文件:system("rm Result. hdf")。

获取文件列表:systemfunc("cd /home/CaiHK/Data/T/ ; ls ＊. hdf")。

Linux 系统命令功能强大,利于自动化作业。充分利用其优势,包括正则表达式,能完善 NCL 功能,并有效提升程序健壮性,如处理以文本形式存放的数据文件。

三、NCL 官方网站目录结构

NCL 官方网站网址 http://www. ncl. ucar. edu/,提供了详尽的说明文档和代码示例,是最权威、最重要的学习资源,也是有力的备查语法手册。

网站上方横列下拉式菜单如下所示,结构明晰。一级、二级目录的主要的、常用的内容列举如下。

(1)NCL

概述和安装方法。网站也给出了 NCL 文献引用方法,使用 NCL 而发表成果,须正确声明 NCL 引用。

(2)Examples

示例代码,可帮助熟悉函数和图形属性,也可在此基础上修改使用。

FileI/O:文件读写。

Datasets:数据集使用方法。

Map:地图控制方法。

Models:数值模式产品使用方法。

DataAnalysis:数据分析方法。

PlotTypes：图形类型，包括饼图、柱状图、等值线图、等值线填色图、矢量图、流场图、雷达图、散点图、时间序列图、轨迹图和气压高度坐标、图形叠加、图形拼接等多种图形类型。

PlotTechniques：绘图技巧。展示坐标轴、图注、图题、字体、色标、符号等图形设置细化、美化方法。

Special Plots：特殊图形。展示三维图、风矢图、风玫瑰图、温度-对数压力图等多种特殊图形。

Non-uniformGrids：不规则格点数据处理方法。常用于站点数据处理和绘图。

（3）Functions

函数。按字母顺序和功能类型分别罗列。详见本书第六章。

（4）Resources

图形属性。详见本书第七章。

（5）PopularLinks

. hluresfile：通用配置文件说明。

ColorTables：颜色表。NCL 官方提供的颜色表都罗列在此，绘制填色图时备选，常用彩虹色系列和雷达色系列。也列出了各颜色名称，可根据名称字符串引用该色，根据索引号引用。

FontTables：字体标。列出 40 多种字体表，将键盘字符映射为斜体、粗体、手写体、空心等多种英文字体和希腊字符、数学符号、天气符号等特殊字符，常用于图形着色，根据索引号引用。

DashPatternTable：线型表。列出实线、虚线、点划线等 17 种线型，常用于线条绘制，根据索引号引用。

FillPatternTable：填充样式表。列出填满、横纹、竖纹、左斜、右斜等 18 种填充样式，常用于阴影填充和柱状图绘制，根据索引号引用。

MarkerTable：符号表。列出星号、加号、点号、圆圈、叉号、三角、五星、六星等 17 种符号，常用于地图标注和散点图绘制，根据索引号引用。

MapProjections：地图投影。列出墨卡托（Mercator）、兰勃特（Lambert）等多种地图投影方式，结合@mpProjection 属性使用。

（6）What's New

主要说明版本演进和下一版本展望。

（7）Support

EditorEnhancements：编辑器 NCL 支持。

ErrorMessages：错误信息说明，并给出了错误代码示例、错误原因和解决方法。

Manuals：简明语法手册，包括 Mini-Language、Graphics 两个 PDF 文档和 Quick Reference Cards。

四、代码的一般结构

代码的一般结构如下所示，先声明外部函数库引用（指明函数库文件存放路径），然后定义内部函数和过程，最后定义主程序。所有模块都按照引用关系，被引用的函数和过程放在前面。

```
loadscript("$NCARG_ROOT/lib/ncarg/nclscripts/csm/contributed. ncl")
loadscript("$NCARG_ROOT/lib/ncarg/nclscripts/csm/gsn_code. ncl")
```

loadscript(" $NCARG_ROOT/lib/ncarg/nclscripts/csm/gsn_csm. ncl")

undef("Func")
function Func(Params)
begin
　［statements］
end

undef("Proc")
procedure Proc(Params)
begin
　［statements］
end

begin
　［statements］
end

整个代码只能有一个主程序作为入口。程序基本流程如图 8.11 所示,实现完整功能的程序应包含正确的输入、正确的处理、正确的输出。

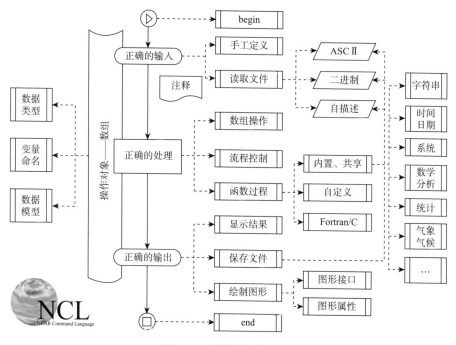

图 8.11　代码的一般结构

NCL 程序操作对象,以数组为基础。一般而言,把数组作为整体进行计算、充分利用内置函数,效率好于数组元素逐个循环计算、未经优化的自定义函数。

绘制单个图形的代码块，一般形如：

```
wks＝gsn_open_wks("ps","PicName")
gsn_define_colormap(wks,"rainbow")
res＝True
res@XXX＝YYY
plot＝gsn_csm_ZZZ(wks,Data,res)
```

图形拼接的代码块，一般形如：

```
wks＝gsn_open_wks("ps","PicName")
gsn_define_colormap(wks,"rainbow")
plots＝new(PicNum,"graphic")
res0＝True
res0@X0＝Y0
plots(0)＝gsn_csm_Z0(wks,Data0,res0)
res1＝True
res1@X1＝Y1
plots(1)＝gsn_csm_Z1(wks,Data1,res1)
…
resP＝True
resP@XX＝YY
gsn_panel(wks,plots,(/RowNum,ColNum/),resP)
```

NCL 提供了内容详实、结构良好、示例丰富的说明文档，计算和绘图中调用函数，多数情况下按照函数要求填入适当参数即可实现功能，绘图所用控制属性，多数情况下也是按需修改参数即可。常用函数和属性的说明，本书第六、七章有详细罗列，可以用作备查手册。

五、读写文件

1. 自描述文件

NCL 支持的大气科学数据资料文件格式主要指 NetCDF(. nc)、HDF(. hdf/. hdf5/. h5/. hdfeos)、GRIB/GRIB2(. grb/. grb2)。

NetCDF(NetworkCommonDataForm)是由美国大气研究大学联合会(UCAR,University Corporation for Atmospheric Research)下辖的 Unidata 项目组针对科学数据的特点而提出的一种面向数组型数据、适于网络共享的数据描述和编码标准，已被中外许多行业和组织采用，目前广泛应用于大气科学、水文和海洋学、环境科学、地球物理学等诸多领域，主要为再分析资料、卫星资料和数值模式资料等数据文件的分发。

HDF(HierarchicalDataFormat)是由美国伊利诺伊大学国家超级计算应用中心(NCSA, National Center for Supercomputing Applications)研制开发的数据存储格式，并被美国国家航空航天局(NASA,National Aeronautics and Space Administration)作为存储和发布 EOS (EarthObservationSystem)数据的标准格式。在 HDF4 基础上，后扩展出 HDF-EOS、HDF5 等数据存储格式，三者多用于卫星资料的存储和分发。

GRIB（GRIdded Binary）和 GRIB2（General Regularly-distributed Information in Binary Form）是压缩二进制编码，由世界气象组织基本系统委员会（WMO/CBS，World Meteorological Organization/Commission for Basic System）制定维护，主要用于数值预报产品和再分析资料的存储和分发。

上述文件格式具有自描述性（文件内已封装数据格式说明，据此可通过数据接口实现读写，无需另行说明读写方法）和平台无关性（与硬件系统、操作系统无关，无需考虑数据存取端序、数据类型长度等数据结构）。使用 NCL 读写自描述文件，描述信息也随数据一起读写，远较普通二进制文件和文本文件方便。建议数据存储和分发都采用 NetCDF 或 HDF 格式，简单的数据浏览可使用 HDFView 软件。

NCL 读自描述文件中的数据变量相当简单，一般三个步骤即可完成：①查询自描述文件信息：在 Linux 终端中运行命令 ncl_filedump FileName；②打开文件：在 NCL 脚本中使用语句 f＝addfile("FileName","r")；③读取数据变量：在 NCL 脚本中使用语句 DataInMemory＝f－＞DataInDisk。

上述步骤①和②中，FileName 为文件名，可以是绝对路径或相对路径，大小写敏感，须与实际文件名一致，文件后缀扩展名不能省略，须与文件格式一致，即以 nc 表示 NetCDF 文件格式、hdf 表示 HDF 文件格式、grb 表示 GRIB 文件格式等。步骤③中，DataInDisk 为文件中数据变量名称，须与实际文件中实际数据变量名称一致；DataInMemory 为 NCL 数据变量，可随意自行命名。

查询自描述文件信息的用处在于获取文件中封装的数据变量信息，包括数据变量的名称、类型、数组尺寸、属性、坐标维度等。读取所需数据，必须明确知道变量名称才能引用。查询自描述文件信息也可在 NCL 脚本中打开文件后使用 print("f")实现。

NCL 向自描述文件写数据变量也相当简单，两个步骤即可完成：①打开或创建文件：在 NCL 脚本中使用语句 f＝addfile("FileName","c")，打开已有文件用"w"参数；②写数据变量：在 NCL 脚本中使用语句 f－＞DataInDisk＝DataInMemory。

步骤①中，创建新文件需确保该文件不存在，否则报错并停止执行后续脚本，NCL 不提供自动覆盖功能。如该文件已存在，创建前须将旧文件删除，在步骤①之前使用语句 system("rm-f FileName")。

步骤②中，DataInMemory 为 NCL 数据变量，通常为计算、处理结果。DataInDisk 为文件中数据变量名称，可随意自行命名，须确保文件中数据变量及其坐标维度无冲突。如 Data1 和 Data2 两个变量均包含名为 Lat 的坐标维度，但 Data1 的 Lat 和 Data2 的 Lat 数组尺寸不一致，则报错并停止执行后续脚本。

同类多个自描述文件可采用 addfiles 函数整体读取，要求此类文件有同一数据变量、该变量数据类型一致且数组结构一致。数据文件名以数组形式向 addfiles 函数提供，通常可由 systemfunc 函数调用操作系统 ls 命令获取。各文件中的数据会堆叠形成一个大数组，堆叠方式有两种："join"和默认的"cat"，可由 ListSetType 指定。cat 方式将各文件中的变量按最左边一维顺次连接，通常用于最左边一维表示记录号（如时间等）的情况。join 方式在目标最左边增加一个维度"case"，将各文件的数据顺次放入。

文件中数据变量名可以通过字符串变量形式被引用，其技巧在于以＄＄封装文件中数据变量名。通常，这种方法的目的在于提高程序通用性，便于批量处理。例如：

Data=f—>T Data=f—>RH	Vars=(/"T","RH"/) do iVar=0,dimsizes(Vars)—1 　　　　Data=f—> $Vars(iVar) $ 　　　　［…］ 　　　　［相同的计算方法或相同的计算流程］ 　　　　［…］ end do

2. 二进制文件

这里所指二进制文件为除自描述文件和文本文件以外的数据文件,通常为由 Fortran 语言创建、供 GrADS 绘图所用的顺序存储文件、直接存储文件。文件本身并不包含数据类型、数组尺寸等描述信息,必须另行提供文档说明才能读取。

NCL 提供 fbindirread,fbindirwrite,fbinread,fbinwrite,fbinrecread,fbinrecwrite 等函数实现读写顺序存储文件和直接存储文件的接口,与 Fortran 语言读写方法一致。若说明文档提供了 Fortran 语言读写语句,则将参数填写到 NCL 相应函数中即可完成。

如 Fortran 语言将 10 个整数写入直接存储文件:

INTEGER::i
OPEN(31,file="test. dat",access="direct",form="unformatted",recl=4)
DO i=1,10
　　WRITE(31,rec=i)i
END DO
CLOSE(31)

则 NCL 相应地采用直接访问方式读取:data=fbindirread("test. dat",—1,10,"integer")。其中,fbindirread 由 access="direct"可知,"test. dat"由 file="test. dat"可知,—1 表示整个文件读取成一个一维数组,在 OPEN 和 CLOSE 之间 Fortran 程序向该文件写入了 10 个 INTEGER 类型的数据,因此可知 NCL 最后两个参数。

若二进制文件提供了 GrADS 所用的 CTL 控制文件,也可据此读取。

dset 2016011312d01hgt. dat
options byteswapped
undef 1. e30
title OUTPUT FROM WRF V3. 6. 1 MODEL
xdef 500 levels
　　96. 62089
　　96. 67832
　　…
ydef 400 levels
　　11. 70264
　　11. 75887
　　…

```
zdef 23 levels
    0.25000
    0.50000
    ...
tdef   73 linear 12Z13JAN2016      60MN
VARS      7
U              23   0   x-wind component（m s$^{-1}$）
V              23   0   y-wind component（m s$^{-1}$）
T2             1    0   TEMP at 2 M（K）
U10            1    0   U at 10 M（m s$^{-1}$）
V10            1    0   V at 10 M（m s$^{-1}$）
RAINC          1    0   ACCUMULATED TOTAL CUMULUS PRECIPITATION（mm）
RAINNC         1    0   ACCUMULATED TOTAL GRID SCALE PRECIPITATION（mm）
ENDVARS
```

CTL 控制文件定义了如下信息：

①数据文件路径（dset 行）；

②数据文件存储方式（options 行，此处定义了字节序）；

③缺失值声明（undef 行，即填充值）；

④数据集名称（title 行，可知该数据文件为 WRF V3.6.1 MODEL 输出结果）；

⑤空间坐标维度（xdef、ydef、zdef 行，分别申明了维度尺寸为 500、400、23，其后所列数据为维度数组）；

⑥时间维度（tdef 行，维度尺寸为 73，从 2016-01-13 12:00 开始，间隔 60 分钟，共 3 天的时间跨度）；

⑦变量数量（VARS 行，共 7 个变量）；

⑧各变量的名称、高度层、单位和全称，其中名称供 GrADS 使用，数据文件本身无变量名称，NCL 读取的只有数据，关注高度层即可。

数据在二进制文件中按照经度 x、纬度 y、高度 z、变量 VAR、时间 t 的顺序存放，共 $500 \times 400 \times (23+23+1+1+1+1+1) \times 73$ 个 float 类型数据，占用 2978400000 字节（约 2.774GB）存储空间。

根据 CTL 控制文件的解析结果，NCL 脚本读取数据的代码可写作：

```
setfileoption("bin","ReadByteOrder","BigEndian")
Data=fbindirread("2016011312d01hgt.dat",0,(/73,51,400,500/),"float")
Data@_FillValue=1e30
U=Data(:,0:22,:,:)
V=Data(:,23:45,:,:)
T2=Data(:,46,:,:)
U10=Data(:,47,:,:)
V10=Data(:,48,:,:)
RAINC=Data(:,49,:,:)
```

RAINNC＝Data(:,50,:,:)

读取此文件的要点在于：① 根据直接存储文件、顺序存储文件选择适当的函数 fbindirread,fbinrecread;② 文件路径须与实际一致,绝对路径或相对路径均可;③ 可将数据整体读取,然后再截取所需的变量、空间和时间范围;④ 数组维度须逆序,即按照时间、高度、纬度、经度的顺序创建 NCL 数组;⑤ 根据需要在读取数据前设置适当的文件处理方式,此例中 CTL 控制文件声明了 byteswapped 字节序,因此须向 NCL 设置 BigEndian 字节序,通常数据默认采用 LittleEndian 字节序,此例未采用默认值,必须明确设置。

更进一步地,建议对各数据变量补充属性和维度信息,提高数据的可用性。例如,在截取 U,V,T2,U10,V10,RAINC,RAINNC 等数据变量前,即可借助 Data 附加通用的属性和维度信息。Data 的第 1 个维度为高度,不同数据变量的高度层不一样,U、V 为包含高度维的四维数组,T2,U10,V10,RAINC,RAINNC 均为不包含高度维的三维数组,因此宜截取数据变量后再分别设置。

Time＝ispan(0,72,1)
Time@units＝"hours since 2016-01-13 12:00"
Lat＝(/11.70264,11.75887,…/)
Lat@long_name＝"Latitude"
Lat@units＝"degrees_north"
Lon＝(/96.62089,96.67832,…/)
Lon@long_name＝"Longitude"
Lon@units＝"degrees_east"
Data! 0＝"Time"
Data! 2＝"Lat"
Data! 3＝"Lon"
Data&Time＝Time
Data&Lat＝Lat
Data&Lon＝Lon
Data@_FillValue＝1e30

3. 文本文件

文本文件是指以 ASCII 字符存储数据的文件格式,常见于 MICAPS 软件数据系统和台站观测资料,可用文本编辑器打开文件查看数据内容,其优点在于人机交互性优越,可直接阅读并修改,缺点主要是占用太大存储空间,不便于保存、传输,且读写效率较低。大容量数据一般不采用文本文件格式存储。

NCL 可采用 asciiread,asciiwrite,readAsciiHead,readAsciiTable,numAsciiCol,numAsciiRow,write_matrix 等函数读写、查询文本文件。

一般来说,结构简单、数据类型单一、以制表符或空格分隔数据的"表头＋二维表"形式的文本文件,用 readAsciiHead,readAsciiTable 分别读取表头、二维表;形式较复杂的文本文件,用 asciiread 整体读入,再利用字符串函数截取所需数据。asciiwrite 的参数只有存放路径和数据变量,数据变量数组中各元素作为一行逐次写入文件,形式上看只输出一列数据,其格式化输出须借助字符串函数。如输出各为一维数组的经度、纬度、温度等 3 列数据,须先将其用制表符连接成一维字符串数组:asciiwrite(filepath,Lon＋str_get_tab()＋Lat＋str_get_tab()＋T)。write_matrix 默认输出到标准输出设备(显示屏幕),可通过修改参数设置输出到文件,其格式控制符采用 Fortran 语言风格。

MICAPS 数据 diamond1 类型文件,即地面全要素填图数据,就是典型的"表头＋二维表"形式。

文件头由两行组成:①diamond 1 数据说明(字符串);②年 月 日 时次 总站点数(均为整数)。

数据表由 25 列组成,每行对应一个观测台站,各列变量分别为:区站号(长整数)、经度、纬度、拔海高度、(均为浮点数)、站点级别(整数)、总云量、风向、风速、海平面气压或本站气压、3 小时变压、过去天气 1、过去天气 2、6 小时降水、低云状、低云量、低云高、露点、能见度、现在天气、温度、中云状、高云状、标志 1、标志 2(均为整数)、24 小时变温、24 小时变压。缺失值用 9999 填充。

例子:diamond 1 1999 年 06 月 15 日 08 时地面填图

99 06 15 08 3016

50468　127.45　50.25　166　16　7　340　6　975　4　8　0.1　38　7　600　9.1 25.0　0　14.7 9999 9999　1　2　1　－3

52533　98.48　39.77 1478　1　8　0　0　98　7　8　0.01　30　8 2500　10.7 30.0　60　16.8　27 9999　1　2　2　3

52652　100.43　38.93 1483　4　8　270　3　115　11　6　0.5　30　4 2500　12.6 15.0　61　16.0　24　17　1　2　1　2

……

读取整个二维表:Data＝readAsciiTable(FileName,25,"float",2),表示跳过开头 2 行,以 float 类型读取后面 25 列的二维表数据,形成(3016,25)尺寸的浮点型数组。一般数据都以 float 类型读取,兼容 integer 类型,反之则不能;若存在 double 类型数据,则以 double 类型读取,总之选用容量最大的数据类型。

截取各站气压:p＝Data(:,8)。根据数据格式说明,气压为从 0 开始计数的第 8 列,因此截取该列即为气压。

六、日期时间的处理

月、日、时、分、秒都不是十进制,一年 12 个月、一日 24 个小时、一小时 60 分钟、一分钟 60 秒等各不相同,并且每月日数并不一致,有 28、29、30、31 等四种"进制"。这就给日期时间的处理带来很大困扰。尤其是绘制时间序列图形,以十进制看待日期时间的"进制",会产生日期时间不连贯的错觉。如 20160101,20160102,…,20160131,之后没有 20160132,…,20160200,"跳过"这 69 个数,直接就到了 20160201。以这样的日期作为横坐标,显然会造成相邻的 1 月最后一天和 2 月第一天距离甚远。

因此,日期时间的处理常常借助数轴的观念建立起一个日期时间坐标:以未来为正方向、以指定的某个日期时间为原点、以指定的年或月或日或时或分或秒为单位间隔,日期时间就可以表述成距离原点若干个单位间隔的坐标点。以坐标位置为数据,以原点和单位间隔组成数据的属性@units,这样就能获得连贯的日期时间表达形式。例如:

　　　　Time＝ispan(0,364,1)

　　　　Time@units＝"days since 2010-1-1 0:0:0"

Time 数组以 2010-1-1 0:0:0 为原点,以 days 为单位间隔,0,1,2,…,364 等坐标点分别代表距离原点 2010 年 1 月 1 日 0 时 0 分 0 秒的 0,1,2,…,364 天,由此获得连贯的 2010 年各天日期时间坐标。

　　反过来,日期时间坐标的易读性不如日常生活中早已习惯的年月日时分秒表达形式,往往也需要将日期时间坐标映射成年月日时分秒。一般而言,绘制时间序列图形常采用日期时间坐标设置(横)坐标刻度,res@tmXBValues＝Time,而使用年月日时分秒标记刻度,res@tmX-BLabels＝YYYYMMDDhhmmss。NCL 提供了 cd_calendar 和 cd_inv_calendar 这一对反函数实现 Time 和 YYYYMMDDhhmmss 的相互转化,cd_calendar 可获得不同精度的年月日时分秒,cd_inv_calendar 用于生成对应的日期时间坐标。

　　年、月、日、时、分、秒的表达形式还便于按照年、月、日、时、分、秒开展统计。如利用长时间序列(1980—2009 三十年)的逐时观测资料计算日变化,需要将各时刻数据分别做平均。

　　日期时间坐标定义为:

　　Time＝ispan(0,328740,1)

　　Time@units＝"hours since 2010-1-1 0:0:0"

　　数据(以一维数组为例)附带日期时间坐标:

　　Data! 0＝"Time"

　　Data&Time＝Time

　　日期时间坐标映射成年月日时分秒形式:

　　YYYYMMDDhhmmss＝cd_calendar(Time,－5)

　　YYYY＝YYYYMMDDhhmmss(:,0)

　　MM＝YYYYMMDDhhmmss(:,1)

　　DD＝YYYYMMDDhhmmss(:,2)

　　hh＝YYYYMMDDhhmmss(:,3)

　　查询各时刻并计算平均值:

```
Avg＝new(24,"float");   建立盛放统计量的容器
do i＝0,dimsizes(Avg)－1
    idx＝ind(hh.eq.i);   查询各时刻的索引
    Avg(i)＝avg(Data(idx));   根据查询结果节选所需数据计算各时刻的统计量
    delete(idx);   清理查询结果,为下一次查询做准备
end do
```

　　这一类统计量的计算可以采用"为渊驱鱼、为丛驱雀"的战术,预设伏击阵地、诱敌深入、打歼灭战,三个主要步骤分别为:建立盛放统计量的容器、查询指定条件的索引、根据查询结果节选所需数据计算统计量。类似的计算思路也常用于其他统计性质的算法中。

　　计算逐月统计量(不是各月统计量)时,预设伏击阵地、建立盛放统计量的容器,会用到建立日期时间数组的函数:yyyymm_time,yyyymmdd_time,yyyymmddhh_time,然后再建立与之对应的统计量数组。这样做既生成了统计量的时间坐标,也利于简便地、准确地建立对应的

统计量数组。

　　例如，计算 2000—2016 年逐月平均值，假设数据 Data 附带日期时间维度坐标 Time：

```
strTime=cd_calendar(Time,-1);   将 Time 映射成 YYYYMM 形式
YYYYMM=yyyymm_time(2000,2016,"integer");   建立所需的"标准"时间数组
Result=new(dimsizes(YYYYMM),"float");   建立与"标准"时间数组对应的统计
量容器
do i=0,dimsizes(Result)-1
    idx=ind(strTime.eq.YYYYMM(i));   原始数据时间与"标准"时间的逐个
匹配
    Result(i)=avg(Data(idx));   根据查询结果节选所需数据计算各"标准"时间的统
计量
    delete(idx);   清理查询结果,为下一个"标准"时间做准备
end do
```

参考文献

葛孝贞,王体健,2013.大气科学中的数值方法[M].南京:南京大学出版社.

黄嘉佑,2004.气象统计分析与预报方法[M].北京:气象出版社.

Ivor Horton,2013.C 语言入门经典[M].杨浩译.北京:清华大学出版社.

刘宇迪,周毅,等,2016.新编数值天气预报[M].北京:气象出版社.

彭国伦,2002.Fortran95 程序设计[M].北京:中国电力出版社.

盛裴轩,毛节泰,等,2013.大气物理学[M].北京:北京大学出版社.

CESM. http://www.cesm.ucar.edu/.

North G R, et al,1982. Sampling errors in the estimation of empirical orthogonal functions[J]. Mon. Wea. Rev. ,110:699-706.

WRF. https://www.mmm.ucar.edu/weather-research-and-forecasting-model.

附录

常用函数索引

64. WindRoseColor——绘制风玫瑰图并以颜色区分风速区间

```
load"$NCARG_ROOT/lib/ncarg/nclscripts/csm/wind_rose.ncl"
```

function WindRoseColor(
    wks:graphic,
    wspd:numeric,   *风速*
    wdir:numeric,   *风向,单位为角度*
    numPetals:integer,   *风玫瑰花瓣数量*
    circFr:float,   *频率圆间距*
    spdBounds:float,   *风速区间*
    colorBounds:string,   *风速区间*
对应的颜色
    res:graphic
)
return_val:graphic

SpdAve=21 SpdStd=13 DirAve=257 Calm=0.5% Nwnd=200
Frequency circles every 10%. Mean speed indicated.

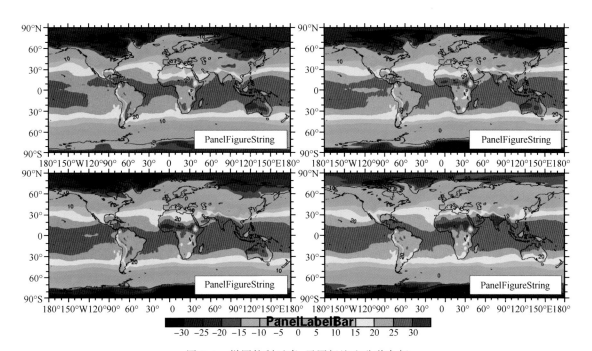

图 7.1 拼图控制元素:子图标注和公共色标

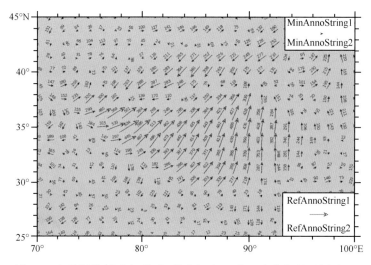

图 7.3　矢量图控制元素:箭头、箭头标注(蓝色)、参考矢量、最小矢量

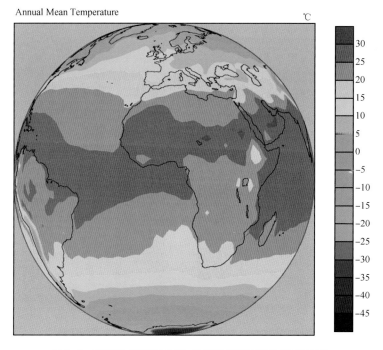

图 7.6　等值线图控制元素:地图外范围(灰色填充区域)

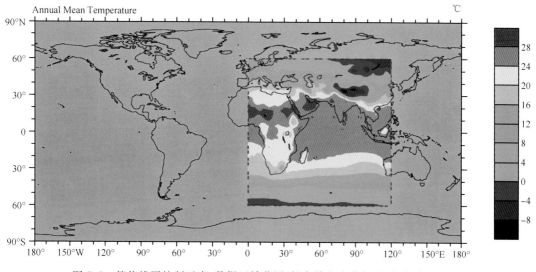

图 7.7 等值线图控制元素:数据区域范围(橙色填充为外部,红色虚线为边界)

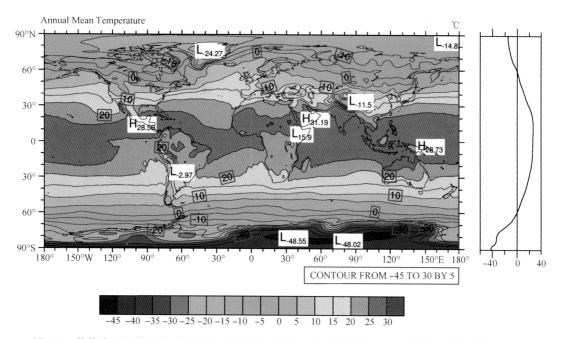

图 7.8 等值线图控制元素:信息标注框(蓝色实线框)、线条标注框(红色实线框)、高值/低值中心(白色背景框)、纬向平均图(右侧)

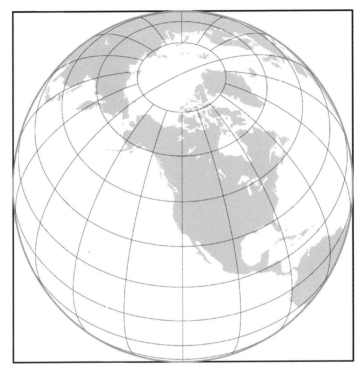

图 7.9　地图控制元素:边框(蓝色)、网格(红色)、临边圆周(橙色)

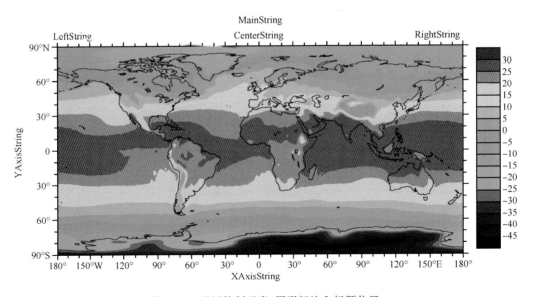

图 7.10　通用控制元素:图形标注和标题位置

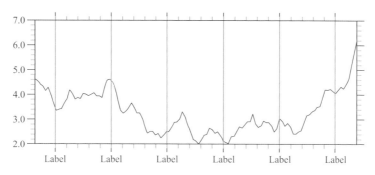

图 7.11   坐标轴控制元素:轴线(蓝色)、大刻度(红色)、小刻度(绿色)、刻度网格(橙色)、标注

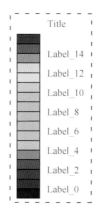

图 7.12   色标控制元素:标题、标注、边框(红色虚线)、色块、色块边框(黑色实线)

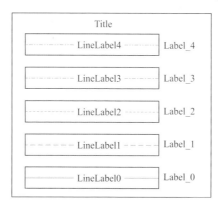

图 7.13   图例控制元素:标题、边框(红色)、数据项边框(蓝色)、数据项线条
(橙色)、数据项标注、数据线线条标注